高等学校“十一五”规划教材电子与通信工程系列

微波技术

（第2版）

吴　群　宋朝晖　主　编
傅佳辉　孟繁义　副主编

U0223448

哈爾濱工業大學出版社

内容简介

本书为高等学校电子与通信工程类通用的专业教材之一，主要介绍微波技术的基本理论、基本概念和基本分析方法，以及微波元器件、微波网络的应用基础。全书共分 7 章，绪论、传输线及基本理论、微波传输线、规则波导理论、微波网络、微波元件和微波谐振器。每章后都有一定数量的习题和具有启发性的思考题，特别是由经过多年教学经验精练而成的内容小结，对于巩固学习和指导复习有很大帮助，同时增强了本书的可读性，书末附有习题答案。

本书可作为高等学校电子、信息与通信工程类专业的教材或参考书，也可供从事电磁兼容性、射频无线电技术与微波相关领域工作的科技人员参考。

图书在版编目(CIP)数据

微波技术/吴群，宋朝辉主编. —2 版. —哈尔滨：哈尔滨工业大学出版社，2004.2(2022.6 重印)
ISBN 978－7－5603－1990－2

Ⅰ.①微…　Ⅱ.①吴…　②宋…　Ⅲ.①微波技术—高等学校—教材　Ⅳ.①TN015

中国版本图书馆 CIP 数据核字(2010)第 013383 号

责任编辑　王超龙
封面设计　卞秉利
出版发行　哈尔滨工业大学出版社
社　　址　哈尔滨市南岗区复华四道街 10 号　邮编 150006
传　　真　0451－86414749
网　　址　http://hitpress.hit.edu.cn
印　　刷　哈尔滨圣铂印刷有限公司
开　　本　787mm×1092mm　1/16　印张 13　字数 294 千字
版　　次　2004 年 2 月第 1 版　2019 年 10 月第 2 版
　　　　　2022 年 6 月第 8 次印刷
书　　号　ISBN 978－7－5603－1990－2
定　　价　28.00 元

前 言

随着现代无线通信技术的快速发展，微波理论已经渗透到人类生活、工业、科研、军事的各个领域，微小技术也成为电子、信息、通信等重要前沿学科必不可少的专业基础知识。微波技术作为21世纪无线通信领域系统组成与器件应用方面起主导作用的工程基础之一，其学科地位越来越突出。

本书是作者在多年从事教学和科研实践的基础上编写而成的。本书在保证理论体系完整和严谨的同时，结合微波技术在现代电子与信息技术中的角色定位，必要地避开某些繁琐的数学推导公式，强调对基本概念的理论以及基本理论在处理实际问题中的活学活用，通俗易懂，适合教学，获得了良好的教学效果。截至目前，本书已经出版第2版，并多次印刷，已被几十所高等学校所选用。在感到欣慰的同时，本书作者也深感责任重大，故此，在教学实践过程中不断地对本书的内容进行完善和补充，增加与实际应用相结合的思考题和练习题，并结合本书进行了大量的教学辅助活动，又编写了相应的教学演示文稿，建立了相应微波技术课程学习网站及网络远程教学网站（见 http://microwave.hit.edu.cn），提供相当数量的课外学习辅导资料和微波技术学科发展前沿的新技术系列讲座课程。同时，还积极参照了国外高水平大学所用教材中的有关内容，博取众家之长，从教材体系的安排上与国际著名大学接轨，既注重基础理论，也强调与实际应用的联系，使学生掌握微波技术的基本理论和分析方法的同时，培养学生们分析问题和解决问题的能力。

全书共分七章：在第1章为绪论，简述了微波技术的基本概念、发展历史、学科特点以及所涉及的基本理论和研究方法。第2章从探讨低频传输线与微波传输线的异同点出发，由浅入深地讨论了微波技术中十分重要的传输线理论，讲述了微波传输线的基本传输特性及其分析、计算方法。第3章介绍了双线、同轴线、微带线、带状线等微波工程实践中常用传输线的物理结构和传输特性。第4章讲述了金属波导的基本概念，推导了金属波导中的波动方程、场分布方程，论述了各种模式的传输特性。第5章介绍了微波网络理论的基本概念及其在微波技术中的地位，给出了网络的五种参量矩阵的定义，着重阐述散射矩阵及其基本性质，介绍了二口网络特性参量的计算方法，讨论二、三、四口网络的基本性质。第6章介绍微波工程技术中常用到的几种重要微波元器件的结构、工作原理、主要技术参数及其特性。第7章讨论了几类主要的微波谐振器的构成原理及各基本参量的计算方法。本书所需学时数约为50～70学时。

本书由吴群、宋朝晖担任主编，傅佳辉、孟繁义担任副主编。杨国辉、秦月梅、张狂、张红军等都参加了本书的编写工作，以及本书部分章节以及全书思考题和习题的补充、更新、修订工作。在傅佳辉和孟繁义的努力工作下，不断完善了与之配套的教辅资料——微波技术习题与解答、微波技术 CAI 多媒体教学课件、微波技术课程教学演示文稿、微波技术教学网站、微波技术实验教学课程设计与实验教程。

本书得到了全国多所大学讲授本教材的教师的关心指导和帮助，我们特别是在第2版中，认真听取了这些建设性意见，同时也得到本校微波工程系其他青年教师及研究生的大力帮助，在此深表谢意。同时也要感谢哈尔滨工业大学教务处和哈尔滨工业大学出版社的大力协助。

由于编者水平所限，书中难免有差错和不足之处，恳请读者提出宝贵意见并与作者联系（哈尔滨工业大学341信箱）

作者

2010年1月

目　　录

第1章　绪　　论

英国物理学家J.C.Maxwell于1862年提出了位移电流的概念，并提出了“光与电磁现象有联系”的推断。1865年，Maxwell在其论文中第一次使用了“电磁场”(Electromagnetic Field)一词，并提出了电磁场方程组，推演了波方程，还论证了光是电磁波的一种。一百多年来的事实证明，建立在电磁场理论基础上的微波科学技术，对人类生活产生了极其巨大的影响。微波技术已有几十年的发展历史，现已成为一门比较成熟的学科。在雷达、通信、导航、遥感、电子对抗以及工农业和科学研究等方面，微波技术都得到了广泛的应用。微波技术是无线电电子学门类中一门相当重要的学科，对科学技术的发展起着重要的作用。

1.1　微波及其特点

一、微波的含义

微波是频率非常高，而波长非常短的无线电波。由于这种电磁波的波长非常短，而称微波(Microwave)。电磁波的传播速度 v 与其频率 f、波长 λ 满足下列关系

$$f\lambda = v \tag{1.1.1}$$

若波是在真空中传播，则速度为 $v = c = 3 \times 10^8$ m/s。

微波一般指频率从 $3 \times 10^8 \sim 3 \times 10^{12}$ Hz，对应的波长从1 m ~ 0.1 mm范围的电磁波。

为使人们对微波在整个电磁波谱中所占的位置有一个全貌的了解，现将整个宇宙中电磁波的波段划分列于表1.1.1中。从表中可见，微波频率的低端与普通无线电波的“超短波”波段相连接，其高端则与红外线的“远红外”区相衔接。微波所占的频率范围几乎是所有低频频率范围之和的1 000倍(即在300 MHz ~ 3 000 GHz的范围可包含1 000个所有长、中、短波波段的频率范围之和)！

频率为300 kHz ~ 300 MHz的范围称为射频(Radio Frequency，简称为RF)。射频有时也指微波的低端频率范围，是当前无线通信领域最活跃的波段。

根据频率的高低，在微波波段范围内，还可分为分米波、厘米波、毫米波及亚毫米波等波段。做更详细的划分，厘米波又可分为10厘米波段、5厘米波段、3厘米波段及1.25厘米波段，等等；毫米波可细分为8毫米、6毫米、4毫米及2毫米波段，等等。

表 1.1.1 电磁波频谱及相关波段表

极低频	超低频	甚低频	低频	中频	高频	甚高频	特高频	超高频	极高频	超极高频						
ELF	SLF	VHF	LF	MF	HF	VHF	UHF	SHF	EHF	PHF						

音频　视频

射频 RF

超长波　长波　中波　短波　超短波米波　　　微　波　　　　　　可见光　紫外线　X射线　γ射线

分米波　厘米波　毫米波　亚毫米波　红外线　　　　　UV

无 线 电 波　　Radio Wave　　远红外　中红外 IR　近红外

10^3 km　10km　100 m　10 m　1 m　1 cm　1 cm　1 mm　0.1 mm　1 μm　0.1 μm　1 nm　0.01 nm　0.0001 nm　波长

5.6 μm　1.5 μm　0.76~0.4 μm

3　3×10^2　3×10^4　3×10^6　3×10^8　3×10^{10}　3×10^{12}　3×10^{14}　3×10^{16}　3×10^{18}　3×10^{20}

f/Hz

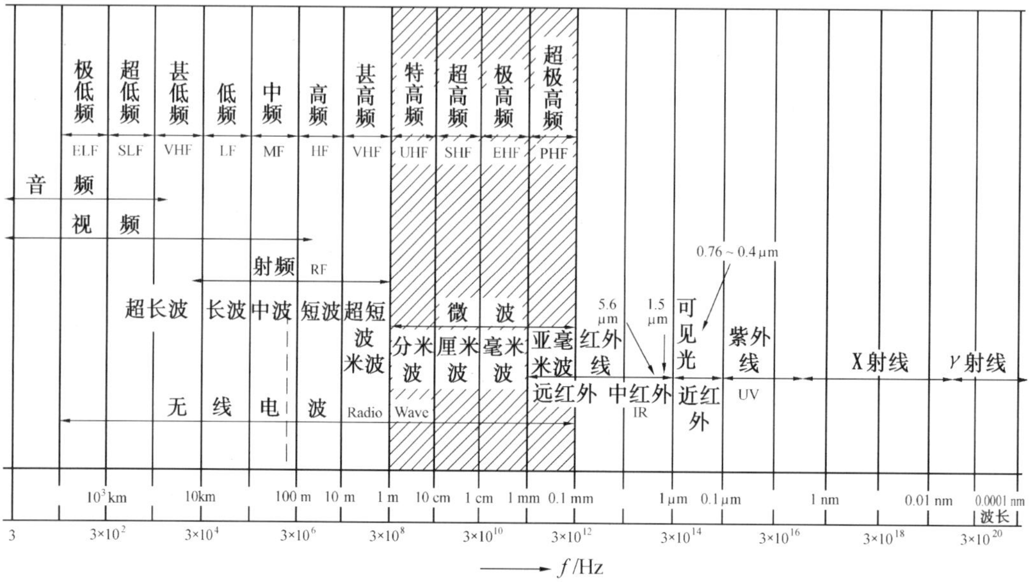

实际工程中常用拉丁字母代表微波波段的名称。例如 S、C、X 分别代表 10 厘米波段、5 厘米波段和 3 厘米波段;Ka、U、F 分别代表 8 毫米波段、6 毫米波段和 3 毫米波段,等等,详见表 1.1.2。

表 1.1.2　微波频段的划分

波段	频率范围/GHz	波段	频率范围/GHz
UHF	0.30~1.12	Ka	26.50~40.00
L	1.12~1.70	Q	33.00~50.00
LS	1.70~2.60	U	40.00~60.00
S	2.60~3.95	M	50.00~75.00
C	3.95~5.85	E	60.00~90.00
XC	5.85~8.20	F	90.00~140.00
X	8.20~12.40	G	140.00~220.00
Ku	12.40~18.00	R	220.00~325.00
K	18.00~26.00		

二、微波的特点

微波,之所以作为一个相对独立的学科来加以研究,是因为它具有下列独特性质。

(1)频率极高　根据电磁振荡周期 T 与频率 f 的关系式

$$T = 1/f \qquad (1.1.2)$$

可知微波波段的振荡周期在 $10^{-9} \sim 10^{-13}$ 秒(s)量级,而普通电真空器件中电子的渡越时间一般为 10^{-9} 秒(s)量级,二者属于同一数量级。于是,在低频时被忽略了的电子惯性,即电磁波与电子间的相互作用、极间电容和引线电感等的影响在微波情况下就不能再忽视了。普通电子管已不能用做微波振荡器、放大器或检波器了,取而代之的是建立在新的原理基础上的微波电子管、微波固体器件和量子器件,同时伴随频率的升高,高频电流的趋肤效应、传输系统的辐射效应以及电路的延时效应(相位滞后)等突出地表露出来。

由于微波频率极高,故它的实际可用频带很宽,可达 10^9 Hz 数量级,是低频无线电波无法比拟的。频带宽意味着信息容量大,这就使微波得到了更广泛的应用。

(2)波长极短　一种情况:微波的波长比地球上的宏观物体(如飞机、舰船、导弹、卫星、建筑物等)的几何尺寸小得多,故当微波照射到这些物体上时将产生强烈的反射。雷达就是根据微波的这个原理工作的。这种直线传播的特点与几何光学相似,故微波具有"似光特性"。利用这一特性,可以制成体积小、方向性很强的天线系统,可以接收到由地面或宇宙空间物体反射回来的微弱信号,从而增加雷达的作用距离并使定位精确。

另一种情况:微波的波长与普通电路或实验设备(比如波导、微带、谐振腔和其他微波元件)的尺寸相比在同数量级,使得电磁能量分布于整个微波电路之中,形成所谓"分布参数"系统,线路上各点电压、电流不能认为是同时建立的,各点电压、电流的相位和振幅也都不同。这与低频电路有原则区别,因为低频时电场和磁场能量是分别集中于所谓"集总参数"的各个元件中。

(3)可穿透电离层　低频无线电波由于频率低,所以当它射向电离层时,其一部分被吸收,一部分被反射回来。对低频电磁波来说,电离层形成一个屏蔽层,低频电磁波是无法穿过它的。而微波的频率很高,可以穿透电离层,从而成为人类探测外层空间的"宇宙之窗"。这样,不仅可以利用微波进行卫星通信和宇航通信,也为射电天文学等学科的研究开拓了广阔前程。

(4)量子特性　根据量子理论,电磁辐射的能量不是连续的,而是由一个个的"光量子"所组成。单个量子的能量与其频率的关系为

$$\varepsilon = hf \tag{1.1.3}$$

式中 $h = 4 \times 10^{-15}$ eV·s,称为普朗克常数。由于低频电波的频率很低,量子能量很小,故量子特性不明显。微波波段的电磁波,单个量子的能量为 $10^{-6} \sim 10^{-3}$eV。而一般顺磁物质在外磁场中所产生的能级间的能量差额介于 $10^{-5} \sim 10^{-4}$eV 之间,电子在这些能级间跃迁时所释放或吸收的量子的频率是属于微波范畴的,因此,微波可用来研究分子和原子的精细结构。同样地,在超低温时物体吸收一个微波量子也可产生显著反应。上述两点对近代尖端科学,如微波波谱学、量子无线电物理的发展都起着重要作用。

1.2　微波的应用

微波技术是研究微波信号的产生、放大、传输、发射、接收和测量的学科,它是近代科学技术的重大成就之一。

从物理学的角度讲,微波技术所研究的主要是微波产生的机理,它在各种特定的边界

条件下的存在特性，以及微波与物质的作用。

从工程技术角度讲，微波技术所研究的主要是具备各种不同功能的微波元器件（包括传输线）的设计，以及这些微波元器件的合理组合应用。

综上所述，微波技术的应用范围和包含的内容相当广泛，但是本书主要讨论研究微波传输方面的基本理论。具体讲是传输线问题，它是研究微波技术中其他问题的基础。例如，在当前时钟频率超过数百 MHz 的微处理器芯片及其构成的高速数字电路布线等都需要利用微波的基本原理才能实现正确的设计。因此，微波技术是从事当今电子与信息学科研究人员必不可少的基础知识。

微波技术的发展是和它的应用紧密联系在一起的。微波的实际应用极为广泛，下面就几个重要方面加以介绍。

一、军事方面

雷达是微波技术最先得到应用的典型例子。在第二次世界大战期间，敌对双方开始了迅速准确地发现敌人的飞机和舰船的踪迹，继而又为了指引飞机或火炮准确地攻击目标，发明了可以进行探测、导航和定位的装置——雷达。事实上，正是由于第二次世界大战期间对于雷达的急需，微波技术才迅速发展起来。现代雷达多数是微波雷达。迄今为止，各种类型的雷达，例如导弹跟踪雷达、火炮瞄准雷达、导弹制导雷达、地面警戒雷达，乃至大型国土管制相控阵雷达等，仍然代表微波技术的主要应用。这主要是由于这些雷达要求它所用的天线能像光探照灯那样，把发射机的功率基本上全部集中于一个窄波束内辐射出去。但天线的辐射能力受绕射效应的限制，而绕射效应又取决于辐射器口径尺寸相对于波长的比值 D/λ_0，其中 D 是辐射器口径面线长度，λ_0 是工作波长。抛物面天线的主波束波瓣宽度可用下式计算

$$2\theta_0 = k\frac{\lambda_0}{D}$$

其中，k 是用度表示的常系数，视抛物面口径面张角 ψ 的不同而异。例如当 $\psi = 90°$时，$k = 81.84°$。于是一个直径 $D = 90$ cm 的抛物面，在波长 $\lambda_0 = 3$ cm（即频率为 10 GHz）工作时，可以产生 2.73°的波束。这样窄的波束可以相当精确地给出雷达要观察的目标的位置。但频率为 10^8 Hz 时，欲达到与上述情况可相比拟的性能，则需要口径达 90 m 的抛物面，这样大的天线显然不现实。

除军事用途之外，还发展了多种民用雷达，如气象探测雷达、高速公路测速雷达、汽车防撞雷达、测距雷达及机场交通管制雷达等。这些雷达也多是利用微波频率。

飞行体的雷达可检测性是用 RCS（Radar Cross Section，雷达反射截面）这个指标表示的。美国 B－52 远程战略轰炸机的 RCS 约 100 m^2，B－1 轰炸机的 RCS 约 10 m^2。改进后的 B1－B 型仅有 1 m^2。在海湾战争中大显身手的 F－117A 隐身战斗机的 RCS 竟低到 0.01 m^2 以下！它的隐身奥秘有三个方面，首先是采用多平面多角体结构，角形平滑面向各个方向散射掉入射波波束；其次是大量使用轻质复合吸波材料及防护涂层；最后是严密屏蔽飞机自身的波辐射。因此，雷达很难发现 F－117A 飞机。对电磁波隐身的飞机，设计制造的关键是它的形状和所用微波吸收材料。此外，隐身舰船和隐身坦克也在研究中。

近年来，高功率微波（High Power Microwave，简称为HPM）作为一种定向能武器新技术而受到关注，它是指工作频率为1～300 GHz，输出功率超过100 MW的微波器件与设备。所谓定向能武器，其攻击效果取决于能量的大小，而不像常规武器那样依赖于弹壳爆炸碎片的杀伤力。通常，微波炸弹由巡航导弹携带，一旦抵达目标，可在瞬间释放出巨大的能量。导弹在接近目标时，弹上电容器发出的电磁脉冲将以光速传播，而且不受恶劣天气影响。电磁脉冲将沿着通风管道、水管和天线深入地下掩体。微波炸弹可以烧毁电脑和电子元件。这种利用单一、强大微波脉冲摧毁敌方电子系统的方式，可以使敌方失去通信联络与控制能力，雷达失灵，导弹失效，计算机误码，是非常独特的作战方式。其次，它的进攻速度近于光速，敌方根本没有拦截时间。

1984年美国国防部的定向能发展计划，包括了高能激光、粒子束和高功率微波三个方面。为了获得HPM，采用了相对论电子束产生大功率微波振荡或放大，主要的高功率微波源有回旋管、自由电子激光器、回旋自谐振脉冲（CARM）、相对论返波管、行波管、速调管、磁控管和虚阴极振荡器等。美国、俄罗斯在HPM方面的研究正在突破100GW水平。

二、通信方面

由于微波的可用频带宽、信息容量大，所以一些传送大信息量的远程设备都采用微波作为载体。微波多路通信是利用微波中继站来实现高效率、大容量的远程通信的。由于微波的传播只在视距内有效，所以，这种接力通信方式是把人造卫星作为微波接力站。美国在1962年7月发射的第一个卫星微波接力站——Telstar卫星，首次把现场的电视图像由美国传送到欧洲。这种卫星的直径只有88cm，因而，有效的天线系统只可能在微波波段，利用互成120°角的三个定点赤道轨道同步卫星，可以实现全球性的电视转播和通信联络。由平均分布在围绕地球的6个圆形轨道上的24颗人造地球卫星（即导航卫星）所组成的全球定位系统（GPS），如今已经成为当今世界上最实用，也是应用最广泛的全球精密导航、指挥和调度系统。目前，无线通信如移动通信中的手机、Bluetooth、无线接入、非接触式射频识别卡等新技术都典型地代表了当今微波技术与微电子技术发展的结合所形成的微波集成电路技术。这些都是微波技术成功应用的事例。

三、工农业生产方面

在工农业生产方面广泛应用微波进行加热和测量。利用微波通过物质时被吸收而减弱的原理制成的微波湿度计可实时测量湿度含量。它可以用来测量煤粉、石油或各种农作物的水分，检查粮库的湿度，测量土壤、织物等的含水量，等等。微波加热的独特优点是从物质内部加热，内外同热，无需传热过程，瞬时可达高温，因而加热速度快、均匀、质量好，而且能进行自动控制。微波加热现已应用于造纸、印刷、制革、橡胶、木材加工及卷烟等工业生产中。在农业上，微波已用来灭虫、育种、育蚕和谷物干燥等。在食品行业用来烘干糕点、方便面等。在医疗应用中，微波不仅可用于某些疾病的诊断，还可用于治疗，如微波理疗、微波针炙、冷藏器官的快速解冻以及对某些癌症的治疗等。微波热效应的研究也十分活跃，这为微波在化学、生物学和医学诸方面的应用开辟新的途径。微波在未来的卫星太阳能电站的应用中，可先将太阳能变为直流电流，再转换成微波能量发射回地面接收站，最后将接收到的微波能量转换成直流电功率，以供人类使用。微波本身可以作为一种能源，已广泛用于食物烹调，如各式微波炉等。

1.3 微波技术的研究方法和基本内容

微波的基本理论是经典的电磁理论，主要是以麦克斯韦方程为核心的场与波的理论。研究微波技术问题的基本方法是“场解”的方法，这与在低频电路中采用的路的概念和方法完全不同。在低频时，电路的几何尺寸比工作波长小得多，因此在整个电路系统中，各处的电压和电流可以认为是同时建立起来的。电压、电流有确切的物理意义，能对系统作完全的描述，这就是以基尔霍夫方程为核心的低频电路理论。在微波电路中，工作波长与电路尺寸可相比拟，甚至更小，因而在整个系统中，从源端起直至负载端，波已变化了若干个周期，这样，电磁场的相位滞后现象（延时效应）不能再忽视了。此时，电压、电流等概念已失去明确的物理意义，只有用电磁场和电磁波的概念和方法才能对系统作完全的描述。

然而，这种“场解”法虽然是严格的，但只有在非常简单的边界条件下方能奏效。因为它涉及到偏微分方程的求解问题，对较复杂的边界条件，直接求解相当繁杂，常需借助各种数值解法。实际上，有许多微波工程问题并不需要知道系统中某点处的电、磁场的具体数据，所关心的仅是某元件、器件的对外特性，因而利用等效电路法求解，即可满足要求。这种等效电路法就是把本质上属于场的问题，在一定条件下化为电路问题。这种化场为路的方法是一种简便的工程计算方法，在微波技术中得到了广泛的应用。

微波技术自 20 世纪初发展以来不断开辟新的波段，扩展新的应用范围和领域，逐步形成了一系列新学科，并在实践的基础上不断总结建立起较完整的微波理论体系，为微波技术的进一步发展和提高奠定了理论和应用基础。20 世纪 60 年代中期，随着微波固体器件和微波集成电路的出现和发展，使微波技术进一步向固体化、小型化方向发展。移动通信中的手机就是一个成功应用实例。微波技术正向毫米波和亚毫米波方向迅速发展并逐步得到实际应用。

波长在 10 ~ 0.1 mm 的电磁波称为毫米波，它能以低损耗穿过云雾和烟尘。如果避开 O_2 和 H_2O 气体吸收所造成的高衰减区域（如 22、60、118、183 GHz 附近），其优点是十分突出的。毫米波天线容易实现窄波束和高增益；或者说，在同样的波束宽度和增益条件下可把天线尺寸大大减小。毫米波最引人注目的应用是汽车防撞雷达和军用车辆（坦克、装甲车）之间的识别装置，以及卫星通信、城市内短距离通信等。

本书共分七章。在第 1 章绪论中，简述了微波的概念、特点、应用概况及研究方法。第 2 章是从路的观点出发研究微波传输线的基本传输特性及其计算方法，给出一系列关于微波传输线的基本概念和分析方法。第 3 章是关于几种传输线的分类研究，包括双线、同轴线和微波集成电路用传输线结构及其传输特性。第 4 章是研究规则的空心金属波导中的场分布及主要波型的传输特性。第 5 章给出网络的五种参量矩阵的定义，着重阐述散射矩阵及其基本性质，介绍了二口网络特性参量的计算方法，研究二、三、四口网络的基本性质。第 6 章介绍微波工程技术中常用到的几种微波元器件的结构、工作原理、主要技术参数及其特性，还对一些重要元器件的设计方法作以扼要介绍。第 7 章研究的是几种主要的微波谐振器的构成原理及各基本参量的计算方法。

本章小结

1.微波频率范围通常为 3×10^{8} Hz ~ 3×10^{12} Hz，对应的波长范围为 1 m ~ 0.1 mm。

2.微波波段可分为分米波、厘米波、毫米波及亚毫米波波段。

3.微波特点：波长极短(频率极高)，具有似光特性，能穿透电离层及量子特性。由于微波所具有的这些独特的特点，使微波的应用范围、研究方法、传输系统、微波元件和器件以及测量方法都与普通的无线电波不同，因此需要将微波从普通无线电波中单独划分出来专门加以研究。

4.微波与低频电路不同，在微波中，电流、电压不具有明确的物理意义，需要用电磁场和电磁波的概念和方法来完全描述。

5.微波技术是研究微波信号的产生、放大、传输、发射、接收和测量的学科，也是当今从事电子与信息学科研究所必备的基础知识。

6.微波除军事用途之外，在工农业、医学和科学研究等诸方面得到广泛应用，特别是通信领域。

7.微波技术分析方法

(1)场理论

以麦克斯韦方程组为依据，求得电磁场表达式，获得电磁场分布及其传播特性和辐射特性。

(2)传输线理论

以基尔霍夫定律为依据，求得传输线上电流、电压表达式，获得电磁功率的传输特性。

(3)网络理论

“化场为路”，主要用于研究和描述微波元件或系统参量及特性。

思考题

1.1 什么叫微波？什么是射频？微波波段是怎样划分的？

1.2 简述微波有哪些特征。

1.3 微波有哪些重要应用？

习　题

1.1 GSM 双频手机的频率分别为 900 MHz 和 1 800 MHz，其对应的波长各为多少？

第 2 章　传输线基本理论

2.1　引　　言

一、传输线的种类

用来传输电磁能量的线路称为传输系统，由传输系统引导向一定方向传播的电磁波称为导行波或导波(guided wave)。和低频段不同，微波传输线的种类繁多。图 2.1.1 中给出了微波传输系统各类传输线结构的横截面图。它们可以分为两大类：①传统的传输线，如平行双线、同轴线、矩形波导、圆形波导、椭圆波导及脊波导等；②集成电路传输线，如微带线、带状线、介质波导、镜像线、共面线、槽线、鳍线等等。

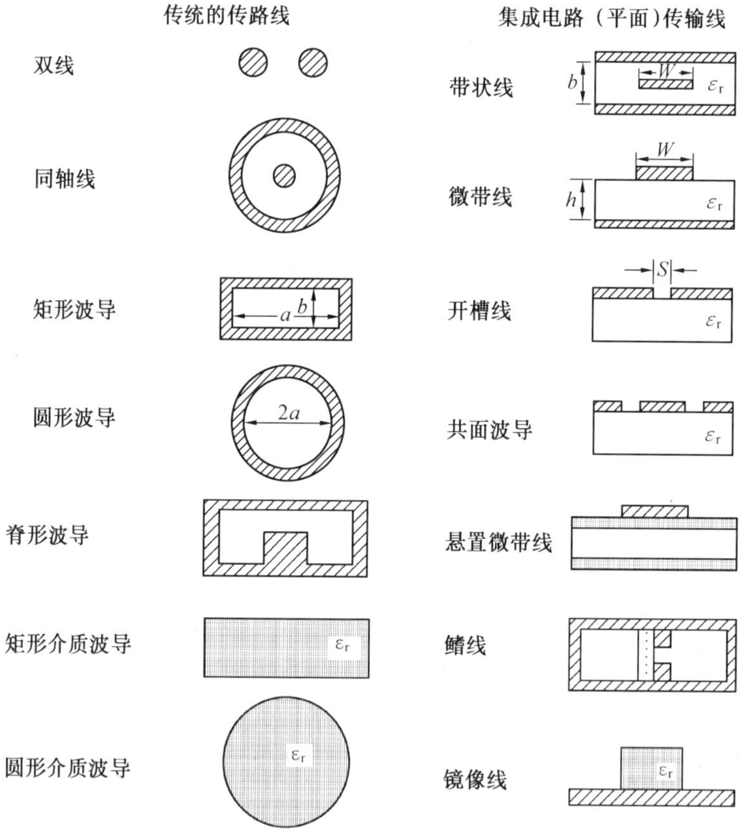

图 2.1.1　各种传输线结构

微波传输线不仅能将电磁能量由一处传送到另一处，还可以构成各种各样的微波元件和电路或子系统，这与低频传输线截然不同。不同的频段，可以选不同类型的传输线。对传输线的选择要综合电气和机械特性，电气参数包括损耗、色散、高次模、工作频率与带宽、功率容量、元件或器件的适用性。机械特性包括加工容差与简易性，可靠、灵活，重量和尺寸。在许多应用中，成本也是一项重要考虑因素。

二、分布参数的概念

如图 2.1.2 所示，当频率很低时，导线中的电流是均匀分布的，电路或传输线中除集中表现出电阻、电容、电感元件参数外，引线之间、元件与元件之间的分布效应都可以忽略不计，电路的引线的长短不影响电路工作，这样的电路称为集总参数电路。当频率升高后，导线中电流开始出现趋肤效应，并开始向外辐射，因此，除了像集总参数电路中的各元件外，还存在分布电导、分布电容和分布电感，引线的长短都影响电路特性，这样的电路就为分布参数电路。图 2.1.3 为趋肤效应示意图。

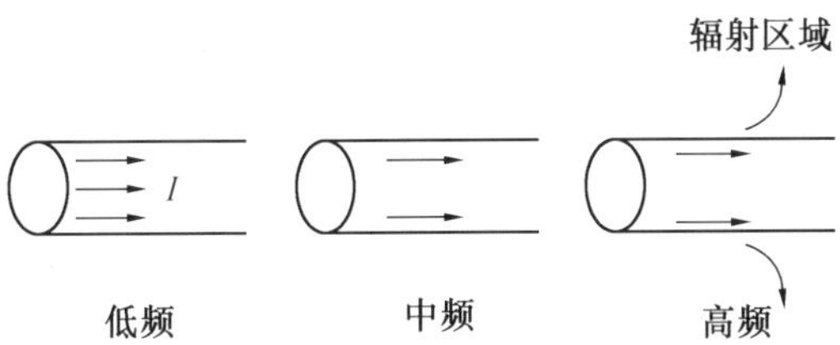

图 2.1.2 不同频率下金属导线上的电流分布

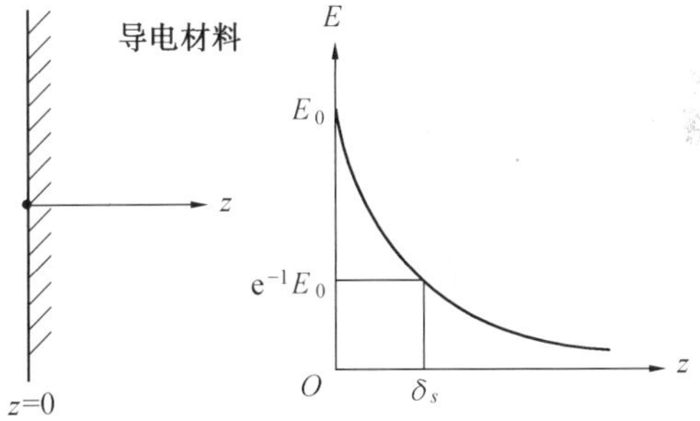

图 2.1.3 导电材料内部场

"短线"和"长线"："长度"有绝对长度与相对长度两种概念。对于传输线的"长"或"短"，并不是以其绝对长度而是以其与波长比值的相对大小而论的。把比值称为传输线的相对长度(电长度)。在微波领域里，波长以厘米或毫米计。比如半米长的同轴电缆，传输频率为 3GHz，是工作波长的 5 倍，须把它称为"长线"；相反，输送市电的电力传输线(频率为 50Hz)即使长度为几千米，但与其波长(6000 km)相比小得多，因此只能称为"短线"。前者对应于微波传输线，后者对应于低频率传输线。因为频率很高时分布参数效应不能再忽视了，传输线不能仅当作连接线，它将形成分布参数电路，参与整个电路的工作，因此长线是分布参数电路。传输线在电路中所引起的效应必须用传输线理论来研究，即在微波传输线上处处存在分布电阻、分布电感，线间处处存在分布电容和漏电电导。用 R_1、L_1、G_1、C_1 分别表示传输线单位长度的电阻、电感、电导和电容，数值大小与传输线截面尺寸、导体材料、填充介质以及工作频率有关。表 2.1.1 列出了平行双导线和同轴线的各分布参数表达式。根据传输线上分布参数的均匀与否，可将传输线分为均匀和不均匀两种。本章讨论的主要是均匀传输线。

对一均匀传输线，由于参数沿线均匀分布，故可任取一小线元 dz 来讨论。因 dz 很小，可将它看成一个集总参数电路。用一个 Γ(T 或 π) 形四端网络来等效，如图 2.1.4(a) 所示。

于是,整个传输线就可看成是由许多相同线元的四端网络级联而成的电路,如图2.1.4(b)所示。这是有耗传输线的等效电路,对于无耗传输线(即 $R_1 = G_1 = 0$),其等效电路如图2.1.4(c) 所示。

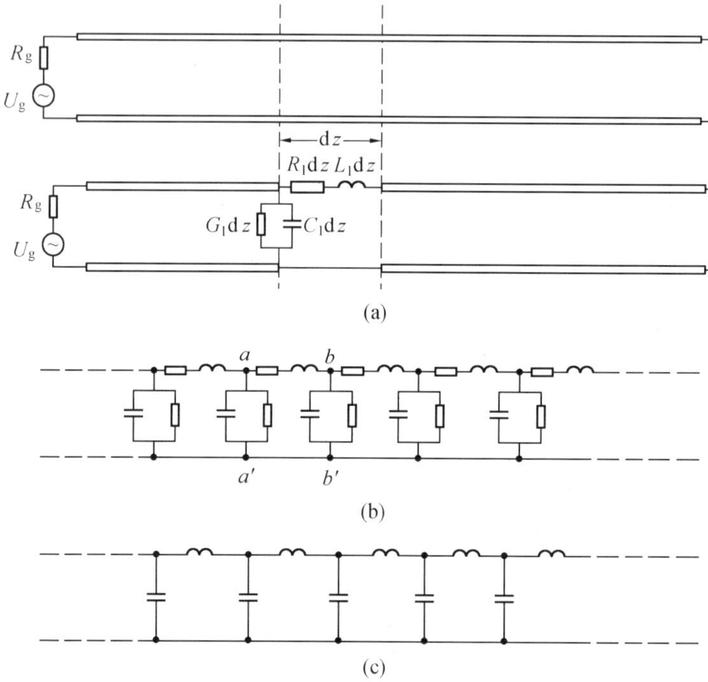

图 2.1.4　传输线的等效电路

表 2.1.1　平行双导线和同轴线的分布参数

参数＼传输线	双导线	同轴线
L_1/(H/m)	$\dfrac{\mu}{\pi}\ln\dfrac{D+\sqrt{D^2-d^2}}{d}$	$\dfrac{\mu}{2\pi}\ln\dfrac{b}{a}$
C_1/(F/m)	$\dfrac{\pi\varepsilon_1}{\ln\dfrac{D+\sqrt{D^2-d^2}}{d}}$	$\dfrac{2\pi\varepsilon_1}{\ln\dfrac{b}{a}}$
R_1/(Ω/m)	$\dfrac{2}{\pi d}\sqrt{\dfrac{\omega\mu}{2\sigma_2}}$	$\sqrt{\dfrac{f\mu}{4\pi\sigma_2}}\left(\dfrac{1}{a}+\dfrac{1}{b}\right)$
G_1/(S/m)	$\dfrac{\pi\sigma_1}{\ln\dfrac{D+\sqrt{D^2-d^2}}{d}}$	$\dfrac{2\pi\sigma_1}{\ln\dfrac{b}{a}}$

注:σ_1 为导体是介质不理想的漏电电导率;σ_2 为导体的电导率,单位为 S/m;μ 为磁导率;ε_1 为介质介电常数。

有了上述等效电路就容易解释传输线上电压、电流不相同的现象。参看图 2.1.4(b),由于 aa' 和 bb' 之间有串联电阻存在,二处的阻抗不相等,因而两处的电压也不相同;又由线间并联回路的分流作用,通过 a 和 b 点的电流亦不相同。同时还可看出,当接通电流后,电流通过分布电感逐次向分布电容充电形成向负载传输的电压波和电流波。就是说电压和电流是以波的形式在传输线上传播并将能量从电源传至负载。

2.2 传输线基本概念

一、传输线方程(transmission line equations)

表征均匀传输线上电压、电流关系的方程式称为传输线方程。该方程最初是在研究电报线上电压、电流的变化规律时推导出来的,故又称做“电报方程”。

分析图 2.2.1 所示的微波传输系统。令传输线上距始端为 z 处的瞬时电压、瞬时电流分别为 u、i;在 $z+\mathrm{d}z$ 处则分别为 $u+\mathrm{d}u$ 和 $i+\mathrm{d}i$。其中 u、i 既是空间位置 z 又是时间 t 的函数,即

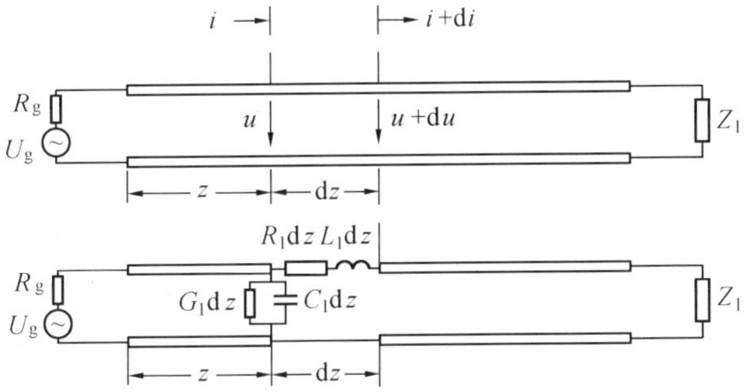

图 2.2.1　传输线等效电路

$$u = u(z,t)$$

$$i = i(z,t)$$

于是,在某一时刻经过微小线元 $\mathrm{d}z$ 后,电压、电流的变化分别为

$$-\mathrm{d}u = -\frac{\partial u}{\partial z}\mathrm{d}z$$

$$-\mathrm{d}i = -\frac{\partial i}{\partial z}\mathrm{d}z$$

我们知道,线元 $\mathrm{d}z$ 两端处电压、电流的变化(减小)是由于串联阻抗的电位降、并联导纳分流造成的,它们遵循基尔霍夫定律,即

$$-\frac{\partial u}{\partial z}\mathrm{d}z = R_1\mathrm{d}z\cdot i + L_1\mathrm{d}z\cdot\frac{\partial i}{\partial t}$$

$$-\frac{\partial i}{\partial z}\mathrm{d}z = G_1\mathrm{d}z\cdot u + C_1\mathrm{d}z\cdot\frac{\partial u}{\partial t}$$

消去 $\mathrm{d}z$,上式变为分布参数电路的微分方程式

$$-\frac{\partial u}{\partial z} = R_1 i + L_1\frac{\partial i}{\partial t} \tag{2.2.1}$$

$$-\frac{\partial i}{\partial z} = G_1 u + C_1 \frac{\partial u}{\partial t} \tag{2.2.2}$$

此即为均匀传输线方程或称电报方程。

二、波动方程

考察无耗传输线的情况，此时 $R_1 = 0$、$G_1 = 0$。式(2.2.1)、(2.2.2)退化为 $-\partial u/\partial z = L_1\partial i/\partial t$、$-\partial i/\partial z = C_1\partial u/\partial t$。将前式再对 z 微分一次并将后式代入，将后式再对 z 微分一次并将前式代入，整理后即可得到

$$\frac{\partial^2 u}{\partial z^2} = L_1 C_1 \frac{\partial^2 u}{\partial t^2} \tag{2.2.3a}$$

$$\frac{\partial^2 i}{\partial z^2} = L_1 C_1 \frac{\partial^2 i}{\partial t^2} \tag{2.2.3b}$$

此即无耗传输线的波动方程式。这是一组二阶偏微分方程，两式的形式完全一样，故只讨论其中一个即可，比如选择式(2.2.3a)进行讨论。

根据工程数学，上述方程可以写出下列两个独立的达朗贝尔解的形式，即

$$u = u_1(v_p t - z) + u_2(v_p t + z) \tag{2.2.4a}$$

$$i = i_1(v_p t - z) + i_2(v_p t + z) \tag{2.2.4b}$$

将式(2.2.4a)式代入式(2.2.3a)中，有

$$u''_1(v_p t - z) + u''_2(v_p t + z) = L_1 C_1[v_p^2 u''_1(v_p t - z) + v_p^2 u''_2(v_p t + z)]$$

于是解得

$$v_p = 1/\sqrt{L_1 C_1} \tag{2.2.5}$$

由此可见，式(2.2.4a)的第一项表示以速度 v_p 沿 z 轴正方向传播的任意形状的电压波，式(2.2.4a)的第二项 $u_2(v_p t + z)$ 则表示向 $-z$ 方向移动的电压波。

三、正弦波动

正弦波动是波动中最基本的传播形式。此时的电压、电流可分别表示为

$$u = U e^{j\omega t} \tag{2.2.6a}$$

$$i = I e^{j\omega t} \tag{2.2.6b}$$

式中，U、I 只是距离 z 的函数而与时间 t 无关，它们分别代表电压、电流的复振幅。将上二式分别代入微分方程式(2.2.1)和(2.2.2)中，得到

$$-\frac{dU}{dz} = (R_1 + j\omega L_1)I = Z_1 I \tag{2.2.7}$$

$$-\frac{dI}{dz} = (G_1 + j\omega C_1)U = Y_1 U \tag{2.2.8}$$

式中

$$Z_1 = R_1 + j\omega L_1 \tag{2.2.9a}$$

$$Y_1 = G_1 + j\omega C_1 \tag{2.2.9b}$$

Z_1 称为传输线单位长度的串联阻抗；Y_1 称为传输线单位长度的并联导纳。

将式(2.2.7)再对 z 微分一次并将式(2.2.8)代入，即得

$$\frac{d^2U}{dz^2} = Z_1Y_1U \tag{2.2.10}$$

这是一个二阶齐次常微分方程。把它的解的形式 $e^{\delta z}$ 代入上式即可得到其特征方程

$$\delta^2 = Z_1Y_1 \tag{2.2.11}$$

由于实际上微波传输线的损耗 R_1、G_1 比 ωL_1、ωC_1 小得多，则将式(2.2.9)代入上式可求得 δ 的值为

$$\begin{aligned}\delta = & \pm\sqrt{(R_1 + j\omega L_1)(G_1 + j\omega C_1)} = \\ & \pm\sqrt{-\omega^2L_1C_1(1 + R_1/j\omega L_1)(1 + G_1/j\omega C_1)} \approx \\ & \pm j\omega\sqrt{L_1C_1}(1 + R_1/j2\omega L_1 + G_1/j2\omega C_1) = \\ & \pm\left[\left(\frac{R_1}{2}\sqrt{\frac{C_1}{L_1}} + \frac{G_1}{2}\sqrt{\frac{L_1}{C_1}}\right) + j\omega\sqrt{L_1C_1}\right]\end{aligned}$$

令

$$\gamma = \alpha + j\beta \quad (\delta = \pm\gamma) \tag{2.2.12}$$

则

$$\alpha = \frac{R_1}{2}\sqrt{\frac{C_1}{L_1}} + \frac{G_1}{2}\sqrt{\frac{L_1}{C_1}} \tag{2.2.13a}$$

$$\beta = \omega\sqrt{L_1C_1} \tag{2.2.13b}$$

于是式(2.2.10)的解可以表示为 $e^{-\gamma z}$ 和 $e^{\gamma z}$ 的线性组合，即

$$U = Ae^{-\gamma z} + Be^{\gamma z} \tag{2.2.14}$$

式中，A、B 是待定积分常数，须由传输线的边界条件来确定。将式(2.2.14)代入式(2.2.7)可得到电流解为

$$I = \frac{1}{Z_0}(Ae^{-\gamma z} - Be^{\gamma z}) \tag{2.2.15}$$

其中

$$Z_0 = \sqrt{Z_1/Y_1} \tag{2.2.16}$$

称为传输线的特性阻抗。

四、传输特性

将式(2.2.14)和(2.2.15)代入式(2.2.6)，可得出传输线上的电压、电流瞬时值的表达式为

$$u = Ae^{-\alpha z}e^{j(\omega t - \beta z)} + Be^{\alpha z}e^{j(\omega t + \beta z)} \tag{2.2.17}$$

$$i = \frac{A}{Z_0}e^{-\alpha z}e^{j(\omega t - \beta z)} - \frac{B}{Z_0}e^{\alpha z}e^{j(\omega t + \beta z)} \tag{2.2.18}$$

由上式可见，传输线上任一点的电压、电流均包括两部分：第一项包含因子 $e^{-\alpha z}e^{j(\omega t - \beta z)}$，它表示随着 z 的增大，其振幅将按 $e^{-\alpha z}$ 规律减小，且相位连续滞后。它代表由电源向负载方

向（$+z$方向）传播的行波，即入射波；第二项包含因子 $e^{\alpha z}e^{j(\omega t+\beta z)}$，它表示随着 z 的增大，其振幅将按 $e^{\alpha z}$ 规律增大，且相位连续超前。它代表由负载电源方向（$-z$ 方向）传播的行波，即反射波，如图 2.2.2 所示。这就是说，传输线上任一点的电压、电流通常都由入射波和反射波两部分叠加而成的。

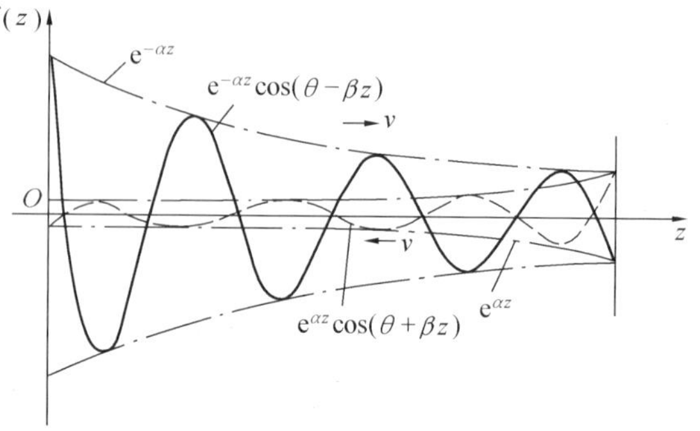

图 2.2.2　有耗线上的入射波和反射波

1. 特性阻抗 Z_0

参看式(2.2.14)、(2.2.15)，用符号"+"、"-"分别表示电压或电流的入射波、反射波，则有

$$\left.\begin{aligned} U^+ &= Ae^{-\gamma z} \\ U^- &= Be^{\gamma z} \end{aligned}\right\} \tag{2.2.19}$$

及

$$\left.\begin{aligned} I^+ &= \frac{A}{Z_0}e^{-\gamma z} \\ I^- &= \frac{B}{Z_0}e^{\gamma z} \end{aligned}\right\} \tag{2.2.20}$$

于是，式(2.2.14)、(2.2.15) 可分别写成

$$\left.\begin{aligned} U &= U^+ + U^- \\ I &= I^+ - I^- \end{aligned}\right\} \tag{2.2.21}$$

根据式(2.2.19)、(2.2.20) 写出入射波（或反射波）的电压和电流之比为

$$\left.\begin{aligned} \frac{U^+}{I^+} &= \frac{Ae^{-\gamma z}}{A/Z_0e^{-\gamma z}} = Z_0 = \sqrt{\frac{Z_1}{Y_1}} \\ \frac{U^-}{I^-} &= \frac{Be^{\gamma z}}{B/Z_0e^{\gamma z}} = Z_0 = \sqrt{\frac{Z_1}{Y_1}} \end{aligned}\right\} \tag{2.2.22}$$

入射波和反射波都是行波，故可定义行波电压和行波电流之比为传输线的特性阻抗，记为 Z_0。于是

$$Z_0 = \sqrt{\frac{Z_1}{Y_1}} = \sqrt{\frac{R_1 + j\omega L_1}{G_1 + j\omega C_1}} \tag{2.2.23a}$$

由于线路损耗很小，即 $R_1 \ll \omega L_1$、$G_1 \ll \omega C_1$，所以利用处理式(2.2.11) 时采用的近似方法便可得到

$$Z_0 = \sqrt{\frac{L_1}{C_1}}\left[1 - \mathrm{j}\left(\frac{R_1}{2\omega L_1} - \frac{G_1}{2\omega C_1}\right)\right] \tag{2.2.23b}$$

(1) 对于无耗传输线，由于 $R_1 = 0$、$G_1 = 0$，则

$$Z_0 = \sqrt{L_1/C_1} \tag{2.2.24}$$

(2) 对于微波传输线，由于 $R_1 \ll \omega L_1$、$G_1 \ll \omega C_1$，则

$$Z_0 = \sqrt{L_1/C_1} \tag{2.2.25}$$

由式(2.2.24)、(2.2.25)可见，在无耗或微波传输情况下，传输线特性阻抗呈纯阻性，仅取决于传输线的分布参数 L_1 和 C_1，与工作频率无关，也与传输线的位置无关。

2.传输常数 γ

由式(2.2.12)可知，传输线上波的传输常数的一般表达式为

$$\gamma = \sqrt{(R_1 + \mathrm{j}\omega L_1)(G_1 + \mathrm{j}\omega C_1)} = \alpha + \mathrm{j}\beta \tag{2.2.26}$$

上式表明，在一般情况下，传播常数 γ 为一复数。其实部 α 称为衰减常数。将式(2.2.24)代入式(2.2.13a)得到

$$\alpha = \frac{R_1}{2}\sqrt{\frac{C_1}{L_1}} + \frac{G_1}{2}\sqrt{\frac{L_1}{C_1}} = \frac{R_1}{2Z_0} + \frac{G_1 Z_0}{2} = \alpha_{\mathrm{c}} + \alpha_{\mathrm{d}} \tag{2.2.27}$$

式中

$$\alpha_{\mathrm{c}} = \frac{R_1}{2Z_0} \text{—— 导体电阻引起的损耗} \tag{2.2.28a}$$

$$\alpha_{\mathrm{d}} = \frac{G_1 Z_0}{2} \text{—— 导体间介质引起的损耗} \tag{2.2.28b}$$

这就是说，当传输线存在损耗(该损耗部分是由导体电阻的热损耗引起的，部分是由介质极化损耗引起的)时，波的振幅将按指数律减小。

γ 的虚部 β 如式(2.2.13b)所示

$$\beta = \omega\sqrt{L_1 C_1} \tag{2.2.29}$$

β 称为相位常数。

若线上损耗可以忽略，即 $\alpha = 0$，则无耗线的传播常数退化为

$$\gamma = \mathrm{j}\beta \tag{2.2.30}$$

即线上传输的波的振幅不变，只有相位变化。

3.相速和波长

为使问题简化，忽略线路的损耗($\alpha = 0$)，那么线上的电压瞬时值表达式(2.2.17)将改写为

$$u = A\mathrm{e}^{\mathrm{j}(\omega t - \beta z)} + B\mathrm{e}^{\mathrm{j}(\omega t + \beta z)} \tag{2.2.31}$$

沿传输线传播的电磁波的等相位点所构成的面称为波阵面或波前，波阵面移动的速度称为相位速度，简称相速。相速是指沿某一方向传播的行波的前进速度。式(2.2.31)的首项与末项分别代表正向和反向传播的行波。为此只讨论首项所代表的正向行波的相速即可以了。于是根据式(2.2.13b)、式(2.2.5)，上式首项中的相位因子可写为

$$\omega t - \beta z = \beta[(\omega/\beta)t - z] = \beta[(1/\sqrt{L_1 C_1})t - z] = \beta(v_p t - z)$$

这与式(2.2.4)的首项具有同样的形式,于是正向行波的相位速度为

$$v_p = \frac{\omega}{\beta} = 1/\sqrt{L_1C_1} = 1/\sqrt{\mu_1\varepsilon_1} = 1/\sqrt{\mu_0\mu_r \cdot \varepsilon_0\varepsilon_r} =$$
$$1/\sqrt{\mu_0\varepsilon_0} \cdot 1/\sqrt{\varepsilon_r} = c/\sqrt{\varepsilon_r} \tag{2.2.32}$$

式中 $c = 1/\sqrt{\mu_0\varepsilon_0}$ 为光速;ε_r、μ_r 分别为介质的相对介电常数和相对磁导率,通常 $\mu_r = 1$。若线间介质为空气,$\varepsilon_r = 1$,则 $v_p = c = 3 \times 10^8$ m/s,空气微波传输线上波的相速等于光速。否则,波的传播速度将相差 $1/\sqrt{\varepsilon_r}$ 倍。

同一瞬间,沿线分布的波形上相邻两个等相位点的间距,或者说同一瞬时相位相差 2π 的两点间的距离称为波长,记以 λ,且

$$\lambda = \frac{2\pi}{\beta} \tag{2.2.33}$$

利用频率 $f = \omega/2\pi$ 的关系可得

$$v_p = f\lambda \tag{2.2.34}$$

于是传输线上的波长 λ 可表示为

$$\lambda = v_p/f = c/f \cdot 1/\sqrt{\varepsilon_r} = \lambda_0/\sqrt{\varepsilon_r} \tag{2.2.35}$$

式中　$\lambda_0 = c/f$—— 真空中的波长。

上式表明,传输线上波的波长与其周围填充的介质有关:当由空气填充时,$\varepsilon_r = 1$,则 $\lambda = \lambda_0$;否则,波长将相差 $1/\sqrt{\varepsilon_r}$ 倍。

2.3　行　　波

行波(traveling wave)是指线路上无反射的情况。当负载吸收全部入射功率而无反射,这时的传输线就只有从源到负载的单向传输的波,这种工作状态就称为行波。

一、电压、电流分布

现在研究图 2.3.1 所示的线路。设传输线为无限长,在其始端接有内阻抗为 Z_g、正弦波电压为 U_g 的信号源。当线路上有波传输,所建立起来的电压、电流将服从式(2.2.14)、(2.2.15)所示的规律。其中的积分常数 A、B 需要根据线路的边界条件确定。

首先确定 B。式(2.2.14)中的第二项为 $Be^{\gamma z} = Be^{(\alpha+j\beta)z}$,当 $z = \infty$ 时,其值将为无限大。这在给定 U_g 的情况下是不可能的,沿线各点的电压只能是有限值,为此只能有 $B = 0$。于是在图 2.3.1(a)所示的线路中不存在反射波,只有入射波,其表示式为

$$U = Ae^{-\gamma z} \tag{2.3.1}$$

其次确定积分常数 A。将 $z = 0$ 代入上式即得

$$U_0 = A \tag{2.3.2}$$

那么由 $z = 0$ 点流入线路的电流 I_0 可从式(2.2.15)得到

$$I_0 = A/\sqrt{Z_1/Y_1} = A/Z_0 \tag{2.3.3}$$

从而由信号源向线路看过去的阻抗为

$$Z_{in} = U_0/I_0 = \sqrt{Z_1/Y_1} = Z_0 \tag{2.3.4}$$

这就是说,无限长线路的输入阻抗 Z_{in} 就等于传输线本身的特性阻抗 Z_0,如图 2.3.1(b) 所示。

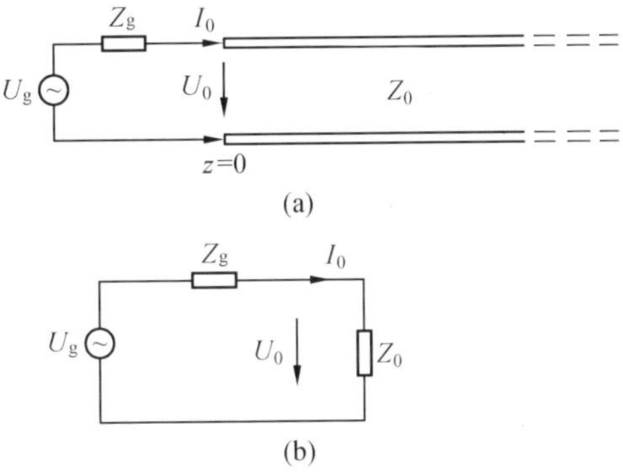

图 2.3.1　无限长线及其等效电路

根据基尔霍夫定律,有

$$U_g = Z_g I_0 + U_0 \tag{2.3.5}$$

将式(2.3.2)、(2.3.3) 代入上式得

$$A = \frac{Z_0 U_g}{Z_0 + Z_g} \tag{2.3.6}$$

将上式代入式(2.3.1) 得到

$$U = U^+ = \frac{Z_0 U_g}{Z_0 + Z_g} e^{-(\alpha + j\beta)z} \tag{2.3.7}$$

同理可得到电流的表达式

$$I = I^+ = \frac{U_g}{Z_0 + Z_g} e^{-(\alpha + j\beta)z} \tag{2.3.8}$$

以上求得的二式就是行波电压、电流的表达式。因 $B = 0$,故不存在反射波,即 $U^- = 0$, $I^- = 0$。

若将时间因素考虑进去,并设 $\alpha = 0$,则可得到无耗线路上的行波电压、电流的瞬时值表达式为

$$u = |U^+| e^{j(\omega t - \beta z + \varphi_1)} \tag{2.3.9a}$$

$$i = |I^+| e^{j(\omega t - \beta z + \varphi_2)} \tag{2.3.9b}$$

式中

$$|U^+| = \left| \frac{Z_0 U_g}{Z_0 + Z_g} \right| \tag{2.3.10}$$

$$|I^+| = \left| \frac{U_g}{Z_0 + Z_g} \right| \tag{2.3.11}$$

应注意的是,对一般传输线而言,特性阻抗 Z_0 是一个复阻抗,信号源的内阻 Z_g 也是一个复阻抗。

求解有限长线路上的电压、电流分布的边界条件有如下三种:

(1) 已知信号源电压 U_g、内阻 Z_g 和负载阻抗 Z_l;

(2) 已知始端电压 U_0 和电流 I_0;

(3) 已知终端电压 U_l 和电流 I_l。

下面研究图 2.3.2 所示线路。线路全长为 l,输入端接信号源(U_g、Z_g),终端接负载阻抗 Z_l。根据式(2.2.14)、(2.2.15) 可得到方程(2.3.12)。根据边界条件(1),在线路始端,$z = 0$,电压、电流分别为 U_0、I_0,则

$$\left.\begin{aligned} U_0 &= A + B \\ I_0 &= (A - B)/Z_0 \end{aligned}\right\} \tag{2.3.12}$$

在终端，$z = l$，电压、电流分别为 U_1、I_1，则

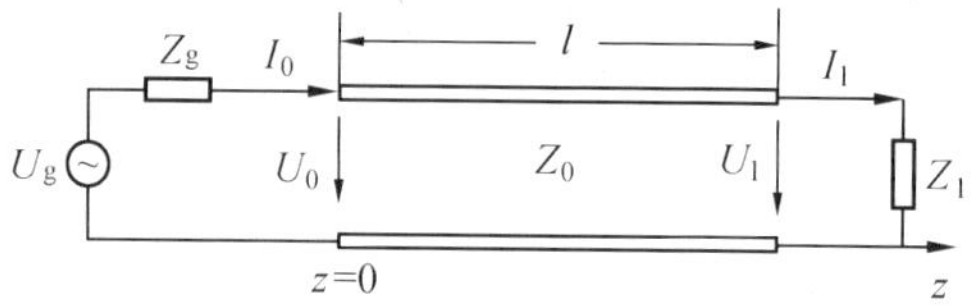

图 2.3.2　有限长线上信号的传播

$$\left.\begin{aligned} U_1 &= Ae^{-\gamma l} + Be^{\gamma l} \\ I_1 &= \frac{1}{Z_0}(Ae^{-\gamma l} - Be^{\gamma l}) \end{aligned}\right\} \tag{2.3.13}$$

根据基尔霍夫定律，信号源和负载端的电压可分别表示为

$$\left.\begin{aligned} U_g &= Z_g I_0 + U_0 \\ U_1 &= Z_1 I_1 \end{aligned}\right\} \tag{2.3.14}$$

以上 A、B、U_0、I_0、U_1 和 I_1 共 6 个未知数，由式(2.3.12) ~ (2.3.14) 的 6 个方程完全可以解出。

对于微波传输线，当损耗可以忽略时，其特性阻抗 Z_0 为一实数(纯阻)，传输常数 $\gamma = j\beta$，则源与线路的匹配条件变为 $Z_g = Z_0$。于是式(2.3.12) ~ (2.3.14) 的解为

$$A = \frac{U_g}{2} \tag{2.3.15}$$

$$B = \frac{U_g}{2} \cdot \frac{Z_1 - Z_0}{Z_1 + Z_0} e^{-j2\beta l} \tag{2.3.16}$$

由式(2.3.16) 可知，当终端所接负载阻抗 Z_1 等于传输线的特性阻抗 Z_0 时，$B = 0$。这就是说，当线路与终端负载匹配($Z_1 = Z_0$) 时，传输线上只有入射的行波，而无反射波。

二、传输线阻抗

阻抗是传输线理论中一个很重要的物理概念。下面给出传输线阻抗的定义。

定义　传输线上任一点的总电压和总电流之比定义为该点的阻抗，记以 Z，即

$$Z = \frac{U}{I} = \frac{U^+ + U^-}{I^+ - I^-} = \frac{Ae^{-j\beta z} + Be^{j\beta z}}{\frac{A}{Z_0}e^{-j\beta z} - \frac{B}{Z_0}e^{j\beta z}} \tag{2.3.17}$$

将式(2.3.15)、(2.3.16) 代入上式，加以整理可得

$$Z = Z_0 \frac{Z_1 + jZ_0 \tan\beta(l - z)}{Z_0 + jZ_1 \tan\beta(l - z)} \tag{2.3.18}$$

当 $z = 0$ 时，由上式可得线路输入阻抗

$$Z_{in} = Z_0 \frac{Z_1 + jZ_0 \tan\beta l}{Z_0 + jZ_1 \tan\beta l} \tag{2.3.19}$$

当 $z = l$ 时，由上式可得线路终端阻抗

$$Z = Z_1 \tag{2.3.20}$$

现在研究一下线路呈行波状态时，传输线上的阻抗分布情况。将 $Z_1 = Z_0$ 代入式

(2.3.20) 得到

$$Z = Z_0 \tag{2.3.21}$$

这就是说行波传输线上的阻抗分布沿线是不变的，均等于其特性阻抗 Z_0。

综上所述，当传输线无限长或终接匹配负载时，线路将呈行波状态。沿线 u、i、$|U|$、$|I|$、Z 及相位 $(\omega t - \beta z)$ 等的变化规律如图 2.3.3 所示。由此可见，行波状态有如下特点：

(1) 沿线各点电压、电流振幅不变，其瞬时值沿线呈简谐分布；电压和电流保持同相位。

(2) 电压、电流相位随 z 的增加而连续滞后。

(3) 沿线各点的阻抗均等于特性阻抗。

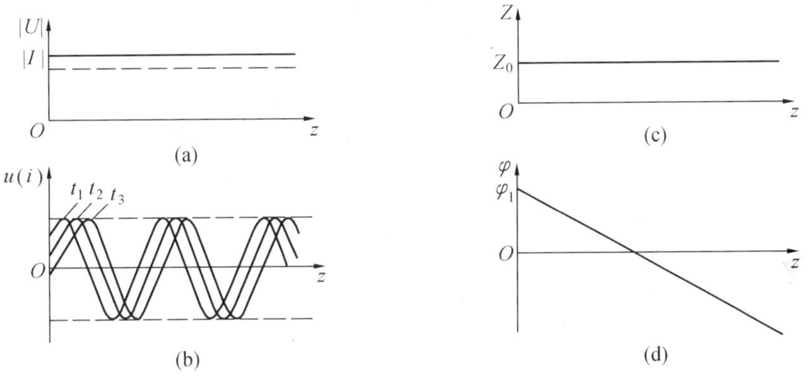

图 2.3.3　行波的特点

2.4　驻　　波

驻波(standing wave)是指线路上全反射的情况。当 $Z_1 \neq Z_0$ 时，线上将产生反射波。传输线的终端开路、短路或接纯电抗负载时，将产生全反射，此时传输线工作于驻波状态。

一、反射系数

将式(2.3.17)、(2.3.18)代入式(2.2.14)、(2.2.15)可得线路上任一点的电压、电流表达式为

$$U = \frac{U_g}{2}e^{-j\beta z} + \frac{U_g}{2}e^{-j\beta l} \cdot \frac{Z_1 - Z_0}{Z_1 + Z_0}e^{-j\beta(l-z)} \tag{2.4.1}$$

$$I = \frac{U_g}{2Z_0}e^{-j\beta z} - \frac{U_g}{2Z_0}e^{-j\beta l} \cdot \frac{Z_1 - Z_0}{Z_1 + Z_0}e^{-j\beta(l-z)} \tag{2.4.2}$$

式(2.4.1)的物理意义：第一项代表入射波电压，只要将 $Z_g = Z_0$、$\alpha = 0$ 代入式(2.3.7)即得此项。其电压振幅 A 等于信号源开路电压之半。第二项代表反射波电压，其中 $U_g/2$ 表示被激励起的入射波电压振幅，$e^{-j\beta l}$ 表示由源传至负载端引起的相位滞后。入射波传至负载，一部分能量被负载 Z_1 吸收；剩余部分即为 $(Z_1 - Z_0)/(Z_1 + Z_0)$，它被负载反射回来沿线向电源方向传播，返回至所研究点时相位又滞后一角度为 $e^{-j\beta(l-z)}$。一般情况

下，传输线路上总是有入射波和反射波同时存在的。线上某点总电压、总电流系由入射波和反射波的电压、电流叠加而得。反射现象是微波传输线上的最基本的物理现象。为表征反射的大小，给出反射系数的定义如下。

定义　传输线上某点的反射波电压与入射波电压之比或反射波电流与入波电流之比的负值称为该点的反射系数，记以 Γ，即

$$\Gamma = U^- / U^+ = - I^- / I^+ \tag{2.4.3}$$

式中，Γ 称为电压反射系数。通常所说的反射系数指的是电压反射系数。

将式(2.4.1)代入式(2.4.3)得

$$\Gamma = \frac{U_g}{2}e^{-j\beta l}\frac{Z_1 - Z_0}{Z_1 + Z_0}e^{-j\beta(l-z)} \cdot \frac{1}{\frac{U_g}{2}e^{-j\beta z}} = \frac{Z_1 - Z_0}{Z_1 + Z_0}e^{-j2\beta(l-z)} \tag{2.4.4}$$

由上式可见，反射系数是位置 z 的函数。

当 $z = l$ 时，为终端反射系数，记以 Γ_1。由式(2.4.4)可得

$$\Gamma_1 = \frac{Z_1 - Z_0}{Z_1 + Z_0} = \left|\frac{Z_1 - Z_0}{Z_1 + Z_0}\right| e^{j\varphi_1} = |\Gamma_1| e^{j\varphi_1} \tag{2.4.5}$$

于是式(2.4.4)可表示为

$$\Gamma = |\Gamma_1| e^{j[\varphi_1 - 2\beta(l-z)]} \tag{2.4.6}$$

其中

$$|\Gamma_1| = \left|\frac{Z_1 - Z_0}{Z_1 + Z_0}\right| \tag{2.4.7}$$

$$\varphi_1 = \arg\left[\frac{Z_1 - Z_0}{Z_1 + Z_0}\right] \tag{2.4.8}$$

由式(2.4.7)可以看出，随着终接负载阻抗 Z_1 的性质不同，传输线上将有如下三种不同的工作状态。

(1) 当 $Z_1 = Z_0$ 时，$\Gamma_1 = 0$，无反射，称为行波状态。

(2) 当 $Z_1 = 0$(终端短路)时，$\Gamma_1 = -1$；

当 $Z_1 = \infty$(终端开路)时，$\Gamma_1 = 1$；

当 $Z_1 = \pm jX_1$(终接纯电抗)时，$|\Gamma_1| = 1$。

这三种情况均产生全反射，称为驻波状态。

(3) 当 $Z_1 = R_1 \pm jX_1$ 时，$|\Gamma_1| < 1$，产生部分反射，称为行驻波状态。

二、终端短路线

终端短路情况是长线理论分析的重点。终端短路，即 $Z_1 = 0$，$\Gamma_1 = -1$。由式(2.4.1)、(2.4.2)可得终端电压、电流为

$$U_1 = \frac{U_g}{2}e^{-j\beta l} - \frac{U_g}{2}e^{-j\beta l} = 0 \tag{2.4.9}$$

$$I_1 = \frac{U_g}{2Z_0}e^{-j\beta l} + \frac{U_g}{2Z_0}e^{-j\beta l} = \frac{U_g}{Z_0}e^{-j\beta l} = 2I_1^+ \qquad (2.4.10)$$

上二式表明，终端短路处为电压节点(零)、电流腹点(终端处入射波电流的两倍)。

1.沿线电压、电流分布

由式(2.4.1)、(2.4.2)可求得终端短路线上任一点的复数电压、电流表达式为

$$U = j2U_1^+ \sin\beta(l - z) \qquad (2.4.11a)$$

$$I = \frac{2U_1^+}{Z_0}\cos\beta(l - z) \qquad (2.4.11b)$$

它们的瞬时式为

$$u = \sqrt{2}\,|U_1^+|\sin\beta(l - z)\cos\left(\omega t + \varphi_1 + \frac{\pi}{2}\right) \qquad (2.4.12a)$$

$$i = \frac{\sqrt{2}\,|U_1^+|}{Z_0}\cos\beta(l - z)\cos(\omega t + \varphi_1) \qquad (2.4.12b)$$

由上二式可知，沿线各点电压、电流的振幅随位置而变化；在相邻两零点之间，各点的相位相同。这表明在波所携带的电磁能量中，当电场达到极值时磁场为零，当电场变为零时磁场达到极值。也就是说，电磁能量在做相互转换，形成电磁振荡而不携带能量行进，这就是所谓的驻波的特征。

根据式(2.4.12)可以绘出沿线 u、i 的分布曲线，如图2.4.1(b)所示。为简化分析，令 $\varphi_1 = 0$。图中给出①$\omega t = 0$；②$\omega t = \pi/4$；③$\omega t = \pi/2$；④$\omega t = \pi$ 这4种情况时的曲线。

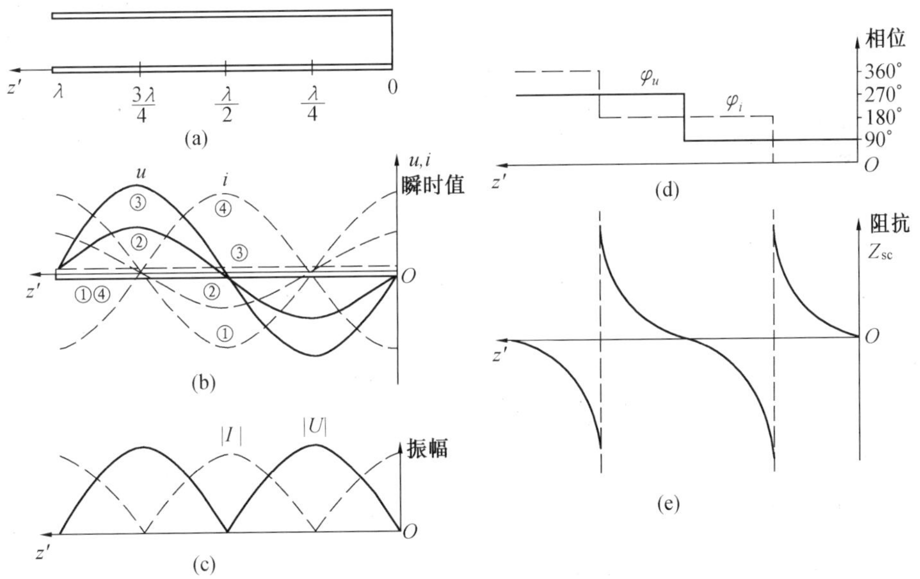

图2.4.1 短路线上电压、电流和阻抗的分布

图(c)绘出振幅的分布情况。由图可见：

(1) 当 $l - z = n\dfrac{\lambda}{2}(n = 0,1,2,\cdots)$ 时，距终端为半波长的整数倍处(包括终端)为电

压节点、电流腹点，且 $|U|_{min}=0$，$|I|_{max}=2|I_1^+|$。

(2) 当 $l-z=(2n+1)\lambda/4$ 时（$n=0,1,2,\cdots$），距终端为 $\lambda/4$ 的奇数倍处为电压腹点、电流节点，且 $|U|_{max}=2|U_1^+|$，$|I|_{min}=0$。

相位关系可由下式决定

$$I=-\mathrm{j}\frac{U}{Z_0}\cot\beta(l-z) \tag{2.4.13}$$

图(d)绘出相位的变化规律。由上式可见，I 与 U 的相位差一个"$-\mathrm{j}$"因子，即相差90°，但超前还是滞后，还要由 $\cot\beta(l-z)$ 的正负来确定。相位分布呈如下规律：

(1) 当 $\cot\beta(l-z)>0$，即当 $0<(l-z)<\frac{\lambda}{4}$，$\frac{\lambda}{2}<(l-z)<\frac{3\lambda}{4}$，$\cdots$ 时，电流滞后电压90°；

(2) 当 $\cot\beta(l-z)<0$，即当 $\lambda/4<(l-z)<\lambda/2$，$3\lambda/4<(l-z)<\lambda$，$\cdots$ 时，电流超前电压90°；

(3) 观察某一瞬时的 u、i 分布曲线可以看出，在波节点的两边电压（或电流）反相，在相邻两节点间的电压（或电流）同相；

(4) 在 $(l-z)=n\lambda/4$ 处，电压和电流同相，这些特殊点处在距终端 $\lambda/4$ 的整数倍的地方。

2. 阻抗特性

用 Z_{sc} 表示无耗短路线的阻抗，将 $Z_1=0$ 代入式(2.3.20)得

$$Z_{sc}=\mathrm{j}Z_0\tan\beta(l-z) \tag{2.4.14}$$

其 $z=0$ 处的输入阻抗为

$$Z_{sc}=\mathrm{j}Z_0\tan\beta l \tag{2.4.15}$$

沿线的阻抗分布示于图2.4.1(e)中，由图可见：

(1) Z_{sc} 为一纯电抗，随频率和长度而变化。当频率一定时，仅是长度的周期函数，周期为 $\lambda/2$。当 $(l-z)=0$，即 $z=l$ 时，$Z_{sc}=0$，相当于串联谐振；当 $(l-z)=\lambda/4$ 时，$Z_{sc}=\infty$，相当于并联谐振；当 $0<(l-z)<\lambda/4$ 时，$Z_{sc}=\mathrm{j}X$，相当于感抗；当 $\lambda/4<(l-z)<\lambda/2$ 时，$Z_{sc}=-\mathrm{j}X$，相当于容抗。

(2) 从短路终端算起，每隔 $\lambda/4$ 长度，阻抗的性质改变一次，即传输线具有"$\lambda/4$ 阻抗变换特性"；每隔 $\lambda/2$ 长度，阻抗将重复一次，即传输线具有"$\lambda/2$ 阻抗重复特性"。

三、终端开路线

终端开路，$Z_1=\infty$，$\Gamma_1=1$，代入式(2.4.1)、(2.4.2)即可得到沿线 U、I 及 Z 的表达式为

$$U=2U_1\cos\beta(l-z) \tag{2.4.16a}$$

$$I=\mathrm{j}\frac{2U_1}{Z_0}\sin\beta(l-z) \tag{2.4.16b}$$

$$Z_{oc}=-\mathrm{j}Z_0\cot\beta(l-z) \tag{2.4.17a}$$

其 $z=0$ 处输入阻抗为

$$Z_{oc} = -jZ_0\cot\beta l \tag{2.4.17b}$$

实际上,由于传输线具有 $\lambda/4$ 阻抗变换特性,距短路终端 $\lambda/4$ 处的等效阻抗为 ∞,这恰好就是开路线的情况。因此,有关开路线各参量的分布状况,不必另作分析,只要把短路线去掉尾部 $\lambda/4$ 的长度即可得到。这一等效关系由图 2.4.2 看得很清楚。

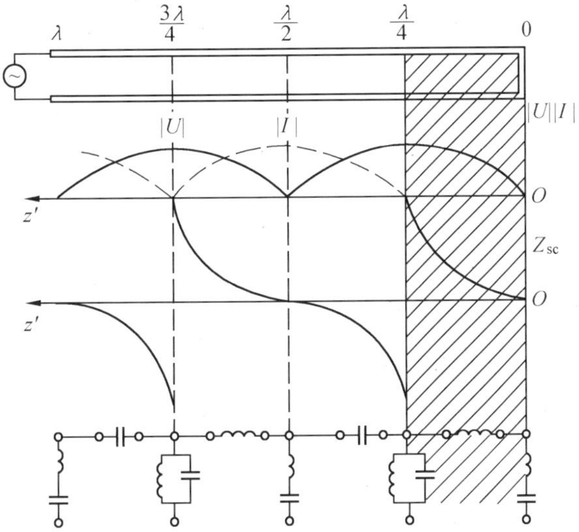

图 2.4.2　开路线的特性

由上面分析可知,短路线和开路线的阻抗均为纯电抗,其值在 $0 \sim \pm\infty$ 之间,因此,任一电抗均可用适当长度的短路线或开路线来等效。有时短路线不易实现则采用此开路线方法来实现,这在微波技术中有着广泛的应用。

四、终端接纯电抗负载的无耗线

终端接电抗负载时 $Z_1 = \pm jX_1$, $|\Gamma_1| = 1$。在这种情况下也要产生全反射而形成驻波。但此时的 Γ_1 是一个复数,终端不再是波腹或波节点。这种负载又分两种情况,下面分别讨论之。

1. 负载为纯感抗

此时 $Z_1 = jX_1$,可用一段短于 $\lambda/4$ 的终端短路线来等效它。这一段等效短路线的长度可由下式求得

$$l_{sc} = \frac{\lambda}{2\pi}\arctan\left(\frac{X_1}{Z_0}\right) \tag{2.4.18}$$

当 X_1 由 0 变到 ∞ 时,l_{sc} 将由 0 变至 $\lambda/4$。于是,终端接纯感抗的长度为 l 的传输线上的电压、电流及阻抗的分布状况与长度为$(l + l_{sc})$的终端短路线上的分布情况完全一样,如图 2.4.3 所示。实际上,把终端短路线自终端起截去长度为 l_{sc} 后的电压、电流及阻抗分布就是终端接纯感抗负载时的无耗线上各参量的分布。

2. 负载为纯容抗

负载接纯容抗时 $Z_1 = -jX_1$,可用一段短于 $\lambda/4$ 的终端开路线等效此电容。其等效长度可由下式求得

$$l_{oc} = \frac{\lambda}{2\pi}\mathrm{arccot}\left(\frac{X_1}{Z_0}\right) \tag{2.4.19}$$

同样道理，把终端开路线自终端起截去长度 l_{oc} 后的各参量的分布，便是终接纯电容负载的无耗线的各参量的分布，如图 2.4.4 所示。

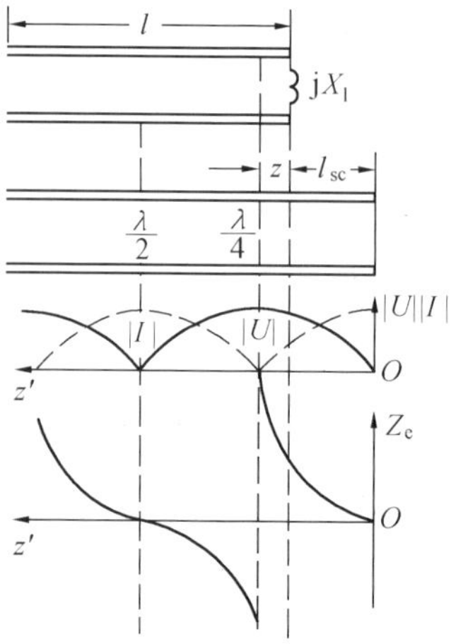

图 2.4.3　终端接纯感抗的电压、电流及阻抗分布

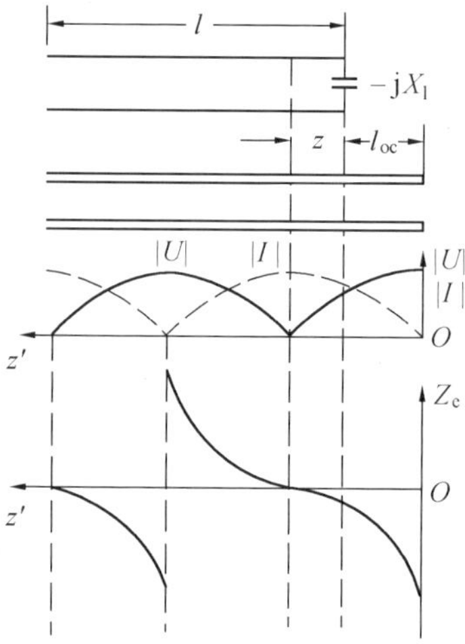

图 2.4.4　终端接纯容抗的电压、电流及阻抗分布

为方便计，以下用 $d_{\min 1}$、$d_{\max 1}$ 分别代表离开终端出现的第一个电压节点、第一个电压腹点的位置。由上二图可见，对纯感性负载而言，$d_{\min 1} > \lambda/4$；对纯容性负载，则 $d_{\min 1} < \lambda/4$。上述结论在微波测量中对判定负载阻抗的性质是很有用的。

上面分析了三种不同条件下所产生的驻波，现在归纳驻波的特点如下：

(1) 沿线电压、电流振幅是位置的函数，具有波腹点(其值是入射波时的 2 倍) 和波节点(其值恒为零)。

(2) 沿线各点电压、电流在空间和时间上均相差 $\pi/2$，因此对无耗而言，当它处于驻波状态时，既无能量损耗也无能量传播，只进行电磁能的相互转换，波在原地做振荡。

(3) 相邻两波腹(或波节) 点的间距为 $\lambda/2$，波腹至波节点的间距为 $\lambda/4$。相邻二节点间沿线各点的电压(或电流) 同相，波节点两边的电压(或电流) 则反相。腹、节点处电压和电流同相。

(4) 阻抗呈纯电抗性且随频率和长度而变化。当频率一定时，阻抗随长度而变，或相当于电感或相当于电容，或具有谐振(串、并联电路) 性质。

总之，当传输线终端短路、开路或接纯电抗负载时，均形成驻波，而驻波的特性都是一样的，但驻波在线路中的分布位置和大小有所不同。

2.5　行驻波

行驻波是线上产生部分反射的状态。当终端接任意负载时，由于 $Z_1 \neq Z_0$，所以终端将产生部分反射。即在线路中由入射波和部分反射波相干叠加而形成“行驻波”。

一、行驻波的形成

假定线路无损耗($\alpha = 0, \gamma = j\beta$),则传输线上任一点的电压可写为

$$U = U^{+} + U^{-} = A e^{-j\beta z} + B e^{j\beta z} \tag{2.5.1}$$

通常,入射波总是大于反射波的,即

$$A = A' + B$$

将上式代入式(2.5.1)得

$$U = A' e^{-j\beta z} + B e^{-j\beta z} + B e^{j\beta z} = A' e^{-j\beta z} + 2 |B| \cos(\beta z + \varphi') \tag{2.5.2}$$

式中

$$B = |B| e^{j\varphi'}$$

由式(2.5.2)可见,线路中的电压波是由两部分组成的。第一项 $A' e^{-j\beta z}$ 代表向 $+z$ 方向传播的入射波(行波),第二项 $2|B|\cos(\beta z + \varphi')$ 代表由入射行波的一部分 $B e^{-j\beta z}$ 与反射行波 $B e^{j\beta z}$ 相干叠加而成的驻波。这两项叠加形成了行驻波。图2.5.1示出了由行波电压(实为一平直线)与驻波电压线性叠加形成行驻波电压的过程。值得注意的是,合成的行驻波电压波形并非一标准的正弦形状,其行驻波电压曲线波腹处较平坦,波节处曲率较大。

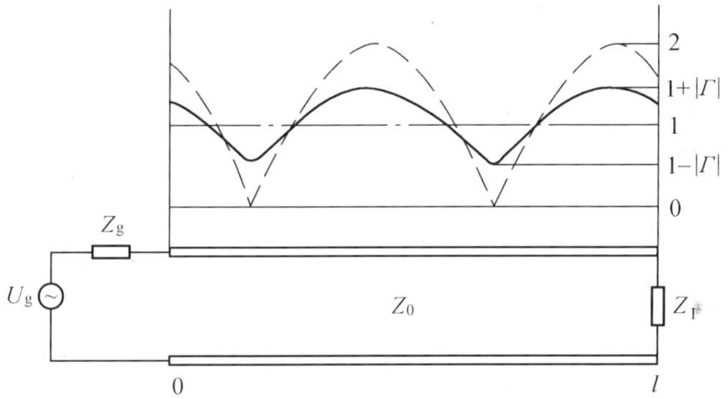

图 2.5.1 行驻波分布

根据电压反射系数的定义可得到传输线上任意观测点在 z 处的反射系数为:

$$\Gamma \equiv |\Gamma| e^{j\theta} = U^{-}/U^{+} = B e^{j\beta z}/A e^{-j\beta z} = |B/A| e^{j(2\beta z + \varphi_1)} \tag{2.5.3}$$

即:

$$2\beta z + \varphi_1 = \theta \tag{2.5.4a}$$

$$|B/A| e^{j\varphi_1} = B/A \tag{2.5.4b}$$

对于无源负载而言,$B < A$,故总有 $|\Gamma| = |B/A| < 1$。当观测点 z 移动时,反射系数的绝对值 $|\Gamma|$ 不发生变化,幅角 θ 则随之变化。于是可求出电压和电流的绝对值分别为

$$|U| = |A e^{-j\beta z} + \Gamma A e^{-j\beta z}| = |A| \cdot |1 + \Gamma| \tag{2.5.5a}$$

$$|I| = (1/Z_0)|A| \cdot |1 - \Gamma| \tag{2.5.5b}$$

其值为:

$$|U| = |U^{+}| \, |1 + |\Gamma_1| e^{j(\varphi_1 - 2\beta d)}| = |U^{+}| \sqrt{1 + |\Gamma_1|^2 + 2|\Gamma_1|\cos(2\beta d - \varphi_1)} \tag{2.5.6a}$$

$$|I| = |I^+||1 - |\Gamma_1| e^{j(\varphi_1 - 2\beta d)}| = |I^+| \sqrt{1 + |\Gamma_1|^2 - 2|\Gamma_1| \cos(2\beta d - \varphi_1)} \tag{2.5.6b}$$

二、沿线电压、电流分布

为形象描绘行驻波状态下沿线波的分布特性，必须知道波的腹点和节点的大小及其位置。

1. 波腹点和波节点的大小

当 $\cos(2\beta d - \varphi_1) = 1$ 时，出现电压腹点、电流节点，且

$$|U|_{max} = |U^+|(1 + |\Gamma_1|) \tag{2.5.7a}$$

$$|I|_{min} = |I^+|(1 - |\Gamma_1|) \tag{2.5.7b}$$

当 $\cos(2\beta d - \varphi_1) = -1$ 时，出现电压节点、电流腹点，且

$$|U|_{min} = |U^+|(1 - |\Gamma_1|) \tag{2.5.8a}$$

$$|I|_{max} = |I^+|(1 + |\Gamma_1|) \tag{2.5.8b}$$

由此可得

$$\frac{|U|_{max}}{|I|_{max}} = \frac{|U^+|}{|I^+|} \cdot \frac{1 + |\Gamma_1|}{1 + |\Gamma_1|} = \frac{|U^+|}{|I^+|} = Z_0 \tag{2.5.9}$$

$$\frac{|U|_{min}}{|I|_{min}} = \frac{|U^+|}{|I^+|} \cdot \frac{1 - |\Gamma_1|}{1 - |\Gamma_1|} = \frac{|U^+|}{|I^+|} = Z_0 \tag{2.5.10}$$

上二式即是常用来计算腹、节点幅值的公式。由式(2.5.7)、(2.5.8)可见，由于 $|\Gamma_1| < 1$，反射波小于入射波，因而合成波腹点的幅值小于入射波的 2 倍，节点的值也不为零，这是与驻波不同之处。

2. 波腹点和波节点的位置

如前所述，当 $\cos(2\beta d - \varphi_1) = 1$ 时出现电压腹点、电流节点，这就要求 $2\beta d - \varphi_1 = 2n\pi$。由此求得电压腹点(电流节点)的位置为

$$d_{max} = l - z_{max} = \frac{\lambda\varphi_1}{4\pi} + n\frac{\lambda}{2} \quad (n = 0,1,2,\cdots) \tag{2.5.11}$$

距终端出现的第一个电压腹点的位置为

$$d_{max\,1} = \frac{\lambda}{4\pi}\varphi_1 \tag{2.5.12}$$

当 $\cos(2\beta d - \varphi_1) = -1$ 时出现电压节点、电流腹点，这就要求 $2\beta d - \varphi_1 = (2n+1)\pi$。由此求得电压节点、电流腹点的位置为

$$d_{min} = l - z_{min} = \frac{\lambda}{4\pi}\varphi_1 + (2n+1)\frac{\lambda}{4} \quad (n = 0,1,2,\cdots) \tag{2.5.13}$$

距终端出现的第一个电压节点的位置为

$$d_{min\,1} = \frac{\lambda}{4\pi}\varphi_1 + \frac{\lambda}{4} = d_{max\,1} + \frac{\lambda}{4} \tag{2.5.14}$$

由上列各式可见，腹、节点位置取决于 φ_1，即取决于负载阻抗的性质。下面将分别讨论终端接不同负载阻抗时的电压、电流分布情况。

(1) 当 $Z_1 = R_1 < Z_0$(终端接小电阻)时

此时 $\varphi_1 = \pi$(见式(2.4.8),故 $d_{\max 1} = \lambda/4$ 或 $d_{\min 1} = 0$。由此得出结论:当终端接小于特性阻抗的纯电阻负载时,终端处为电压节点、电流腹点。沿线电压、电流振幅分布示于图 2.5.2(a)。

(2) 当 $Z_1 = R_1 > Z_0$(终接大电阻)时

此时 $\varphi_1 = 0$,故 $d_{\max 1} = 0$ 或 $d_{\min 1} = \lambda/4$。由此得出结论:当终端接大于特性阻抗的纯电阻时,终端为电压腹点、电流节点。沿线电压、电流振幅示于图 2.5.2(b)。

(3) 当 $Z_1 = R_1 + jX_1$(终接感性复阻抗)时

将 $Z_1 = R_1 + jX_1$ 代入(2.4.8)得

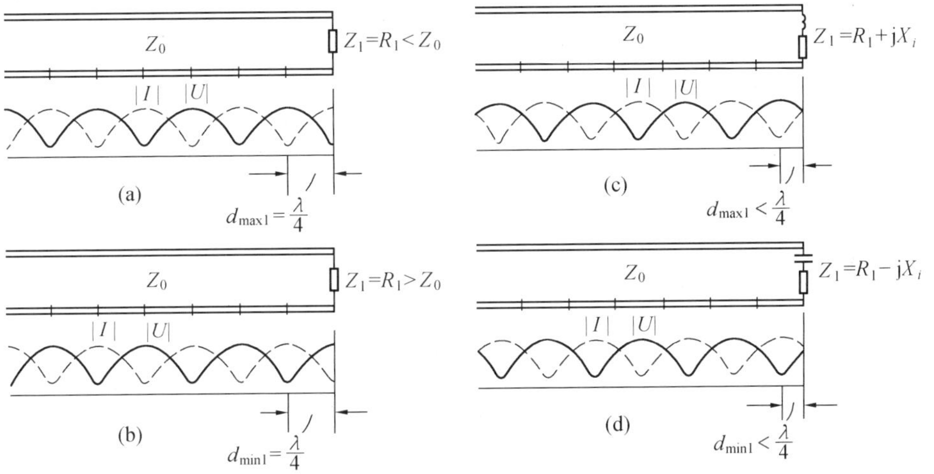

图 2.5.2 终端接一般负载时,沿线电压、电流振幅分布

$$\varphi_1 = \arctan \frac{2X_1Z_0}{R_1^2 + X_1^2 - Z_0^2} \tag{2.5.15}$$

可见 $0 < \varphi_1 < \pi$,于是 $0 < d_{\max 1} < \lambda/4$。故可得到结论:当终接感性复阻抗时,离开终端第一个出现的是电压腹点(电流节点)。沿线电压、电流振幅分布如图 2.5.2(c) 所示。

(4) 当 $Z_1 = R_1 - jX_1$(终接容性复阻抗)时

由式(2.4.8)得

$$\varphi_1 = \arctan \frac{-2X_1Z_0}{R_1^2 + X_1^2 - Z_0^2} \tag{2.5.16}$$

可见 $\pi < \varphi_1 < 2\pi$,于是 $\lambda/4 < d_{\max 1} < \frac{\lambda}{2}$ 或 $0 < d_{\min 1} < \lambda/4$。故得到结论:当终接容性复阻抗时,离开终端第一个出现的是电压节点(电流腹点)。沿线电压、电流振幅分布示于图2.5.2(d) 中。

在实际测量中,(3)、(4) 的结论是很有用途的。在所测得的驻波曲线中,若距终端小于 $\lambda/4$ 处出现的是电压腹点,则被测负载可断定为感性复阻抗;若出现的是电压节点,则被测负载可断定为容性复阻抗。

三、阻抗特性

当终端接任意负载阻抗时，无耗线上任一点的阻抗可按式(2.3.20)计算(令 $l - z = d$)

$$Z = Z_0 \frac{Z_1 + jZ_0\tan\beta d}{Z_0 + jZ_1\tan\beta d} = R + jX \tag{2.5.17}$$

将 $Z_1 = R_1 \pm jX_1$ 代入，分离实部和虚部，得到

$$\left.\begin{aligned} R &= Z_0^2 R_1 \frac{\sec^2\beta d}{(Z_0 \mp X_1\tan\beta d)^2 + (R_1\tan\beta d)^2} \\ X &= Z_0 \frac{\pm(Z_0 \mp X_1\tan\beta d)(X_1 + Z_0\tan\beta d) - R_1^2\tan^2\beta d}{(Z_0 \mp X_1\tan\beta d)^2 + (R_1\tan\beta d)^2} \end{aligned}\right\} \tag{2.5.18}$$

根据上式，可绘出终端接任意复阻抗情况下沿线路的阻抗分布曲线，如图 2.5.3 所示。

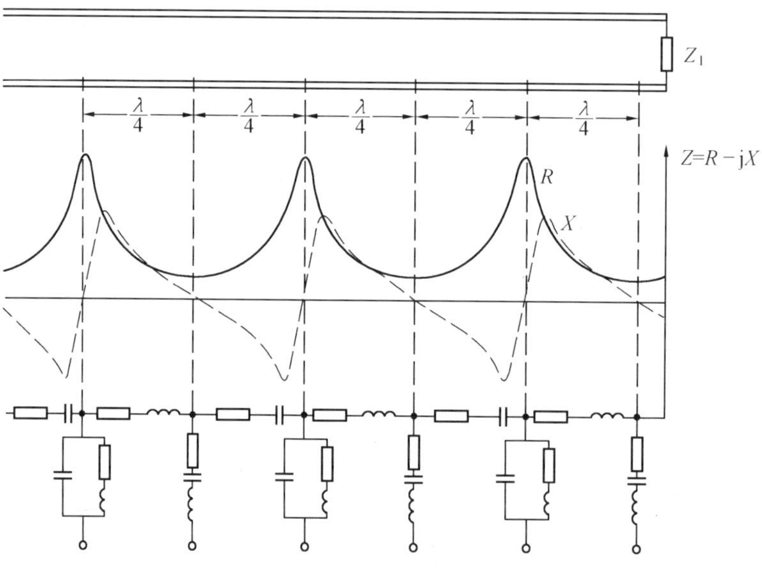

图 2.5.3　终端接容性复阻抗时线上电阻 R 和电抗 X 的分布情况

由图可见，沿线阻抗分布具有如下特点

(1) 沿线阻抗呈周期性变化。在波腹、波节点处，阻抗呈纯阻性($X = 0$)，阻抗变化周期为 $\lambda/2$。

在电压腹点处，阻抗出现最大值，且为纯电阻，相当于并联谐振，其值为

$$Z_{\max} = R_{\max} = \frac{|U|_{\max}}{|I|_{\min}} = Z_0 \frac{1 + |\Gamma_1|}{1 - |\Gamma_1|} = Z_0\rho > Z_0 \tag{2.5.19}$$

在电压节点处，阻抗出现最小值，且为纯电阻，相当于串联谐振，其值为

$$Z_{\min} = R_{\min} = \frac{|U|_{\min}}{|I|_{\max}} = Z_0 \frac{1 - |\Gamma_1|}{1 + |\Gamma_1|} = Z_0 K < Z_0 \tag{2.5.20}$$

以上二式中出现的 ρ、K 分别称为驻波系数和行波系数。

(2) 每隔 $\lambda/4$,阻抗性质变换一次,即具有“$\lambda/4$ 阻抗变换特性”。

(3) 每隔 $\lambda/2$,阻抗性质重复一次,即具有“$\lambda/2$ 阻抗重复特性”。因此,长度为 $\lambda/2$ 或其整数倍时,不论终端接什么样的负载,其输入阻抗都和负载阻抗相等。

图 2.5.3 实际上是终端接容性复阻抗时的分布曲线。根据上述特性,若从终端算起去掉 d_{max} 一段后所得到的即是终端接大电阻时的分布曲线;若去掉 d_{min} 一段后即得终端接小电阻时的分布曲线;若去掉 $\lambda/4$ 段后即得终端接感性复阻抗时的分布曲线。

2.6 行波系数和驻波系数

当负载为复数阻抗时,传输线上既有行波成分也有驻波成分。为描述线路上载行波的程度,引入行波系数和驻波系数的概念。

一、行波系数

定义　把波节点电压(或电流)与波腹点电压(或电流)之比,称为行波系数,记以 K,即

$$K = \frac{|U|_{min}}{|U|_{max}} = \frac{|I|_{min}}{|I|_{max}} \tag{2.6.1}$$

将式(2.5.7)、(2.5.8)代入上式即可得到式(2.5.15)中所得出的结果

$$K = \frac{1-|\Gamma_1|}{1+|\Gamma_1|} \tag{2.6.2}$$

由此可见:

(1) 当 $Z_1 = Z_0$ 时, $|\Gamma_1| = 0, K = 1$,表示线上载行波;

(2) 当 $Z_1 = 0$、∞ 或 $\pm jX_1$ 时, $|\Gamma_1| = 1, K = 0$,表示线上载驻波;

(3) 当 $Z_1 = R_1 \pm jX_1$ 时,$0 < |\Gamma_1| < 1, 0 < K < 1$,表示线上载行驻波。

所以,K 愈接近于 1 愈好,表明行波成分愈高。通常当 $K > 0.8$ 时,便认为传输线上载行波的程度足够高,基本达到匹配了。

二、驻波系数

实用中更多的是采用电压驻波系数(又称电压驻波比,英文缩写为 VSWR)来描述传输线上的工作状态。

定义　把波腹点电压与波节点电压之比称为电压驻波系数,记以 ρ,即

$$\rho = \frac{|U|_{max}}{|U|_{min}} \tag{2.6.3}$$

将式(2.5.3)、(2.5.4)代入上式即可得到式(2.5.14)中所导出的结果

$$\rho = \frac{1+|\Gamma_1|}{1-|\Gamma_1|} \tag{2.6.4}$$

根据定义可知 K 与 ρ 互为倒数关系,即 $\rho = 1/K$。由此可见:

(1) 当 $Z_1 = Z_0$ 时, $|\Gamma_1| = 0, \rho = 1$,表示线上载行波;

(2) 当 $Z_1 = 0$、∞ 或 $\pm jX_1$ 时，$|\Gamma_1| = 1$，$\rho = \infty$，表示线上载驻波；

(3) 当 $Z_1 = R_1 \pm jX_1$ 时，$|\Gamma_1| < 1$，$1 < \rho < \infty$，表示线上载行驻波。

因此，ρ 愈接近于 1 愈好，ρ 愈小表示含驻波成分愈低、含行波成分愈高。实用中对 ρ 有一定的要求，例如对雷达馈电系统一般要求 $\rho \leqslant 1.5$；微波测量中一般要求 $\rho \leqslant 1.2$ 或更小。

三、两个重要关系式

根据式(2.6.2) 和(2.6.4) 可得到终端反射系数模值 $|\Gamma_1|$ 与行波系数、驻波系数的关系式为

$$|\Gamma_1| = \frac{1-K}{1+K} \tag{2.6.5}$$

$$|\Gamma_1| = \frac{\rho-1}{\rho+1} \tag{2.6.6}$$

就是说，当传输线上的行波系数 K 或驻波系数 ρ 已知时，利用式(2.6.5) 或式(2.6.6) 求出终端反射系数模值 $|\Gamma_1|$ 来。反之当已知 $|\Gamma_1|$ 时，亦可利用式(2.6.2) 或式(2.6.4) 求出 K 或 ρ 来。

2.7 阻抗圆图

在微波与天线工程中，常遇到阻抗的匹配与计算问题。利用前面推导出来的有关公式完全可以计算，但过程繁琐，很不方便。简化计算的有效方法是图解法。本节将讨论的阻抗圆图就是其中一种方法。

常用的阻抗圆图有两种，一种是极坐标圆图，一种是直角坐标圆图。前者又称史密斯圆图(Smith Chart)。史密斯圆图是 Phillip Hagar Smith 于 1939 年在 Bell Telephone Laboratories 发明的。它是由等反射系数圆族、等电阻圆族和等电抗圆族组成。圆图是长线理论的图解法，它只是形象地表达了长线理论中用公式说过的东西，并没有给出任何新的物理概念，仅仅是一种计算工具。虽然如此，其用途十分广泛，因为给出的关系形象直观，一目了然，计算也非常方便。直到今天，它仍被广泛应用于微波工程的计算和设计中。

一、等反射系数圆族

对于均匀传输线，当终端负载阻抗 Z_1 一定时，传输线的反射也就一定。线上任一点的反射系数可写成复数形式

$$\Gamma = |\Gamma| e^{j\theta} = \Gamma_a + j\Gamma_b \tag{2.7.1}$$

或

$$\Gamma_a^2 + \Gamma_b^2 = |\Gamma|^2$$

可见这是一个圆方程式，圆心为(0,0)，半径为 $|\Gamma| = |\Gamma_1|$。当 Z_1 不同时，由式(2.4.7) 算出的 $|\Gamma_1|$ 也不同，因而有不同的 Γ 圆。通常由于 $0 \leqslant |\Gamma_1| \leqslant 1$，故复平面上所绘的等反射系数圆是以原点为圆心，以 $|\Gamma_1|$ 为半径的同心圆族。最小的 $|\Gamma_1| = 0$，圆退化为点，此点

即所谓的“匹配点”，它落在复平面坐标原点 O 上；最大的 $|\Gamma_1|=1$，是最外圆，它代表全反射系数的轨迹，如图 2.7.1 所示。

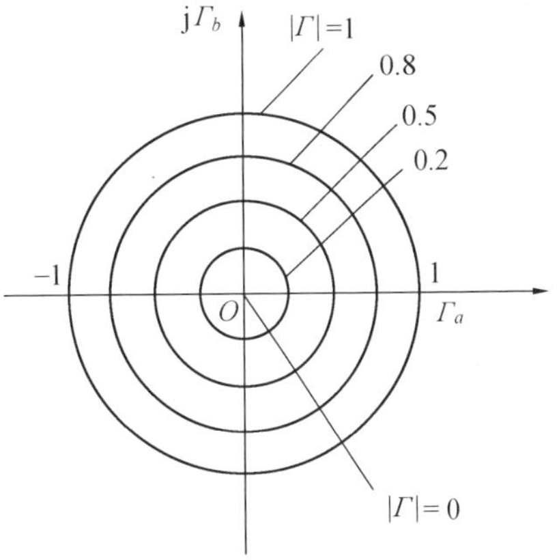

图 2.7.1　等反射系数圆族

$|\Gamma_1|$ 与驻波系数 ρ 或行波系数 K 有一一对应关系(参见式(2.6.2)、(2.6.4))，故等 Γ 圆又代表等 ρ 圆或等 K 圆，这些 ρ 圆或 K 圆的具体数值可直接由圆图中读出。

二、等电阻圆族

无耗线上任一点的阻抗与该点反射系数有如下关系：

$$Z_0\frac{1+\Gamma}{1-\Gamma} \tag{2.7.2}$$

可求得阻抗归一化值为

$$\overline{Z}=Z/Z_0=(1+\Gamma)/(1-\Gamma)=r+\mathrm{j}x \tag{2.7.3}$$

式中，$r=R/Z_0$ 为归一化电阻，$x=X/Z_0$ 为归一化电抗。将式(2.7.1)代入上式，有

$$r+\mathrm{j}x=\frac{1+\Gamma_a+\mathrm{j}\Gamma_b}{1-\Gamma_a-\mathrm{j}\Gamma_b}$$

将上式解得关系为

$$r=\frac{(1-\Gamma_a^2)-\Gamma_b^2}{(1-\Gamma_a)^2+\Gamma_b^2} \tag{2.7.4}$$

$$x=\frac{2\Gamma_b}{(1-\Gamma_a)^2+\Gamma_b^2} \tag{2.7.5}$$

式(2.7.4)表示当 r 值一定时，r 在反射系数复平面(Γ_a，$\mathrm{j}\Gamma_b$)中的轨迹。经变换后得

$$\left(\Gamma_a-\frac{r}{r+1}\right)^2+\Gamma_b^2=\left(\frac{1}{r+1}\right)^2 \tag{2.7.6}$$

这是一个以 Γ_a、Γ_b 为坐标变量，以 r 为参变量的圆方程式。画在复平面中是一组圆，这就是等电阻圆族，其圆心在($r/(r+1)$,0)上，半径为 $1/(r+1)$。因 $0\leqslant r\leqslant\infty$，故可绘出无穷多个电阻圆，它们的圆心都在实轴 Γ_a 上，且圆心的横坐标 $r/(r+1)$ 与半径 $1/(r+1)$ 之和恒等于1，因此等 r 圆是一组公共切点为 $B(1,0)$ 内切圆族，如图 2.7.2 所示。

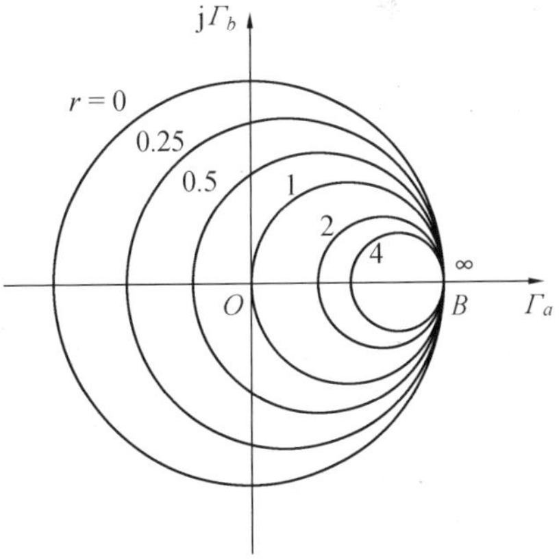

图 2.7.2　等电阻圆族

当 $r=0$ 时，此圆之圆心为(0,0)，即在坐标原点上，半径为1，是最外一层电阻圆，与圆 $|\Gamma|=1$ 重合。随 r 增加，等 r 圆的圆心沿正实轴逐渐远离坐标原点。当 $r=\infty$ 时，该圆之圆心在(1,0)点，即 B 点上，半径为0，即圆退化为一个点，它对应电阻为无穷大，故称此点为“开路点”。

三、等电抗圆族

将式(2.7.5)换写成

$$(\Gamma_a - 1)^2 + \left(\Gamma_b - \frac{1}{x}\right)^2 = \left(\frac{1}{x}\right)^2 \tag{2.7.7}$$

这也是一个圆方程式，说明当归一化电抗值 x 一定时，其轨迹也是一个圆。x 圆的圆心在$(1,1/x)$上，半径为 $1/x$。其中一组是正电抗圆族，它们的圆心落在 $\Gamma_a = 1$ 的上半虚轴上，半径随 x 的增大而缩小，它们是一组公共切点为 $B(1,0)$ 的内切圆；另一组是负电抗圆族，它们的圆心落在 $\Gamma_a = 1$ 的下半虚轴上，这也是一组公共切点为 B 的内切圆。上述两组内切圆又是以 B 为公共切点的外切圆。如图 2.7.3 所示。

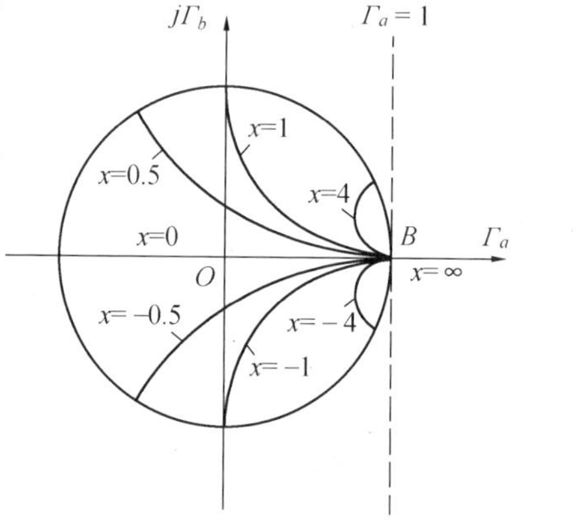

图 2.7.3　等电抗圆图族

因为有用部分仅限于 $|\Gamma| = 1$ 的圆内，故等 x 圆的其余部分不画出。

不难看出，当 $x = \pm\infty$ 时，圆心在$(1,0)$上，半径为0，等 x 圆退化为一个点(即图中之 B 点)，它对应电抗为无穷大，此即上述之"开路点"。

四、史密斯圆图

将图 2.7.1 ~ 2.7.3 重叠在一起即构成完整的阻抗圆图，如图 2.7.4 所示。

由上面分析可知，图 2.7.4 的任一点都可读出四个量值：r、x、$|\Gamma|$、φ。只要知道其中两个量，就可根据圆图求出另外两个量。

1. 圆图实轴上半圆内的等 x 圆曲线代表感性电抗，即 $x > 0$；故上半圆中各点代表各不同数值的感性复阻抗归一化值。

2. 圆图实轴下半圆内的等 x 圆曲线代表容性电抗，即 $x < 0$；故下半圆内各点代表各种不同数值的容性复阻抗归一化值。

3. 当 $x = 0$(即纯阻)时，等 x 圆的半径为 ∞，等 x 圆就退化成实轴线了，因此实轴代表的是纯阻线。实轴左端点代表阻抗短路点，因该点的 $r = 0$、$x = 0$、$|\Gamma_1| = 1$、$\varphi_1 = \pi$，即 $\Gamma_1 = -1$。实轴右端点代表阻抗开路，因该点的 $r = \infty$、$x = \infty$、$\Gamma_1 = |\Gamma_1| e^{j\varphi_1} = 1$。圆图中心点 O 则代表阻抗匹配点，因该点的 $r = 1$、$x = 0$、$|\Gamma_1| = 0$，这一点在上面等反射系数圆的分析中已经预见到了。

4. 既然实轴为纯阻，则该轴上各点均有 $x = 0$、$\overline{Z} = r$，这些点表明它们所对应的是传输线上电压和电流同相位的点。由节 2.5 知，这些点要么是电压腹点(电流节点)，要么是电压节点(电流腹点)。

若是电压波节点，则据式(2.5.15)有

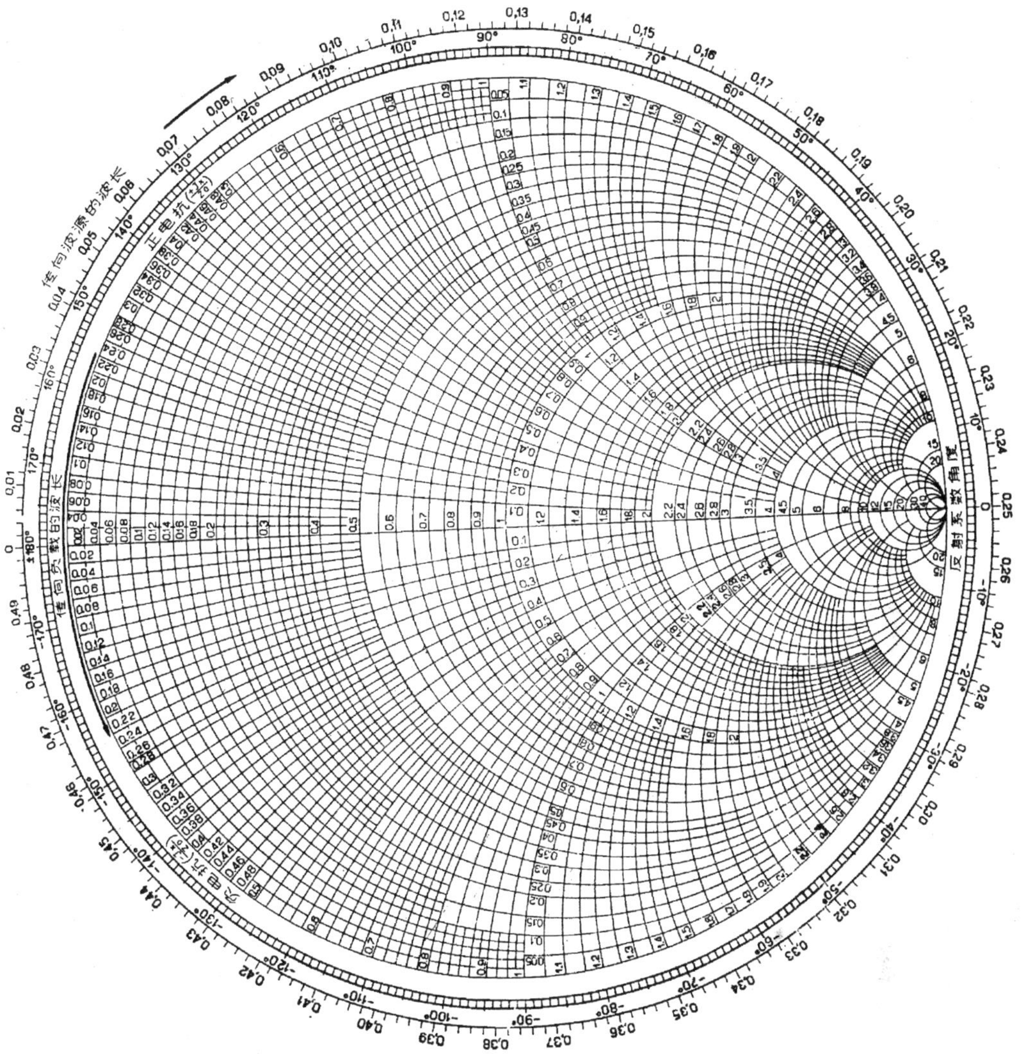

图 2.7.4　阻抗圆图

$$r_{\min} = \overline{Z}_{\min} = \frac{Z_{\min}}{Z_0} = K \tag{2.7.8}$$

上式表明负实轴上的归一化电阻 r 值，也表示此时传输线的行波系数 K 值。

若是电压波腹点，则据式(2.5.4)有

$$r_{\max} = \overline{Z}_{\max} = \frac{Z_{\max}}{Z_0} = \rho \tag{2.7.9}$$

这表明正实轴上的归一化电阻 r 值，也表示此时传输线的驻波系数 ρ 值。

5. 在圆图最外圈标有电刻度（又称波数，实际上是线上某点离终端的距离 $d = (l - z)\lambda$ 与波长的比值，即其相对长度 d/λ）。通常选实轴左端点 A 为起算点，旋转一周为0.5。圈外刻度按顺时针方向增加，用箭头示出“向电源方向”。圈内刻度按逆时针方向增加，用箭头示出“向负载方向”。这是很好理解的，因为

$$\theta = \varphi_1 - 2\beta(l - z) = \varphi_1 - 2\beta d$$

随 d 的增大(即 z 减小),所研究的点在向信号源方向移动。上式中 φ_1 一定,则 θ 随 d 增大而减小,故而沿顺时针方向旋转。反之,θ 随 d 的减小(z 的增加)而增大,因而是向负载移动,即应在圆图上沿逆时针方向旋转。

6. 圆图左半实轴是所在驻波波节点的轨迹,而右半实轴则是所有波腹点的轨迹。因此,若终端负载阻抗归一化值 $\overline{Z}_1$ 落在上半圆内,则可立即判定传输线上第一个出现的是电压腹点;反之,若 $\overline{Z}_1$ 落在下半圆内,则也可判定传输线上第一个出现的是电压节点。这些结论和前面的讨论是完全一致的。

五、史密斯圆图的使用方法

关于史密斯圆图的使用,已有多种计算机软件可利用(可在微波网站下载)。下面举两个简单的例子来说明史密斯圆图的使用方法。

例 1 有一特性阻抗 $Z_0 = 50\ \Omega$ 的同轴线,终端接有负载阻抗 $Z_1 = 32.5 - \mathrm{j}20\ \Omega$,线长 $l = 4.8\lambda$。试求该传输线的驻波系数,第一个电压波节点和波腹点的位置及其输入阻抗。

解 (1) 阻抗归一化 $\overline{Z}_1 = 0.65 - \mathrm{j}0.4$,在圆图上找到 $r = 0.65$ 和 $x = -0.4$ 两圆的交点 P,此即负载阻抗在圆图上对应的位置,如图 2.7.5 所示。

(2) 求驻波系数 ρ,以原点 O 为圆心,以 OP 为半径画圆交正实轴上点的读数即为 $\rho = 1.9$。

(3) 求第一电压节点位置 $d_{\min 1}$,由图读出 P 点所对应之电刻度为 0.412,以此为起点顺转至左半实轴,即得第一电压节点,其电刻度为 0.5,于是

$$d_{\min 1} = (0.5 - 0.412)\lambda = 0.088\lambda$$

(4) 求第一电压腹点的位置 $d_{\max 1}$,由 P 点顺转至正实轴即得

$$d_{\max 1} = [(0.5 - 0.412) + 0.25]\lambda = 0.338\lambda$$

实际上我们知道 $d_{\max 1}$ 和 $d_{\min 1}$ 的间距恒为 $\lambda/4$,故由步骤(3) 求得 $d_{\min 1}$ 值后,可立即求出

$$d_{\max 1} = d_{\min 1} + \lambda/4 = (0.088 + 0.25)\lambda = 0.338\lambda$$

(5) 求输入阻抗 Z_{in},自 P 点沿等 Γ 圆顺转 4.8 电刻度(实际上只须转 0.3 电刻度即可,因其周期是 0.5) 到 Q 点,该点的阻抗读数即 $\overline{Z}_{\text{in}} = 1.66 + \mathrm{j}0.52$,再经阻抗圆图得输入阻抗值

$$Z_{\text{in}} = \overline{Z}_{\text{in}} \cdot Z_0 = 83 + \mathrm{j}26\ (\Omega)$$

例 2 已知一特性阻抗为 $Z_0 = 50\ \Omega$ 的同轴线终端接一未知阻抗 Z_1,测得信号频率为 $f = 1\ \text{GHz}$,电压驻波系数 $\rho = 3.0$,驻波节点的距离 $d_{\min 1} = 3.0\ \text{cm}$。试求 Z_1。

解 (1) 在圆图正实轴上找到 $r_{\max} = \rho = 3.0$ 的点 A,以 O 为圆心,在负实轴上找到对称点 B,如图 2.7.6 所示。

(2) 由测得之 f 算出波长 $\lambda = c/f = 30\ \text{cm}$,再算得 $d_{\min 1}/\lambda = 0.1$。

(3) 由 B 点沿等 Γ 圆逆转电刻度 0.1 至 C 点,此即为负载阻抗归一化值在圆图中所对

应的位置，由图读得 $\overline{Z}=0.48-\mathrm{j}0.61$。

(4) 阻抗还原 $\qquad Z_1=\overline{Z}_1\cdot Z_0=24-\mathrm{j}31\ (\Omega)$

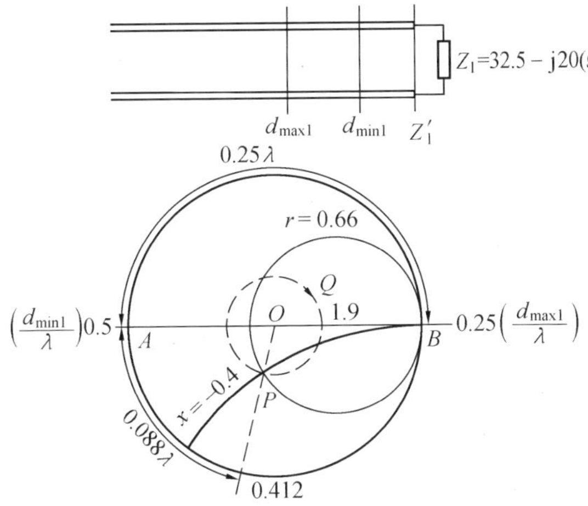

图 2.7.5　例 1 图

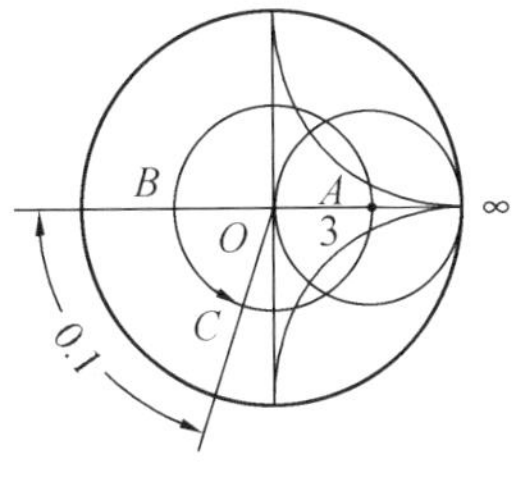

图 2.7.6　例 2 图

六、导纳圆图

实用中，在遇到并联电路时用导纳比用阻抗计算方便得多，这就需要导纳圆图。

导纳圆图也包括三个圆族：等 Γ 圆族、等电导（等 g）圆族和等电纳（等 b）圆族，如图 2.7.7 所示。可以证明，导纳圆图只是阻抗圆图的翻拍。

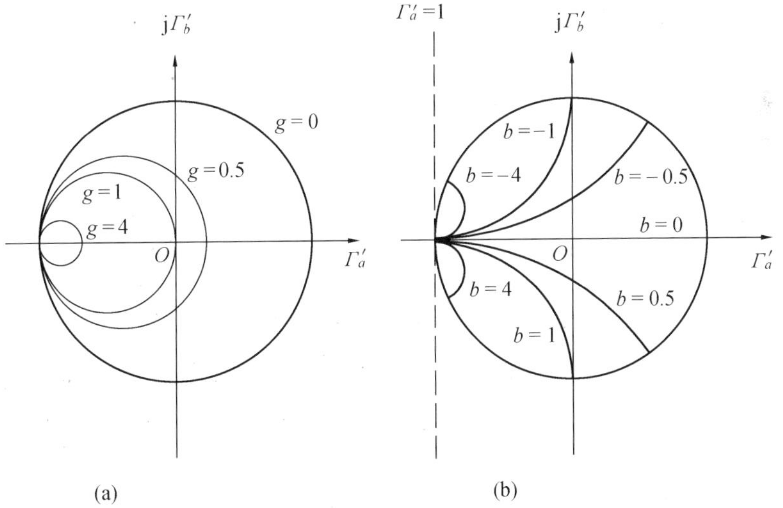

图 2.7.7　导纳圆图

因为

$$\overline{Z}=\frac{Z}{Z_0}=\frac{1+\Gamma}{1-\Gamma}=\frac{1+|\Gamma_1|\mathrm{e}^{\mathrm{j}(\varphi_1-2\beta d)}}{1-|\Gamma_1|\mathrm{e}^{\mathrm{j}(\varphi_1-2\beta d)}} \tag{2.7.10}$$

所以归一化导纳为

$$\overline{Y} = \frac{1}{\overline{Z}} = \frac{1-\Gamma}{1+\Gamma} = \frac{1+|\Gamma_1|e^{j[(\varphi_1-2\beta d)+\pi]}}{1-|\Gamma_1|e^{j[(\varphi_1-2\beta d)+\pi]}} \tag{2.7.11}$$

比较上二式发现，二者的形式完全一样，只是后式中幅角多了一个 π。这就是说只要把阻抗圆图上诸点均旋转 180°，就得到与之对称的导纳圆图。

需要注意的是，导纳圆图实轴上半平面是负电纳区，下半平面是正电纳区，不能搞错。

事实上，阻抗和导纳互为倒数。这就是说，如果在阻抗圆图上已知某归一化阻抗点，那么沿着等 Γ 圆旋转 180° 后就得到与之对应的归一化导纳值。

但是，由于

$$Y = \frac{1}{Z} = \frac{1}{Z_0}\frac{Z_0 + jZ_1\tan\beta d}{Z_1 + jZ_0\tan\beta d} = Y_0\cdot\frac{Y_1 + jY_0\tan\beta d}{Y_0 + jY_1\tan\beta d} \tag{2.7.12}$$

所以将上式与式(2.3.20)比较，可见 Y 与 Z 的表达形式完全一样。就是说，若把导纳 Y 看成是阻抗 Z，那么利用史密斯阻抗圆图就可直接计算导纳问题，而勿需在该圆图上先找出阻抗点再旋转 180° 去找对应的导纳点，不过在利用阻抗圆图计算导纳问题时，有几点需要注意。

(1) 应如实地把等 r 圆视为等 g 圆，把等 x 圆视为等 b 圆(这里 g、b 分别为归一化电导和归一化电纳，即 $\overline{Y} = g \pm jb$)。

(2) 实轴上半平面仍代表正电纳($+jb$)，下半平面仍代表负电纳($-jb$)。这是与导纳圆图的不同之处，必须记住。

(3) 实轴为纯导轴(即实轴上各点之 $b=0$)，此时导纳"匹配点"仍在坐标原点，"短路点"在实轴右(而非左)端点上，"开路点"则在实轴左端点上。电刻度的起算点不再是左端点而是右端上，这一点也请务必牢记。

图 2.7.8 绘出了导纳圆图与阻抗圆图的相互关系。

下面举例说明阻抗和导纳换算关系。

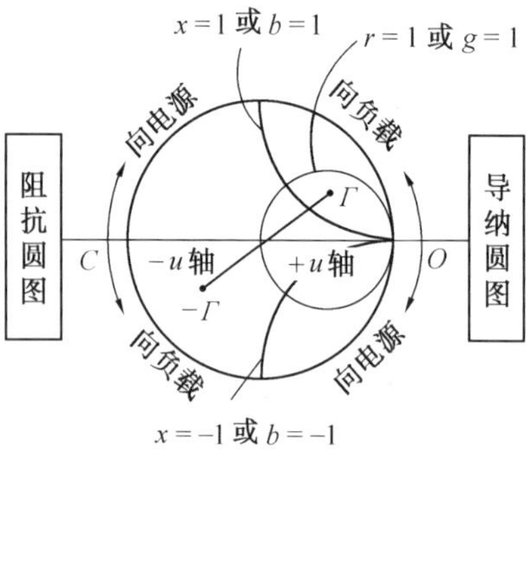

图 2.7.8　阻抗圆图和导纳圆图的关系

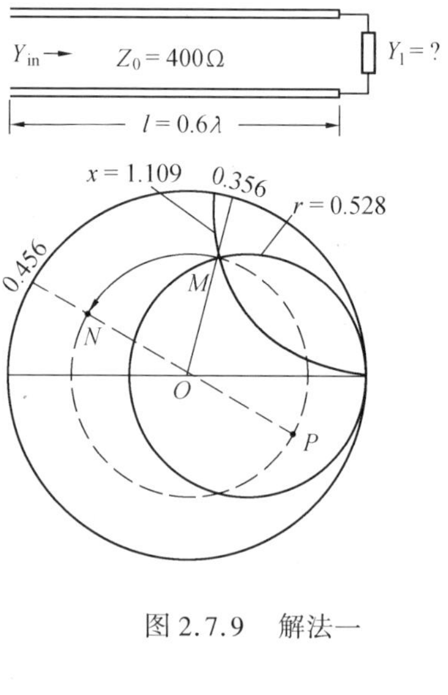

图 2.7.9　解法一

例 已知双线的特性阻抗 $Z_0 = 400\ \Omega$，其长度 $l = 0.6\ \lambda$，输入导纳为 $\overline{Y}_{in} = 0.35 - j0.735$，求负载导纳。

解 本题可有几种解法。一是将各导纳值换算为阻抗后在阻抗圆图上求解；二是将导纳问题利用阻抗圆图求解；三是直接利用导纳圆图求解导纳问题。

解法一

(1) 换算出归一化输入阻抗值 $\overline{Z}_{in} = 1/\overline{Y}_{in} = 0.528 + j1.109$。

(2) 在阻抗圆图上找到对应点 M，其电刻度为 0.356，如图 2.7.9 所示。

(3) 由 M 沿等 Γ 圆逆转 0.1 电刻度至点 N，再找到其对称点 P，此即负载导纳在圆图上的对应位置，读得 $\overline{Y}_1 = 1.9 - j2.15$。

(4) 导纳还原 $Y_1 = \overline{Y}_1/Z_0 = 0.00475 - 0.005375(\mathrm{S})$。

解法二

这是利用阻抗圆图计算导纳问题。

(1) 在阻抗圆图上根据题意给出的 $\overline{Y}_{in} = 0.35 - j0.735$，找到 $g = 0.35$(如实地看成为 $r = 0.35$ 的圆) 和 $b = -0.745$(如实地看成为 $x = -0.735$ 的圆)，两圆的交点为 A，其电刻度为 0.106，如图 2.7.10 所示。

(2) 由 M 沿等 Γ 圆逆转 0.1 电刻度至点 N，读得 $\overline{Y}_1 = 1.9 - j2.15$。

(3) 导纳还原 $Y_1 = 0.00475 - j0.007375(\mathrm{S})$。

解法三

利用导纳圆图求解。

(1) 在导纳圆图上找出 $g = 0.35$，$b = -0.735$ 两圆交点 M，其电刻度为 0.356，如图 2.7.11 所示。

(2) 由点 M 沿等 Γ 圆逆转 0.1 电刻度至 N 点，读得 $\overline{Y}_1 = 1.9 - j2.15$。

(3) 导纳还原 $Y_1 = 0.00475 - j0.005375(\mathrm{S})$。

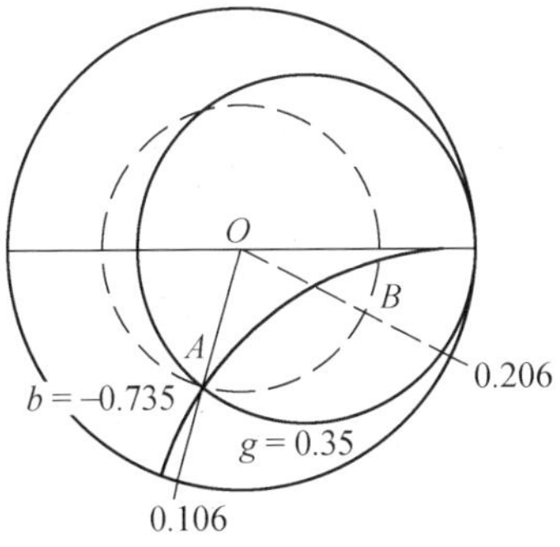

图 2.7.10 解法二

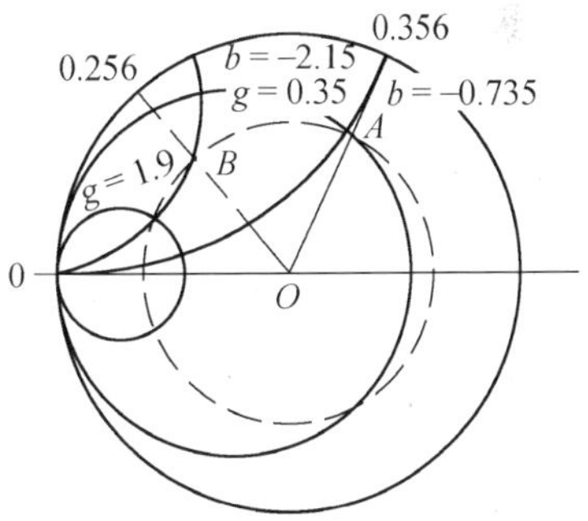

图 2.7.11 解法三

本章小结

1. 传输线不仅能传输微波能量和信号，还能构成各种微波元件。

2. 利用传输线等效电路可以导出传输线方程。传输线方程是传输线理论中的基本方程。

3. 微波传输线是分布参数电路，线上的电压和电流是时间和空间的二元函数，它们沿线的变化规律可利用传输线方程来描述。

4. 均匀无耗传输线方程

$$\begin{cases} -\dfrac{\partial u}{\partial z}\mathrm{d}z = R_1 i + L_1\dfrac{\partial i}{\partial t} \\ -\dfrac{\partial i}{\partial z}\mathrm{d}z = G_1 u + C_1\dfrac{\partial u}{\partial t} \end{cases}$$

其解的形式为

$$\begin{cases} U = A\mathrm{e}^{-\gamma z} + B\mathrm{e}^{\gamma z} \\ I = \dfrac{1}{Z_0}(A\mathrm{e}^{-\gamma z} - B\mathrm{e}^{\gamma z}) \end{cases}$$

其参量为

$$Z_0 = \sqrt{L_1/C_1} \quad \lambda = \lambda_0/\sqrt{\varepsilon_r} \quad v_p = c/\sqrt{\varepsilon_r} \quad \beta = \frac{2\pi}{\lambda}$$

5. 无耗传输线的工作状态有三种：

(1) $Z_1 = Z_0$时，传输线上载行波，线上电压电流振幅不变；相位沿传播方向不断变化；沿线的阻抗等于特性阻抗；电磁能量被负载全部吸收。

(2) 当 $Z_1 = 0$、∞、$\pm\mathrm{j}X$ 时，传输线上载驻波。驻波的波腹为入射波的两倍，波节点为零；电压波腹处阻抗为无穷大的纯阻，电压波节点处的阻抗为零，沿线其余各点的阻抗均为纯电抗；此时没有电磁能量的传输，只有电磁能量的相互交换。

(3) 当 $Z_1 = R_1 \pm \mathrm{j}X_1$时，传输线上行驻波。行驻波的波腹小于两倍的入射波，波节不为零，电压波腹处的阻抗为最大的纯电阻 $Z_{\max} \equiv R_{\max} = Z_0\rho$，相当于并联谐振；在电压节处阻抗为最小的纯电阻 $Z_{\min} = R_{\min} = Z_0/\rho$，相当于串联谐振。电磁能量一部分被负载吸收，另一部分被负载反射回去。

6. 描述传输线上反射波大小的参量有反射系数、驻波系数和行波系数，它们之间的关系为

$$\rho = \frac{1}{K} = \frac{1+|\Gamma_1|}{1-|\Gamma_1|}$$

它们之间数值的大小和工作状态的关系如下表所示。

工作状态	行波	驻波	行驻波
$\|\Gamma_1\|$	0	1	$0 < \|\Gamma_1\| < 1$
ρ	1	∞	$1 < \rho < \infty$
K	1	0	$0 < K < 1$

7. 传输线的阻抗匹配方法常采用四分之一波长阻抗变换器和分支匹配器。

8. 阻抗圆图和导纳圆图是进行阻抗计算和阻抗匹配的重要工具。它们的记忆关系如下表所示。

1. 三个特殊点		
匹配点	开路点	短路点
中心点(0,0)	右边端点(1,0)	左边端点(-1,0)
$\Gamma=0$ $\overline{Z}=1$	$\Gamma=1$ $\overline{Z}=\infty$	$\Gamma=-1$
$\rho=1$	$x=\infty, r=\infty$	$\overline{Z}=0$ $r=0, x=0$

2. 三条特殊线
(1) 实轴为纯电阻线。 (2) 左半实轴上的点为电压波节点，该直线段是电压波节线、电流波腹线。该直线段上某点归一化电阻 r 的值为该点的 K 值。 (3) 右半实轴上的点为电压波腹点，该直线是电压波腹线、电流波节线。该直线段上某点归一化电阻 r 的值为该点的 ρ 值

3. 两个特殊面
(1) 上半圆，归一化电抗值 $x>0$，上半圆平面为感性区； (2) 下半圆，归一化电抗值 $x<0$，下半圆平面为容性区

4. 两个旋转方向
因为已经规定负载端为坐标原点，当观察点向电源方向移动时，在圆图上要顺时针方向旋转；反之，观察点向负载方向移动时，在圆图上要逆时针方向旋转

5. 四个参数
在圆图上任何一点都对应有四个参量：Γ、x、ρ(或 $\vert\Gamma\vert$) 和 φ

6. 阻抗圆图的用途
1. 求阻抗 - 导纳之间的变换； 2. 已知负载阻抗、线长度，求输入阻抗； 3. 求驻波系数及 Z_{max}、Z_{min}； 4. 已知驻波系数，求负载阻抗

思考题

2.1 什么叫传输线？举例说明长线和短线。

2.2 什么是分布参数电路？它与集总参数电路在概念上和处理方法上有何区别？

2.3 什么是传输线的阻抗、输入阻抗和负载阻抗？

2.4 什么是传输线的特性阻抗，都和哪些因素有关？

2.5 反射系数是如何定义的？它是如何描述传输线上的波的反射特性的？

2.6 匹配的物理实质是什么？

2.7 双线中的某点的反射系数与该点的输入阻抗的关系是什么？

2.8 驻波系数与反射系数是什么关系？

2.9 什么是行波，它的特点是什么？

2.10 什么是纯驻波，它的特点是什么？

2.11 传输线理论包括哪些内容？

2.12 低频传输线与微波传输线之间的区别是什么？

2.13 四分之一波长阻抗变换的定量关系是什么？

2.14 电压波节点和波腹点处的传输线阻抗一定是纯阻吗？为什么？

习　　题

2.1 已知长线的特性阻抗 $Z_0 = 100\ \Omega$，终端反射系数测得为 $\Gamma_1 = -0.1$，求终端负载阻抗 $Z_1 = ?$

2.2 如图所示，试求下列无耗传输系统的输入阻抗，绘出各电路在输入端的等效集总参数电路。

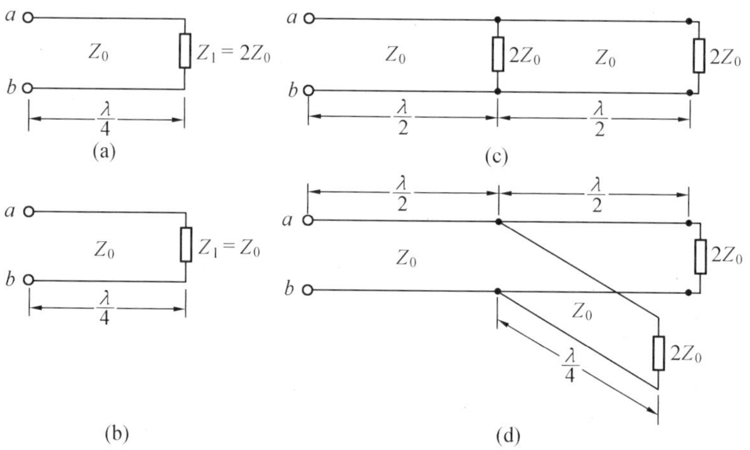

图习题 2.2

2.3 今有一无耗传输线，已知其特性阻抗为 50 Ω，终端接有负载阻抗 $Z_1 = (50 + \mathrm{j}100)\ \Omega$，试求其终端反射系数。

2.4 在一无耗传输线上传输有频率为 **3** GHz 的信号，已知其特性阻抗为 $Z_0 = 75\ \Omega$，终端接有 $Z_1 = (75 + \mathrm{j}150)\ \Omega$ 的负载。试求：

(1) 线上驻波系数；

(2) 离终端 10 cm 处的反射系数。

2.5 已知一无耗传输线的特性阻抗为 50 Ω，负载阻抗为 $(50 + \mathrm{j}100)\ \Omega$，其上传输有频率为 5 GHz 的信号，传输线总长为 0.5 m，试求其输入阻抗，并求出距终端分别为 0.1 m 和 0.3 m 处的阻抗值。

2.6 如图所示系统。证明当 $Z_g = Z_0$ 时，不管负载多大，线多长，恒有 $|U^+| = |E|/2$ 的关系存在（注：$|U^+|$ 为入射波电压复振幅）。

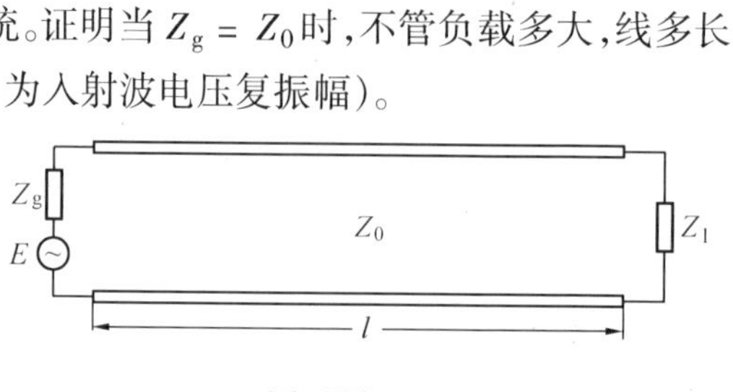

图习题 2.6

2.7 试证明无耗传输线的归一化负载阻抗为

$$\overline{Z}_1 = (1 - \mathrm{j}\rho\tan\beta d_{\min 1})/(\rho - \mathrm{j}\tan\beta d_{\min 1});$$

式中 ρ 为线的驻波系数，$d_{\min 1}$ 为第一个电压节点至负载的距离。

2.8 无耗双线的特性阻抗 $Z_0 = 500\ \Omega$，负载阻抗 $Z_1 = (300 + \mathrm{j}250)\ \Omega$，工作波长为 $\lambda = 3$ cm，今用 $\lambda/4$ 线进行匹配，求该 $\lambda/4$ 匹配线特性阻抗及其安放的位置。

2.9 求下列各线路图中各点的反射系数(假设传输线无耗)。

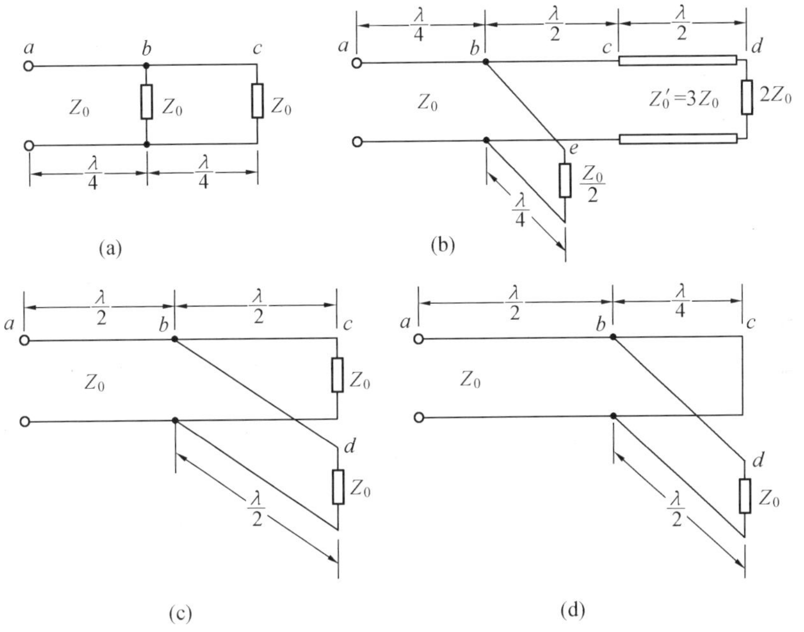

图习题 2.9

2.10 线路如图所示。已知一无耗双线传输线长度为 $5/4\lambda$，所接两个负载 R_1 和 R_2 的间距为 $\lambda/4$，若 $Z_0 = R_g = R_1 = R_2 = 75\ \Omega$，电源电动势 $E = 100$ V，试求：

(1) 各段线的行波系数；

(2) 求出沿线电压、电流振幅分布并标出其最大值。

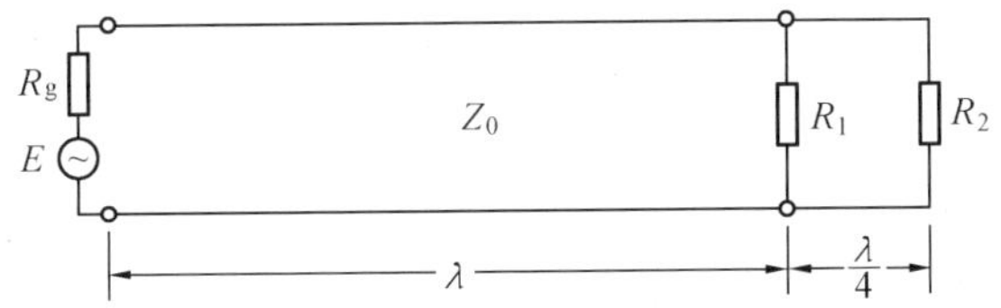

图习题 2.10

2.11 有一无耗传输线，其特性阻抗 $Z_0 = 500\ \Omega$，负载阻抗 $Z_1 = (1000 + \mathrm{j}750)\ \Omega$，并设 $\beta l = 50°$(l 为传输线长度) 试求终端反射系数、传输线上的驻波比和输入阻抗。

2.12 如图所示。已知 $U_g = 100$ V，$R_g = Z_0 = Z_1 = 300\ \Omega$，试求：

(1) 各点的反射系数，分析各段的工作状态；

(2) 沿线电压、电流振幅分布及 a、b、c、d、e 处的 $|U|$、$|I|$ 值。

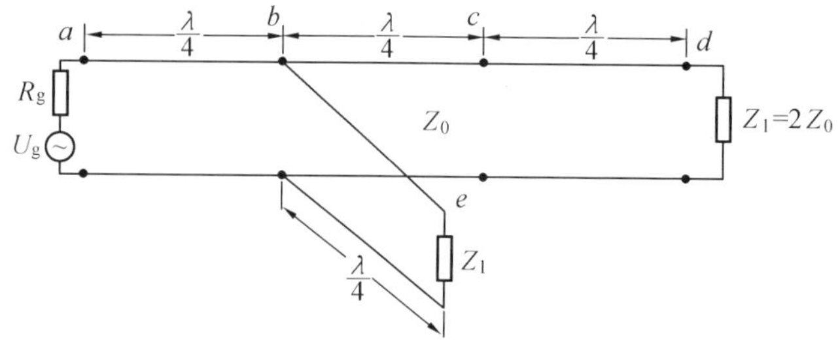

图习题 2.12

2.13 如图所示为一由若干段无耗长线组成的电路，已知 $U_g = 50\ \text{V}$，$Z_0 = Z_g = Z_1 = 100\ \Omega$，$Z_{01} = 150\ \Omega$，$Z_2 = 225\ \Omega$。试求：

(1) 各段的行波系数并分析各段之工作状态；

(2) 画出各段电压、电流振幅分布图并标出极值；

(3) 各负载吸收的功率。

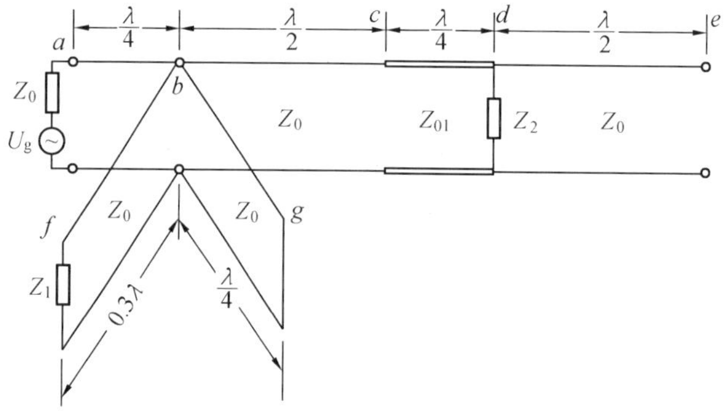

图习题 2.13

2.14 如图所示为一无耗均匀传输线，已知 $U_g = 80\ \text{V}$，$R_g = Z_0 = 200\ \Omega$，$R_1 = Z_0/2$，$l = 1\lambda$，$l_1 = l_2 = l_3 = \lambda/4$，$R_2$ 为待定元件，dd' 端跨接一内阻极小的检测计 A。试求：

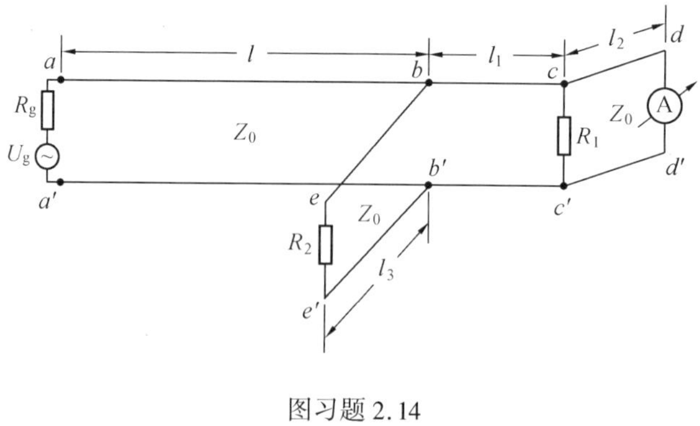

图习题 2.14

(1) 为使 ab 段处于行波工作状态，R_2 应为多大？

(2) 沿线各段驻波系数；

(3) 沿线 $|U|$、$|I|$ 分布，绘图并标出极值；

(4) 检测计 A 上所测得电流值大小。

2.15 如图所示在微波电路中，已知 $Z_0 = Z_g = X_1 = X_2$，$Z_1 = 2Z_0$，$E_m = 10$ V，试求：

(1) 两段传输线中的驻波系数；

(2) 传送到负载 Z_1 上的功率。

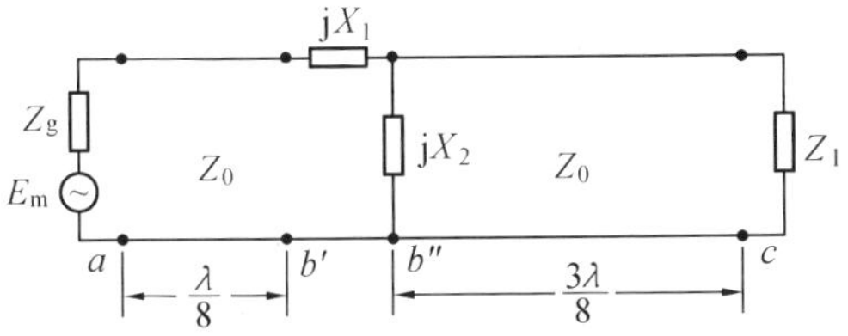

图习题 2.15

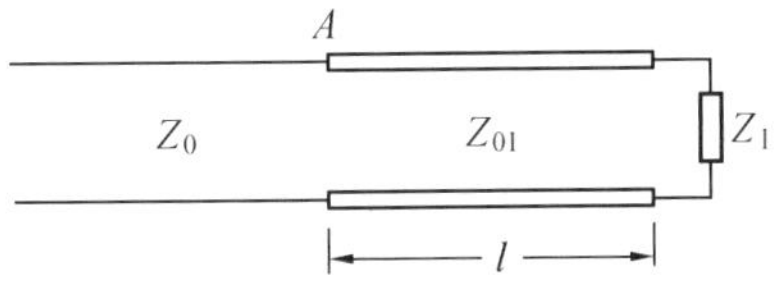

图习题 2.16

2.16 如图所示为一无耗传输线，$Z_0 = 100\ \Omega$，$Z_1 = (150 + \text{j}50)\Omega$，欲使 A 处无反射，试求 l 和 Z_{01}。

2.17 一未知负载 Z_1 接在 $Z_0 = 50\ \Omega$ 的传输线的终端，现测得线上电压最大值为 100 mV，最小值为 20 mV，离负载第一个电压节点位置为 $l_{\min 1} = \lambda/3$，试计算负载阻抗 Z_1。

2.18 假定传输线的损耗可以忽略，求证负载吸收功率 $P_1 = P_i(1 - |\Gamma|^2)$。若线上的驻波比为 1.5 时，问负载反射功率占吸收功率的百分比是多少？(P_i 为入射功率)

2.19 特性阻抗为 75 Ω 的同轴线，其终端负载 $Z_1 = (50 + \text{j}30)\Omega$，工作波长为 30 cm，求离终端 6 cm 处的阻抗。

2.20 试根据反射系数矢量图，绘出下列四种负载状态下的无损耗均匀传输线的工作状态图。

(1) $Z_1 = Z_0$； (2) $Z_1 = 2Z_0$；

(3) $Z_1 = 1/3Z_0$； (4) $Z_1 = 0$。

2.21 如图所示，已知 $Z_g = Z_{01} = 50\ \Omega$，$Z_{02} = 40\ \Omega$，$E_m = 10$ V，今测得 Z_{01} 和 Z_{02} 线上的驻波系数分别为 1.25 和 2，B 点为 Z_{01} 线段的电压节点，试求 Z_1 和 Z_2 值及 Z_2 吸收的功率。

2.22 如图所示为一无耗均匀传输系统，已知 $Z_1 = Z_0$，$U_B = 10\angle 20°$，求 U_A 和 U_C，并写出 AA'，BB'，CC' 处的电压瞬时式。

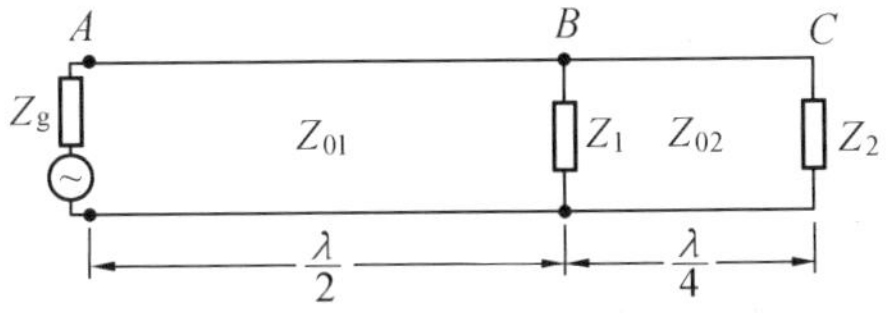

图习题 2.21

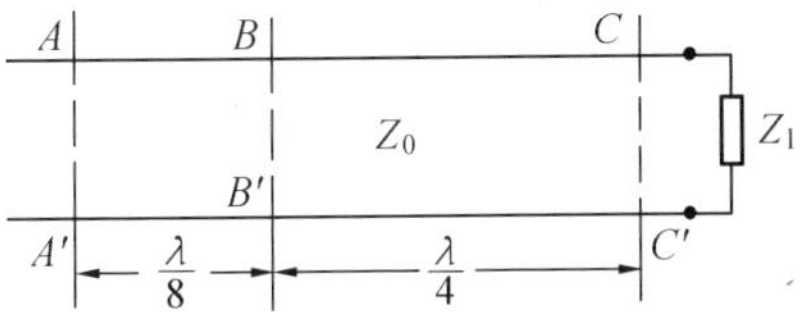

图习题 2.22

2.23 欲以一特性阻抗为 300 Ω 的终端短路线代替电感为 2×10^{-5}H 的线圈，频率为

300 MHz,求该短路线的长度 l_{sc} 应为多少?若以此作终端开路线代替电容为 1 pF 的电容器,问该开路线的长度 l_{oc} 应为多少?

2.24 特性阻抗为 Z_0 的均匀无耗传输线,若终端按实际负载 Z_1,短路和开路时的传输线输入阻抗分别用 Z_{in}、Z_{sc} 和 Z_{oc} 表示,试证明归一化负载阻抗

$$\overline{Z}_1 = \overline{Z}_{oc}\frac{\overline{Z}_{in} - \overline{Z}_{sc}}{\overline{Z}_{oc} - \overline{Z}_{in}}$$

若给定 $Z_0 = 50\ \Omega$,测得 $\overline{Z}_{in} = 1.5\angle 30°$,$\overline{Z}_{sc} = \mathrm{j}2$,$\overline{Z}_{oc} = -\mathrm{j}1/2$,试求负载阻抗 $Z_1 = ?$

2.25 完成下列圆图基本练习:

(1) 已知 $Z_1 = (30 + \mathrm{j}60)\ \Omega$,$Z_0 = 50\ \Omega$,$l = 0.12\lambda$,求 Z_{in};

(2) 已知 $Z_{in} = (20 - \mathrm{j}40)\Omega$,$Z_0 = 50\ \Omega$,$l = 0.15\lambda$,求 Y_1;

(3) 已知 $Y_1 = (0.02 + \mathrm{j}0.01)\mathrm{S}$,$Z_0 = 60\ \Omega$,$l = 0.36\lambda$,求 Y_{in};

(4) 已知 $Y_{in} = (0.02 - \mathrm{j}0.01)\mathrm{S}$,$Z_0 = 50\ \Omega$,$l = 0.36\lambda$,求 Z_1;

(5) 已知 $Z_1 = (100 - \mathrm{j}500)\Omega$,$Z_0 = 250\ \Omega$,求 Γ_1;

(6) 已知 $Z_{in} = (100 + \mathrm{j}500)\Omega$,$Z_0 = 250\ \Omega$,$l = 0.25\lambda$,求 Γ_{in} 和 Γ_1。

2.26 完成下列圆图基本练习:

(1) 已知 $Y_1 = 0$,欲使 $\overline{Y}_{in} = \mathrm{j}0.2$,求 l/λ;

(2) 已知 $Z_1 = 0$,欲使 $\overline{Y}_{in} = -\mathrm{j}0.05$,求 l/λ;

(3) 已知 $Z_1 = (0.2 - \mathrm{j}0.31)Z_0\Omega$,欲使 $\overline{Y}_{in} = 1 - \mathrm{j}b_{in}$,求 l/λ;

(4) 一终端短路线,已知 $l = 0.38\lambda$,求 $\overline{Y}_{in} = ?$若为开路线,求 $\overline{Y}_{in} = ?$

2.27 完成下列圆图基本练习:

(1) 已知 $\overline{Z}_1 = 0.3 + \mathrm{j}0.6$,求第一个电压节点和腹点至负载的距离、线上的 ρ 和 K 值;

(2) 已知 $\overline{Y}_1 = 0.4 - \mathrm{j}0.6$,求第一个电压节点和腹点至负载的距离、线上的 ρ 和 K 值;

(3) 已知 $Z_0 = 50\ \Omega$,$l = 1.25\lambda$,$K = 0.5$,$d_{min1} = 0.32\lambda$,求 Z_1 和 Z_{in};

(4) 已知 $Z_0 = 75\ \Omega$,$l = 0.205\lambda$,$\rho = 1.5$,$d_{min1} = 0.082\lambda$,求 Y_1 和 Y_{in};

(5) 已知 $Z_0 = 50\ \Omega$,$l = 1.82\lambda$,$|U|_{max} = 50\ \mathrm{V}$,$|U|_{min} = 13\ \mathrm{V}$,$d_{max1} = 0.032\lambda$,求 Z_1 和 Z_{in}。

2.28 利用圆图作题。已知 $Z_0 = 75\ \Omega$,$\lambda = 30\ \mathrm{cm}$,$Z_1 = (50 + \mathrm{j}30)\ \Omega$,求离终端 6 cm 处的输入阻抗。

2.29 利用圆图作题。有一特性阻抗为 200 Ω 的无耗线,

(1) 终端短路时的输入阻抗 $Z_{sc} = \mathrm{j}100\ \Omega$,求 l/λ;

(2) 若 $Z_{sc} = -\mathrm{j}100\ \Omega$,求 l/λ。

2.30 一特性阻抗为 300 Ω 的传输线,传送信号至天线,工作频率为 300 MHz,由于传输线与天线不匹配,测得 $\rho = 3$,$d_{max1} = 0.2\ \mathrm{m}$,试求天线的输入阻抗。

2.31 如图所示为一匹配装置,设支节和 $\lambda/4$ 线均无耗,且特性阻抗均为 Z_{01},无耗主线的 $Z_0 = 400\ \Omega$,工作频率为 200 MHz,$Z_1 = (100 + \mathrm{j}100)\ \Omega$,试求:

(1) $\lambda/4$ 线和支节的特性阻抗 Z_{01};

(2) 短路支节的最短长度;

(3) 若匹配装置放在 A 的位置,情况将如何?

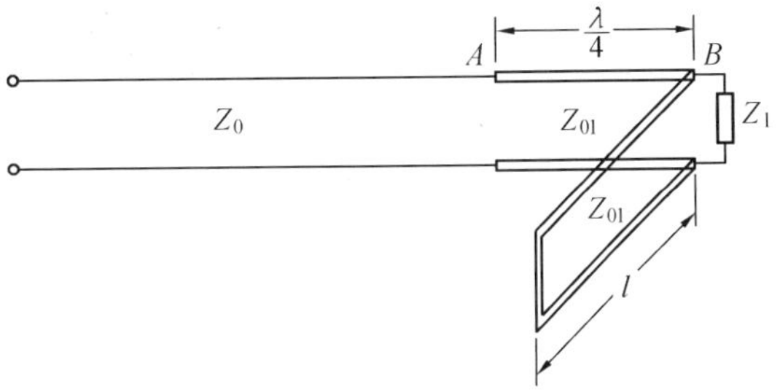

图习题 2.31

2.32 已知一无耗传输线之 $Z_0 = 50\ \Omega$, $Z_1 = (50 + j35)\ \Omega$, $\lambda = 1$ m,线长 l 为 1.2 m,试求:

(1) 沿线的 ρ、K、$|\Gamma|$;

(2) 沿线阻抗的极值,并判断离负载最近的阻抗极值是最大还是最小?它与负载的距离是多少?

(3) 输入阻抗。

第3章　微波传输线

低频传输线由于工作波长很长，一般都属“短线”范围，分布参数效应均被忽略，它们在电路中只起连接线的作用。因此，在低频电路中不必要对传输线问题加以专门研究。当频率达到微波波段以上，正像上章所述那样，分布参数效应已不可忽视了，这时的传输线不仅起连接线把能量或信息由一处传至另一处的作用，还可以构成微波元器件。同时，随着频率的升高，所用传输线的种类也不同。但不论哪种微波传输线都有一些基本要求，它们是：

(1)损耗要小。这不仅能提高传输效率，还能使系统工作稳定。

(2)结构尺寸要合理，使传输线功率容量尽可能地大。

(3)工作频带宽。即保证信号无畸变地传输的频带尽量宽。

(4)尺寸尽量小且均匀，结构简单易于加工，拆装方便。

假如传输线各处的横向尺寸、导体材料及介质特性都是相同的，这种传输线就称为均匀传输线，反之则为非均匀传输线。

均匀传输线的种类很多。作为微波传输线有平行双线、同轴线、波导、带状线以及微带线等等不同形式。本章讨论几种常用的微波传输线。

3.1　双线传输线

所谓双线传输线是由两根平行而且相同的导体构成的传输系统。导体横截面是圆形，直径为 d，两根导体中心间距为 D，如图3.1.1所示。

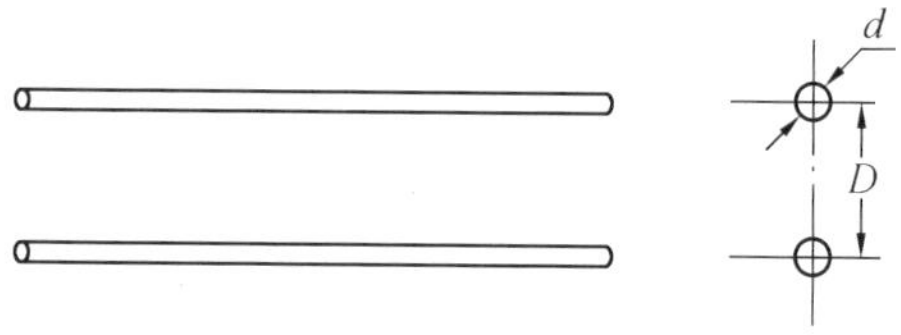

图3.1.1　平行双线传输线

一、特性阻抗

根据前章讨论可知，利用表2.1.1和式(2.2.25)，可求得双线传输线的特性阻抗为

$$Z_0=\sqrt{\frac{L_1}{C_1}}=\frac{120}{\sqrt{\varepsilon_r}}\ln\frac{D+\sqrt{D^2-d^2}}{d}=$$

$$\frac{120}{\sqrt{\varepsilon_r}}\ln\frac{2D}{d}(\Omega)=\frac{276}{\sqrt{\varepsilon_r}}\lg\frac{2D}{d}(\Omega)\qquad(3.1.1)$$

若双导线周围介质为空气，则只须将 $\varepsilon_r=1$ 代入上式即可。双线的特性阻抗一般为250～700Ω，常用的是250、300、400和600Ω几种。

二、传输特性

由式(2.2.26)可知,传输线上波的传播常数 $\gamma = \alpha + j\beta$,就是说在一般情况下 γ 是一个复数。

若线路损耗可忽略不计,即 $R_1 = 0, G_1 = 0$,则 $\alpha = 0$,于是

$$\left.\begin{aligned}\gamma &= j\beta\\ \beta &= \omega\sqrt{L_1C_1} = \omega\sqrt{\mu\varepsilon}\end{aligned}\right\} \tag{3.1.2}$$

平行双线是最简单的一种传输线,但它裸露在外,当频率升高时,将出现一系列缺点,使之失去实用价值。这些缺点是:

(1) 趋肤效应显著　由于电流趋肤深度 δ 与频率的平方根成反比,因而随频率增高,趋肤深度减小,电流分布愈集中于表面,于是电流流过导体的有效面积减小,使得导线中的热损耗增大。

(2) 支撑物损耗增加　在结构上为保证双导线的相对位置不变,需用介质或金属绝缘子做支架,这就引起介质损耗或附加的热损耗,随频率的升高,介质损耗将随之增大。

(3) 辐射损耗增加　双导线裸露在空间,随着频率的升高,电磁波将向四周辐射,形成辐射损耗。这种损耗也随频率的升高而增加。当波长与线的横向尺寸差不多时,双线基本上变成了辐射器,此时双线已不能再传输能量了。

上面提到的金属绝缘子是用来做支架的 $\lambda/4$ 终端短路线,如图 3.1.2 所示。此时由主传输线向“支架”看进去的输入阻抗很大(理想情况为无限大),因此,它对于传输线上的电压和电流分布几乎没影响。它相当于一个绝缘子,因它是金属材料做成的,故称其为金属绝缘子。

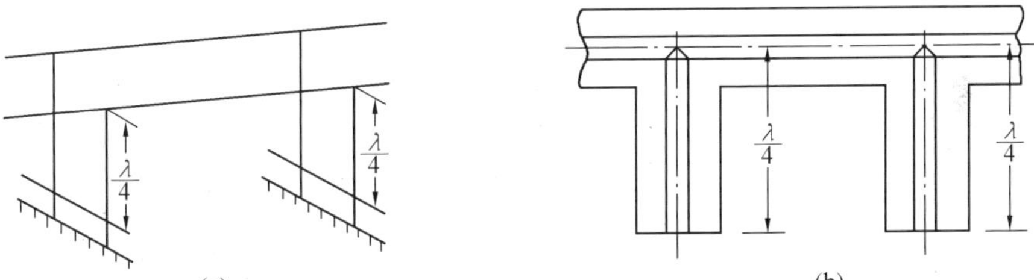

图 3.1.2　$\lambda/4$ 短路线支架

双线上传输的是横电磁波(TEM 波),故又称其为无色散波传输线。其截止频率 $f_c = 0$(截止波长 $\lambda_c = \infty$)。

3.2　同轴传输线

同轴线也属双导体传输系统。它由一个内导体和与它同心的外导体构成,内、外导体半径分别为 a、b,如图 3.2.1 所示。同轴线又有硬同轴和软同轴之分,后者即所谓的同轴电缆,其内填充低损耗的介质材料。

一、同轴线中的主模式

为求解同轴线内的场分布,我们选用圆柱坐标系,如图 3.2.2 所示。

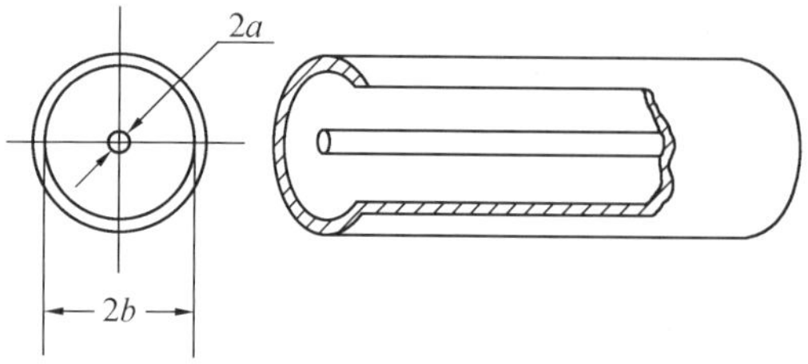

图 3.2.1 同轴线

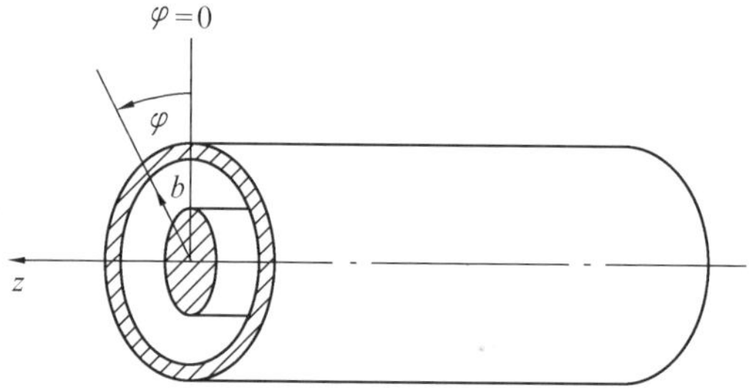

图 3.2.2 同轴线圆柱坐标系

同轴线中传输的主模式是横电磁波(TEM 波)。在这种情况下,电、磁场只分布在横截面内,无纵向分量。同轴线中的主模式 TEM 波的场分布,如图 3.2.3 所示。

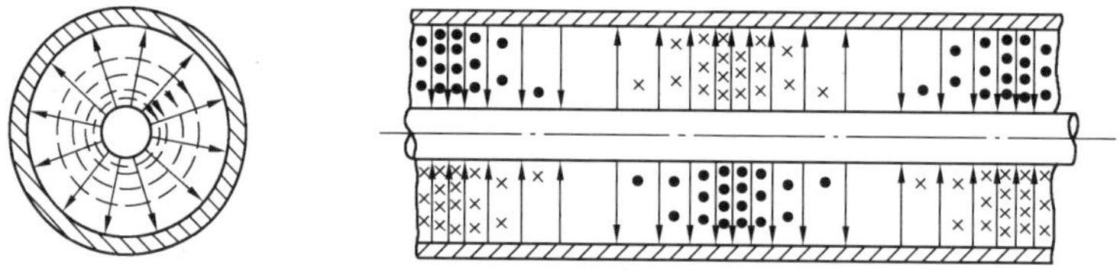

图 3.2.3 同轴线中 TEM 波的场分布

由图中可见,对于同轴线中的主模式 TEM 波电场仅存在于内外导体之间且呈辐射状。磁场则配置在内外导体之间,形成以内导体为中心处处与电场正交的磁力线环(图中虚线所示)。在无反射情况下,沿轴线方向,电场与磁场均以行波方式在传输线上传输。

二、同轴线的特性阻抗

和双线传输线一样,它们传输的都是无色散的 TEM 波,因而通常的电压、电流仍有意义。按照定义,电压是内外导体间电场的线积分,电流则是导体表面纵向电流线密度的积分,因此沿轴向(z 向)传输的行波电压和电流分别为

$$U^+ = \int_a^b E_r(r)\mathrm{d}r = \int_a^b 60\left(\frac{I}{r}\right)\mathrm{e}^{\mathrm{j}(\omega t-\beta z)}\mathrm{d}r = 60I\ln\left(\frac{b}{a}\right)\mathrm{e}^{\mathrm{j}(\omega t-\beta z)} \tag{3.2.1}$$

$$I^+ = \int_0^{2\pi} H_\varphi(b)\,b\,\mathrm{d}\varphi = I\mathrm{e}^{\mathrm{j}(\omega t-\beta z)} \tag{3.2.2}$$

显然二者之比即为其特性阻抗

$$Z_0 = U^+/I^+ = 60\ln\left(\frac{b}{a}\right)(\Omega) \tag{3.2.3}$$

若同轴线内填充介质(ε_r),则其特性阻抗应为

$$Z_0 = \frac{60}{\sqrt{\varepsilon_r}}\ln\left(\frac{b}{a}\right) = \frac{138}{\sqrt{\varepsilon_r}}\lg\left(\frac{b}{a}\right)(\Omega) \tag{3.2.4}$$

关于这一点,也可由前章表 2.1.1 给出同样的结果。由表查得 $L_1 = \frac{\mu}{2\pi}\ln\frac{b}{a}$,$C_1 = 2\pi\varepsilon_1/\ln\frac{b}{a}$,于是

$$Z_0 = \sqrt{\frac{L_1}{C_1}} = \frac{60}{\sqrt{\varepsilon_r}}\ln\frac{b}{a}$$

与式(3.2.4)比较结果完全相同。

同轴线的特性阻抗一般为 40 ~ 100 Ω,常用的是 50、75 Ω 两种。

三、同轴线中的高次模式

在同轴线中,我们只希望传输主模 TEM 波,这时截止频率 $f_c = 0(\lambda_c = \infty)$。但当传播频率增高时,波长随之缩短,同轴线的横截面尺寸(a 和 b)与波长 λ 可以比拟了。这样,同轴线内的任何微小变化,例如内外导体的同心度不佳,或圆形尺寸因加工不良出现的椭圆度,或内外导体上出现的凹陷或突起物,都将引起反射,并随之出现场强的轴向分量,高次模式的边界条件建立了起来,就是说,高次模将伴随主模式传播了。换言之,除了主模式 TEM 波外,在同轴线上还可能存在无穷多个色散的高次模式,包括横电波(H_{mn})和横磁波(E_{mn})。在这些高次模式中,截止波长最长(截止频率最低)的是 H_{11} 波。因此为确保同轴线中主模 TEM 波的单模传输,只要使 H_{11} 波截止,则其余所有的高次模式就全部截止了,就是说在第一高次模式(H_{11})截止频率以下,仅只传输主模 TEM 波,但当高过该频率时,第一高次模式将产生并将传送它的能量。为有效地抑制高次模,保证主模 TEM 波的单模传输,要求同轴线的工作波长必须满足

$$\lambda > 1.1(\lambda_c)_{H_{11}} = 3.456(a + b) \tag{3.2.5}$$

使用大尺寸的同轴线,损耗变小,功率容量可大大增加。但是,同轴线尺寸的增大受到第一高次模的截止频率的限制。例如,7 mm 空气同轴线的截止波长为

$$(\lambda)_{H_{11}} \approx \pi(1.542 + 3.505) = 5.047\pi = 15.86 \text{ mm}$$

换算出该截止频率为 $f_c = c/\lambda_c = 19$ GHz,其特性阻抗为

$$Z_0 = 60\ln(3.505/1.542) \approx 50\ (\Omega)$$

这就说明了为什么 7 mm、50 Ω 的空气同轴线通常规定工作到 18 GHz 的原因。

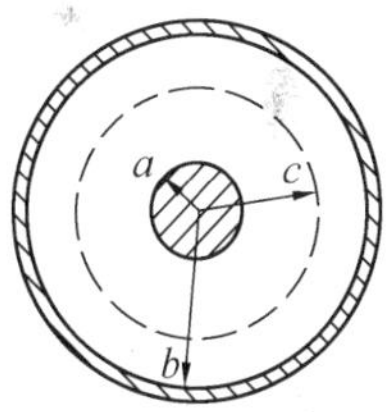

图 3.2.4　同轴线横截面尺寸

四、同轴线的尺寸选择

综合前面讨论,可以得到同轴线尺寸的选择原则:

(1) 保证在给定工作频带内只传输 TEM 波;

(2) 满足功率容量要求 —— 保证传输功率最小;

(3) 损耗小。

为保证在频带内只存在主模 TEM 波,必须使最短工作波长大于最低的高次模 H_{11} 波的截止波长,实际上,同轴线的尺寸已经标准化。上述有关尺寸选择的原则是为在特殊要

求设计同轴线时作参考的。在微波波段，常取用的是 50 Ω 和 75 Ω 两种同轴线。50 Ω 硬同轴线常用的是外导体内直径为 7 mm、内导体外径为 3 mm 和外导体内直径为 16 mm、内导体外径为 7 mm 两种。

3.3 带状线

目前，微波技术正朝着两个主要方向迅速发展。一个方向是继续向更高频段即毫米波和亚毫米波段发展；另一方向是大力研制单片微波集成电路。这就要求研制一种体积小、重量轻、平面型的传输线。带状线就是其中一种。和其他类型的微波传输线一样，带状线不仅在微波集成电路中充当连接元件和器件的传输线，同时它还可用来构成电感、电容、谐振器、滤波器、功分器、耦合器等无源器件。例如在手机的射频电路板多层板中就含有用带状线构成的电路和元件。

带状线又称做介质夹层线，其结构示于图 3.3.1 中，它由上下两块接地板、中间一导体带条构成，是一种以空气或介质绝缘的双导体传输线。

带状线可以看成是由同轴线演变而来的，图 3.3.2 示出了带状线这种演变过程：将同轴线外导体对半剖开，然后把这两半外导体分别向上、下方向展平，再把内导体做成扁平带状，即构成带状线。

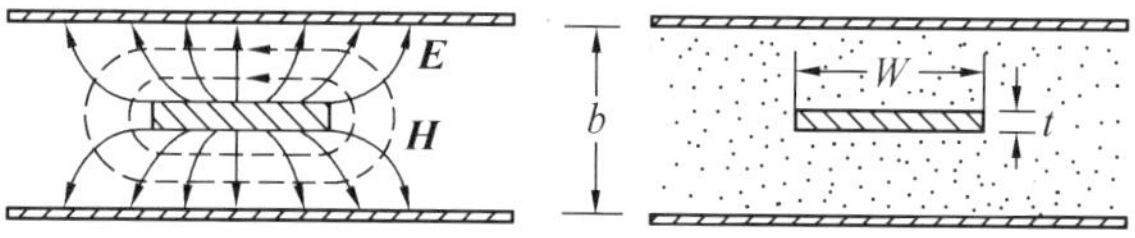

(a) 空气带状线　　(b) 介质夹层线

图 3.3.1　带状线的结构及场分布

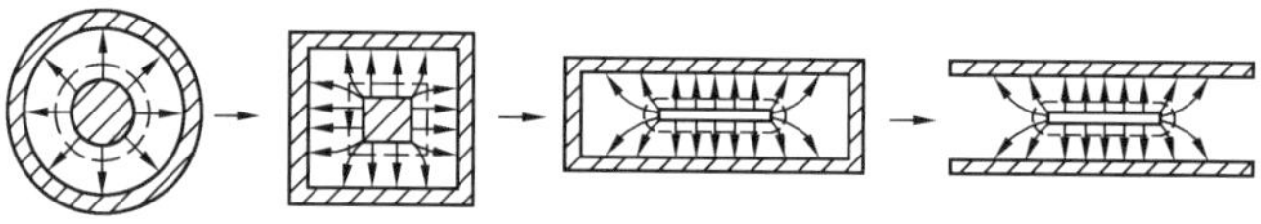

图 3.3.2　同轴线向带状线的演化

由上述演化过程可见，带状线中的电磁场矢量均匀分布在其横截面内而无纵向分量（$E_z=0$、$H_z=0$），故带状线中的工作波型是 TEM 波。因而带状线也属于 TEM 波传输线。

对于带状线的分析可以用长线理论来分析。表征带状线的主要参量有特性阻抗、相速度、带内波长及功率容量。特性阻抗和相速度是任何传输线的两个重要参数。下面分别讨论这些参数。

一、特性阻抗

传输线中 TEM 波的特性阻抗和相速度是由介质材料的电参数 μ、ε 或单位长度分布电感 L 和分布电容 C 决定的。因此关键是确定单位长度分布电容 C。

因为带状线传输的主模是 TEM 波，如果假设导体为理想导体，填充的介质均匀、无耗、各向同性，带状线的结构沿纵向均匀，而且横截面的尺寸与工作波长相比甚小，那么，就可以用静态场的分析方法来求特性阻抗 Z_0。在这种情况下，下列关系式是成立的，即

$$Z_0 = \sqrt{\frac{L}{C}} \quad 或 \quad Z_0 = \frac{1}{v_p C}$$

$$v_p = \frac{1}{\sqrt{LC}} \quad 或 \quad v_p = \frac{v_0}{\sqrt{\varepsilon_r}}$$

式中，L 和 C 分别为带状线单位长度上的分布电感和分布电容；v_p 为相速度；ε_r 为填充介质的相对介电常数；v_0 为自由空间中电磁波的传播速度。

由此可知，只要求出电容 C，则 Z_0 即可求出。求电容 C 的方法有多种，其中较常用的是利用复变函数中的保角变换法求电容 C。人们已经将最后的结果和根据这些推导结果绘制成曲线图或表格的形式，便于使用和查阅。

带状线的横截面及尺寸已示于图 3.3.1 中。通常用 b 表示两接地板间距（亦即介质基片厚度），W 表示中心带条的宽度，t 表示带条之厚度。带状线的特性阻抗将随中心带条宽度 W 的不同有不同的求法。

1. 导体带为零厚度时的特性阻抗

在导体带的厚度 $t \to 0$ 的情况下，利用保角变换法可求得特性阻抗 Z_0 的精确表示式为

$$Z_0 = \frac{30\pi K(k')}{\sqrt{\varepsilon_r}K(k)} \tag{3.3.1}$$

式中，$K(k)$ 为第一类完全椭圆积分，k 为模数；

$$K(k) = \int_0^1 \frac{1}{\sqrt{1-q^2}} \frac{1}{\sqrt{1-kq^2}} \mathrm{d}q = \int_0^{\pi/2} \frac{1}{\sqrt{1-k\sin^2\varphi}} \mathrm{d}\varphi \tag{3.3.2}$$

其中 k 与带状线的尺寸 W 和 b 有关。当 $t \to 0$ 时

$$k = \tanh \frac{\pi W}{2b} \tag{3.3.3}$$

式中，W 是中心导体带的宽度；b 是上下接地板的间距。k' 为补模数（余模数）

$$k' = \sqrt{1-k^2} = \sqrt{1-\tanh^2(\pi W/2b)} = \mathrm{sech}(\pi W/2b) \tag{3.3.4}$$

用上述公式求 Z_0，由于涉及到椭圆函数的积分，计算相当复杂，但是，在有关的文献资料中给出了与 k 值相对应的$\frac{K(k')}{K(k)}$ 的值，于是可根据 k 求出 Z_0。

2. 导体带厚度不为零时的特性阻抗

实际上的导体带厚度不可能为零，讨论 $t \neq 0$ 时的特性阻抗更有实际意义。考虑导带厚度 t 时，利用保角变换法还可求得中心导体带厚度不为零的特性阻抗 Z_0 的近似公式。此时分为宽导体带和窄导体带两种情况。

(1) 宽带条情况（$W/(b-t) > 0.35$）特性阻抗

我们把比值 $W/(b-t) > 0.35$ 的带状线称为宽带条带状线。这种带状线由于中心带条 W 较宽，故带条两端的电磁场间的相互影响可以忽略。此时带状线的电容分布如图

3.3.3 所示。

由上图可以看出，带状线的电容器是由两部分组成：中心导体带条电场均匀分布区与接地板构成的平板电容 C_p 和由中心带条边缘部分（电场不均匀）与接地板构成的边缘电容 C'_f。

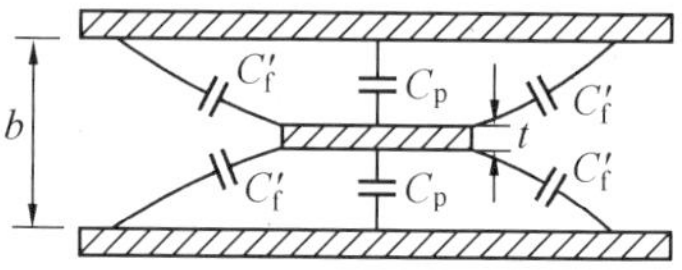

图 3.3.3　带状线的电容

关于平板电容很容易从下式求得

$$C_p = \frac{\varepsilon W}{\frac{b-t}{2}} = \frac{0.0885\varepsilon_r W}{(b-t)/2}\ (\text{pF/cm}) \quad (3.3.5)$$

式中，W、b、t 等均以 cm 为单位，总的平板电容为两个 C_p 之并联，即等于 $2C_p$。

由于带状线是对称的，每个电容均为 C'_f，四个边缘电容并联，故总边缘电容等于 $4C'_f$。

在宽带条情况下，边缘场之间的相互作用可以忽略。应用保角变换法可求得边缘电容 C'_f 为

$$C'_f = \frac{0.0885\varepsilon_r}{\pi}\left\{\frac{2}{1-\frac{t}{b}}\ln\left(\frac{1}{1-\frac{t}{b}}+1\right)-\left(\frac{1}{1-\frac{t}{b}}-1\right)\ln\left[\frac{1}{\left(1-\frac{t}{b}\right)^2}-1\right]\right\}\ (\text{pF/cm}) \quad (3.3.6)$$

根据上式可绘出 $C'_f/0.0885\varepsilon_r \sim t/b$ 曲线，如图 3.3.4 所示。

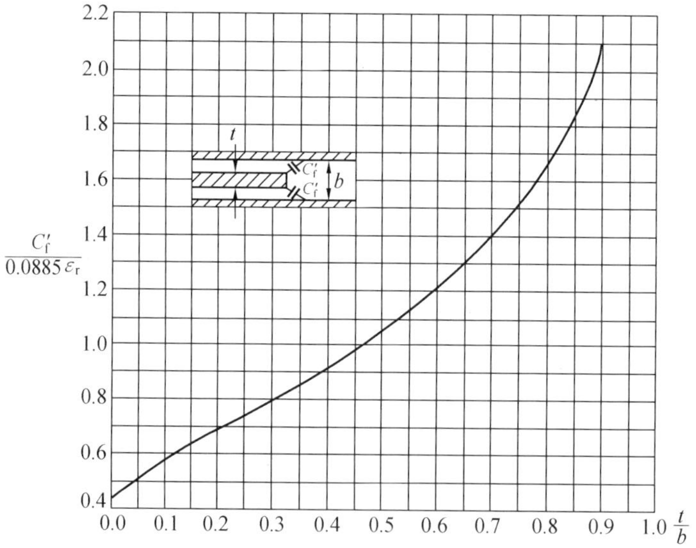

图 3.3.4　平行接地板间半无限导带的边缘电容

因此，宽带条带状线单位长度的总电容为

$$C_1 = 2C_p + 4C'_f = \frac{2\times 0.0885\varepsilon_r W}{\frac{b-t}{2}} + 4C'_f(\text{pF/cm}) =$$

$$4\left(\frac{0.0885\varepsilon_r W}{b-t}+C'_f\right)\ (\text{pF/cm}) \tag{3.3.7}$$

将上式代入式(3.3.1)得到

$$Z_0=\frac{94.15}{\sqrt{\varepsilon_r}\left(\frac{W/b}{1-t/b}+\frac{C'_f}{0.0885\varepsilon_r}\right)}\quad(\Omega) \tag{3.3.8}$$

(2) 窄带条情况($W/(b-t)<0.35$)的特性阻抗

通常把 $W/(b-t)<0.35$ 的带状线称为窄带条带状线。由于此时的 W 较窄,中心导带两端的边缘场的相互影响不能忽略,因而式(3.3.8)不再适用,需要给出新的计算公式。由于边缘效应,使带状线的分布电容增加,相当于导带宽度发生变化,所以须用修正宽度代替原宽度 W。在 $0.1<W'/(b-t)<0.35$ 范围内,W' 可由下式求得

$$W'=\frac{0.7(b-t)+W}{1.2} \tag{3.3.9}$$

将 W' 代入(3.3.8)即可求得窄带条带状线特性阻抗值。

当 $t=0$ 时,或在 $W/(b-t)<0.35$、$t/b<0.25$ 时,窄带条带状线的特性阻抗可用下列公式进行计算

$$Z_0=\frac{60}{\sqrt{\varepsilon_r}}\ln\frac{8b}{\pi W} \tag{3.3.10}$$

图 3.3.5 示出了窄带条带状线特性阻抗关系曲线。特性阻抗随尺寸 W/b 及 t/b 的增加而降低,随周围填充介质的介电常数的增加而降低。

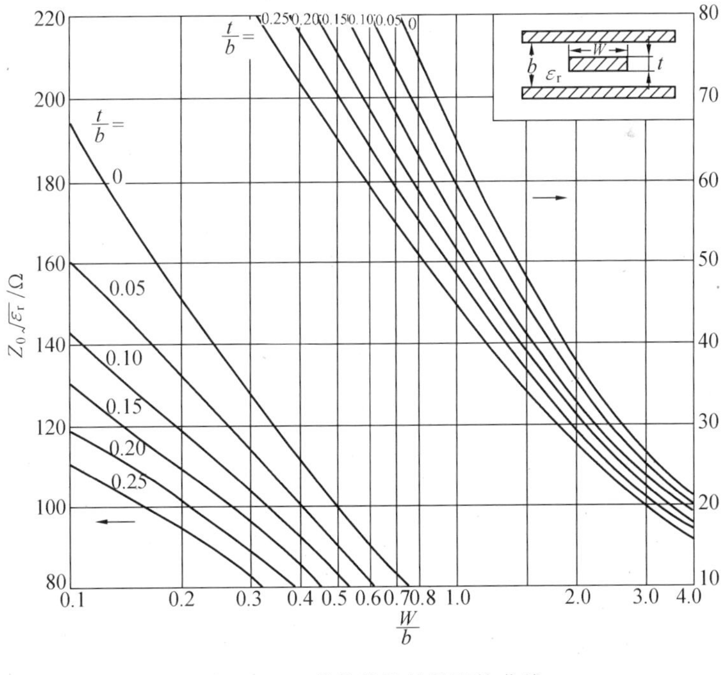

图 3.3.5　带状线的特性阻抗曲线

二、传播速度与带内波长

由于带状线中传输的主模是 TEM 波,故波的传播速度为

$$v_{\mathrm{p}} = c/\sqrt{\varepsilon_{\mathrm{r}}} \tag{3.3.11}$$

式中,ε_{r} 为带状线中填充介质的相对介电常数,c 为真空中之光速。由式可见,对于空气带状线,$\varepsilon_{\mathrm{r}} = 1$,故其中波的传播速度 $v_{\mathrm{p}} = c$。

带状线的带内波长用 λ_{g} 表示,其值为

$$\lambda_{\mathrm{g}} = \lambda_0/\sqrt{\varepsilon_{\mathrm{r}}} \tag{3.3.12}$$

式中,λ_0 为自由空间波长。

带状线的衰减是由导体损耗和介质损耗引起的,导体损耗是带状线中导体电阻的热损耗引起的衰减,介质损耗则是带状线的介质损耗。带状线的损耗主要是导体损耗,介质损耗可以忽略。

三、带状线尺寸的设计考虑

带状线传输的主模是 TEM 波,但若尺寸选择不当,或由于制造误差或其他原因而造成结构上的不均匀,就会出现高次模。这些高次模是 TE 模、TM 模。选择带状线的尺寸要避免出现高次模。

(1) 中心导带宽度 W

在 TE 模中最低次型的模为 TE_{10} 模。它的截止波长为

$$(\lambda_{\mathrm{c}})_{\mathrm{TE}_{10}} \approx 2W\sqrt{\varepsilon_{\mathrm{r}}} \tag{3.3.13}$$

为抑制 TE_{10} 模,最短的工作波长应满足:

$$\lambda_{\min} > (\lambda_{\mathrm{c}})_{\mathrm{TE}_{10}},\text{即}\ W < \frac{\lambda_{\min}}{2\sqrt{\varepsilon_{\mathrm{r}}}} \tag{3.3.14}$$

(2) 接地板间距 b

TM 模中最低次型的模为 TM_{01} 模,它的截止波长为

$$(\lambda_{\mathrm{c}})_{\mathrm{TM}_{01}} \approx 2b\sqrt{\varepsilon_{\mathrm{r}}} \tag{3.3.15}$$

为抑制 TM_{01} 模,最短的工作波长应满足:

$$\lambda_{\min} > (\lambda_{\mathrm{c}})_{\mathrm{TM}_{01}},\text{即}\ b < \frac{\lambda_{\min}}{2\sqrt{\varepsilon_{\mathrm{r}}}} \tag{3.3.16}$$

另外,为减少带状线在横截面方向的能量泄露,上下接地板的宽度 D 和接地板间距 b 必须满足

$$D > (3 \sim 6)W \quad \text{和} \quad b \ll \lambda/2 \tag{3.3.17}$$

根据上述要求即可选择 W 和 b 的尺寸。由于带状线的辐射损耗比较小,且结构对称,很容易与同轴线相连接,因此适合制作各种高 Q 值、高性能的微波元件,如滤波器、定向耦合器和谐振器等。如果带状线中引入不均匀性时会激起高次模,故带状线不适合制作有源部件。

3.4 微带线

微带线是微波集成电路(MIC)中的基本元件,也是MIC中使用最多的一种传输线。微带线结构示于图3.4.1中。这是一种非对称性的双导体平面传输系统,它具有一个中心导体带条和一个接地板。这种结构便于与其他传输线连接,也便于与外接微波固体器件构成各种微波有源电路。微带线可看成是由平行双线演变而来的,图3.4.2示出了这一演化过程。在平行双导线两圆柱导体间的中心对称面上放一个无限薄的导电平板,由于所有电力线都与导电平板垂直,因此不会扰动原电磁场分布。去掉平板一侧的圆柱导体,另一侧的电磁场分布不受影响。于是,一根圆柱导体与导电平板构成一对传输线,再把圆柱导体做成薄带,这就构成了微带。

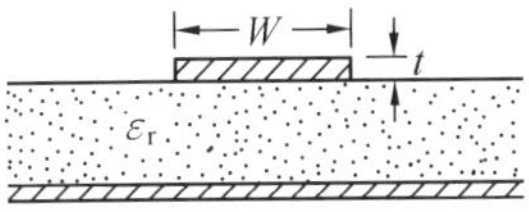

图3.4.1 微带线

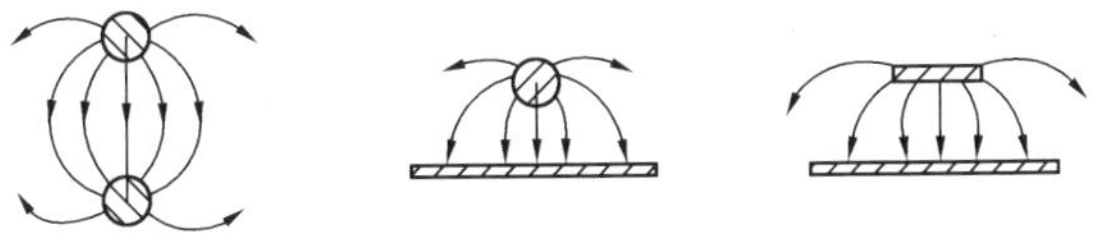

图3.4.2 微带线的演变

一、微带线参数

1. 微带线中的主模

对于空气介质的微带线,它是双导线系统,且周围是均匀空气,因此它可以存在无色散的TEM波。但实际上的微带线都是制作在介质基片上的,尽管仍然是双导线系统,但由于存在空气和介质的分界面,就使得问题复杂化了。由于微带中的介质是由空气和介质基片组成的"混合"介质系统,可以证明,在两种不同的介质的传输系统中不可能存在单纯的TEM波,而只能存在TE模和TM模的混合模,因而电磁场将可能存在纵向分量。不过,在微波波段的低端,或满足基片厚度的条件下,场的纵向分量很小,色散现象不严重,传输模式类似于TEM波,故称为准TEM波。在分析微带的传输特性时,仍仿照TEM波来处理。有关带状线特性的分析方法,原则上都可以用来分析微带线。

2. 微带线中的电磁场

微带线的结构与电磁场分布如图3.4.3(a)所示。微带线上的电流密度分布如图3.4.3(b),微带边沿电流密度大,是电流损耗的主要组成部分。

3. 微带线参数

微带线的主要电参数是特性阻抗Z_0、传播波长λ_g和有效介电常数ε_e。根据微波传输线特性阻抗Z_0的定义

$$Z_0 = \sqrt{\frac{L}{C}} \tag{3.4.1}$$

式中 L—— 单位线长的电感;

C—— 单位线长的电容。

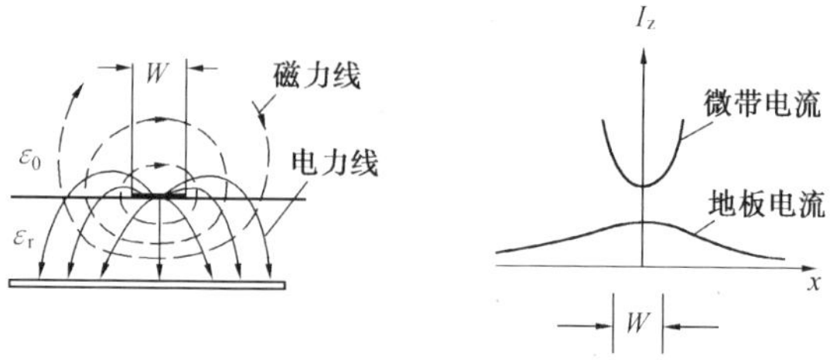

(a) 微带线中的电场 E 和磁场 H　　(b) 微带线上的纵向电流密度

图 3.4.3　微带结构及电磁场分布

如果把基片介电常数设为理想值 $\varepsilon_r = 1$,此时的特性阻抗用 Z_{01} 表示。当基片有效介电常数为 ε_e 时,微带线特性阻抗 Z_0 将是

$$Z_0 = \frac{Z_{01}}{\sqrt{\varepsilon_e}} \tag{3.4.2}$$

微带中波长 λ_g 和空气中波长 λ_0 的关系是

$$\lambda_g = \frac{\lambda_0}{\sqrt{\varepsilon_e}} \tag{3.4.3}$$

有效介电常数的数值是由电磁场分布决定的。如果电磁场全部处于介质中,则 $\varepsilon_e = \varepsilon_r$,但是由于电磁场的一部分存在于 $\varepsilon_r = 1$ 的空气中,因此 $\varepsilon_e < \varepsilon_r$。$\varepsilon_e$ 的严格计算是比较复杂的,不仅微带中电磁场分布不规则,而且随着电波频率的升高,电磁场的纵向分量增加,磁场纵向分量增长比电场纵向分量增长还要快。因此 ε_e 也随频率变化,传播波长和微带特性阻抗都随之而变,这就是色散现象。一般情况下,频率低于 5 GHz 时,色散现象不严重。

由前面的分析可知,TEM 波传输线的特性阻抗的计算公式为

$$Z_0 = \frac{1}{v_p C_1} \tag{3.4.4}$$

因此只要求出微带线的相速度 v_p 和单位长度分布电容 C_1,则微带线的特性阻抗就能够求得。

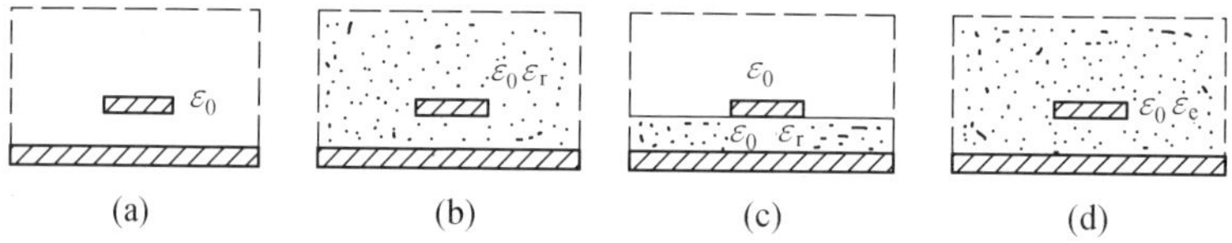

图 3.4.4　分析微带线特性示意图

对于图 3.4.4(a) 所示的空气微带线,微带线中传输 TEM 波的相速度 $v_p = v_0$(光速),假设它的单位长度上电容为 C_{01},则其特性阻抗为

$$Z_{01} = \frac{1}{v_0 C_{01}} \tag{3.4.5}$$

当微带线的周围全部用相对介电常数为 ε_r 的介质填充时,如图 3.4.4 (b) 所示。此时微带线中 TEM 波的相速度为 $v_p = v_0/\sqrt{\varepsilon_r}$,单位长度上的分布电容为 $C_1 = \varepsilon_r C_{01}$,则其特

性阻抗为 $Z_0 = Z_{01}/\sqrt{\varepsilon_r}$。

可见,对于如图3.4.4(c)所示的实际微带线,波的相速度一定在 $v_0/\sqrt{\varepsilon_r} < v_p < v_0$ 范围内,其单位长度上的分布电容一定在 $C_{01} < C_1 < \varepsilon_r C_{01}$ 范围内,故它的特性阻抗一定在 $Z_{01}/\sqrt{\varepsilon_r} < Z_0 < Z_{01}$ 范围内。

为此,引入一个"有效介电常数"ε_e,它是指在微带尺寸及其特性阻抗不变的情况下,用一均匀介质完全填充微带周围空间以取代微带的混合介质,此均匀介质的介电常数就称为有效介电常数。其值介于1和 ε_r 之间,用它来均匀填充微带线,构成等效微带线,并保持它的尺寸和特性阻抗与原来的实际微带线相同,如图 3.4.4 (d) 所示。这种等效微带线中波的相速度为

$$v_p = \frac{v_0}{\sqrt{\varepsilon_e}} \tag{3.4.6}$$

微带线中波的相波长为

$$\lambda_p = \frac{\lambda_0}{\sqrt{\varepsilon_e}} \tag{3.4.7}$$

微带线中单位长度的电容为

$$C_1 = \varepsilon_e C_{01} \tag{3.4.8}$$

故微带线的特性阻抗为

$$Z_0 = \frac{Z_{01}}{\sqrt{\varepsilon_e}} \tag{3.4.9}$$

由此可见,如果能求出图 3.4.4(d) 的等效微带线的特性阻抗,就等于求得了图 3.4.4 (c) 标准微带线的特性阻抗。由式(3.4.9) 可以看出,微带线特性阻抗的计算归结为求空气微带线的特性阻抗 Z_{01} 和有效介电常数 ε_e,ε_e 与微带的尺寸和介电常数 ε_r 有关。在研究微带问题中,各参量的表达式凡涉及到介质的介电常数时,都必须用 ε_e 而不能直接用 ε_r,这一点应注意。

应用保角变换方法确定空气微带线的电容 C_{01} 和实际微带线的电容 C_1,两者比值的倒数为有效介电常数,即

$$\varepsilon_e = \frac{C_1}{C_{01}} = 1 + (\varepsilon_r - 1)q \tag{3.4.10}$$

其中

$$q = \frac{1}{2}\left[1 + \left(1 + 10\frac{h}{W}\right)^{-\frac{1}{2}}\right] \tag{3.4.11}$$

q 为"介质填充系数",它表示介质的填充程度。于是可以求出介质微带的特性阻抗表达式为

$$Z_0 = \frac{120\pi}{\sqrt{\varepsilon_e}}\left\{\frac{W}{h} + \frac{2}{\pi}\left[1 + \ln\left(1 + \frac{\pi W}{2h}\right)\right]\right\}^{-1} \tag{3.4.12}$$

通常把 W/h 称为微带的形状比(宽高比)。由此可见,ε_e 不仅与 ε_r 有关,还与 W/h 有关。表3.4.1给出了 $\varepsilon_r = 9.6$ 的氧化铝陶瓷介质基片上的微带特性阻抗 Z_0 和有效介电常

数的平方根$\sqrt{\varepsilon_e}$与微带线形状比 W/h 的关系。这些曲线和表格可以从微波工程手册中查到。

表 3.4.1　微带线特性阻抗 Z_0 和有效介电常数与尺寸的关系($\varepsilon_r = 9.6$)

W/h	Z_0/Ω	$\sqrt{\varepsilon_e}$	W/h	Z_0/Ω	$\sqrt{\varepsilon_e}$	W/h	Z_0/Ω	$\sqrt{\varepsilon_e}$
0.071	119.1	2.38	0.74	56.7	2.54	1.80	35.8	2.64
0.085	114.3	2.39	0.78	55.4	2.54	2.00	33.7	2.66
0.099	110.1	2.39	0.82	54.2	2.55	2.30	30.0	2.68
0.14	100.7	2.39	0.86	53.0	2.55	2.60	28.5	2.69
0.20	91.1	2.41	0.90	51.9	2.56	3.00	25.9	2.71
0.26	84.1	2.43	0.94	50.8	2.56	3.50	23.2	2.73
0.30	80.3	2.45	0.98	49.8	2.57	4.00	21.1	2.76
0.34	76.9	2.46	1.00	49.3	2.57	4.50	19.3	2.77
0.40	72.6	2.46	1.05	48.0	2.57	5.00	17.8	2.79
0.44	70.1	2.49	1.10	46.8	2.58	6.00	15.4	2.81
0.50	66.8	2.50	1.15	45.8	2.58	7.00	13.6	2.84
0.54	64.8	2.50	1.20	44.7	2.59	8.00	12.2	2.86
0.58	62.9	2.51	1.30	42.9	2.60	9.00	11.0	2.87
0.62	61.2	2.52	1.40	41.2	2.61	10.00	10.1	2.89
0.66	59.6	2.52	1.50	39.7	2.62			
0.70	58.1	2.53	1.60	38.3	2.62			

二、微带线传输特性

TEM 波传输线中,波的传播常数在忽略损耗时($a = 0$)为 $\gamma = \mathrm{j}\beta$,其中

$$\beta = \omega\sqrt{\mu\varepsilon} = \frac{2\pi}{\lambda_g} = \frac{2\pi}{\lambda_0}\sqrt{\varepsilon_r} \tag{3.4.13}$$

式中,λ_0 为自由空间波长,$\lambda_g = \lambda_0/\sqrt{\varepsilon_r}$ 为介质波长或带内波长。

对于介质微带,其传播常数为

$$\beta = \frac{2\pi}{\lambda_g} = \frac{2\pi}{\lambda_0}\sqrt{\varepsilon_e} \tag{3.4.14}$$

式中

$$\lambda_g = \lambda_0/\sqrt{\varepsilon_e} \tag{3.4.15}$$

λ_g 为微带内传输波的波长,亦称为"带内波长"。

对于空气微带,$\varepsilon_r = 1.0$,代入式(3.4.10)得 $\varepsilon_e = 1$,代入式(3.4.15)得 $\lambda_g = \lambda_0$,即在空气微带内传输波长与自由空间波长 λ_0 是一样的。

三、微带线的色散特性及尺寸设计考虑

1. 微带线的色散特性

前面所讨论的特性阻抗和有效介电常数的计算公式都是假定微带线中传输的是TEM波，并用准静态分析方法得到的。只有当频率比较低时才能满足精度要求。当频率比较高时，微带线中传输的模式是混合模。微带线中的电磁波的速度是频率的函数，使得 Z_0 和 ε_e 随频率而变化。当频率低于某一临界值 f_0 时，微带的色散就可以不予考虑。该临界频率为

$$f_0 = \frac{0.95}{(\varepsilon_r - 1)^{1/4}}\sqrt{\frac{Z_0}{h}}\ (\text{GHz}) \tag{3.4.16}$$

例如对于特性阻抗为 50 Ω、基片相对介电常数为 9、基片厚度为 1 mm 的微带线，$f_0 \approx$ 4 GHz，说明当工作频率低于 4 GHz 时，该微带线的色散特性可以忽略，而当工作频率高于 4 GHz 时就必须考虑色散的影响。

2. 微带线尺寸设计考虑

微带线中的主模是准 TEM 波，当频率升高、微带线的尺寸与波长可比拟时，就可能出现高次模：波导模和表面波模。波导模是存在于导体带与接地板之间的一种模式，包括 TE 和 TM 两种模式。波导模中高次模的最低次模为 TE_{10} 模和 TM_{01} 模。

TE_{10} 模的截止波长为

$$\lambda_c \approx 2W\sqrt{\varepsilon_r} \tag{3.4.17}$$

考虑到导带两边的边缘效应，可将其影响看作为宽度增加了 $\Delta W = 0.4h$，故上式修正为：

$$\lambda_c \approx (2W + 0.8h)\sqrt{\varepsilon_r} \tag{3.4.18}$$

为防止出现 TE_{10} 模，则最短的工作波长应大于 λ_c，即

$$\lambda_{min} > (2W + 0.8h)\sqrt{\varepsilon_r}$$

或

$$W < \lambda_{min}/(2\sqrt{\varepsilon_r}) - 0.4h \tag{3.4.19}$$

TM 模中的最低次模为 TM_{01} 模，TM_{01} 模的截止波长为

$$\lambda_c \approx 2h\sqrt{\varepsilon_r} \tag{3.4.20}$$

因此最短的工作波长应大于其截止波长，以防止出现高次模，即

$$\lambda_{min} > 2h\sqrt{\varepsilon_r} \tag{3.4.21}$$

由上面的分析可知，为防止波导模的出现，微带线的尺寸应按下式选择，即

$$W < \lambda_{min}/(2\sqrt{\varepsilon_r}) - 0.4h \tag{3.4.22}$$

$$h < \frac{\lambda_{min}}{2\sqrt{\varepsilon_r}} \tag{3.4.23}$$

采用光刻技术可做到 $W = 0.05$ mm。从特性阻抗公式可看出，要使特性阻抗保持不变，应维持 W/h 为恒定，即要同时增加或同时减小。目前微带线基片厚度已标准化，有 0.25、0.5、0.75、0.8、1.0、1.5 mm 等，采用最多的是 0.8 mm。为了减小辐射损耗，微带接地

板宽度应大于 $3W$；为了消除相邻微带之间的耦合，间距应大于 $2h$。

3.5 耦合带状线

如果在图 3.3.1 所示的带状线中再加一个中心导体带条，而且二中心导带相距很近，则它们之间将有电磁能量的相互耦合，这就构成了耦合带状线。图 3.5.1 为常用的耦合带状线的结构示意图。

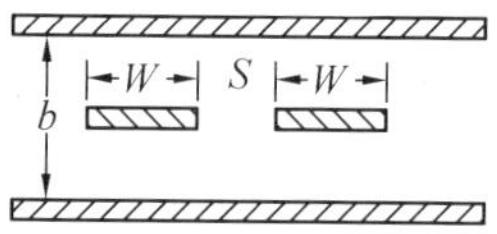

图 3.5.1 耦合带状线的结构

对于耦合传输线的分析是采用"奇偶模参量法"进行分析。即根据线性电路的叠加原理，将对称耦合传输线上的 TEM 波视为奇模波和偶模波叠加的结果。偶模激励产生偶模波，奇模激励产生奇模波。

1. 奇偶模参量法

图 3.5.1 所示的窄边耦合带状线，是由二中心导体带条的窄边及其邻近区域相互耦合的，因耦合区域较小，故属于弱耦合系统。所谓偶模激励是将振幅相等、相位相同的电压 U_e 加在耦合线上，以形成偶对称的激励状态；所谓奇模激励是将振幅相等、相位相反的电压 U_o 和 $-U_o$ 分别加到两根耦合线上，以形成奇对称的激励状态，如图 3.5.2 所示。

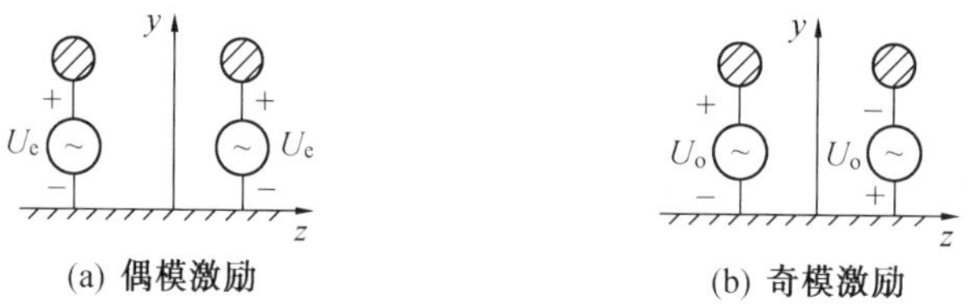

图 3.5.2 对称耦合传输线的奇偶模激励

事实上，任意一个 TEM 波激励（如在线 1 上加电压 U_1，线 2 上加电压 U_2）总可以分解为一对奇偶模激励，即可设

$$\left.\begin{aligned} U_1 &= U_e + U_o \\ U_2 &= U_e - U_o \end{aligned}\right\} \tag{3.5.1}$$

由此得到

$$\left.\begin{aligned} U_e &= \frac{1}{2}(U_1 + U_2) \\ U_o &= \frac{1}{2}(U_1 - U_2) \end{aligned}\right\} \tag{3.5.2}$$

耦合带状线奇、偶模两种激励情况下的电场分布示于图 3.5.3 中。

2. 特性阻抗计算公式

由于两种激励下的场分布不同，因而由电磁场分布决定的电容、电感以及特性阻抗等参量也将不同。偶模特性阻抗用 Z_{0e} 表示，奇模特性阻抗用 Z_{0o} 表示。它们分别由下列公式求得

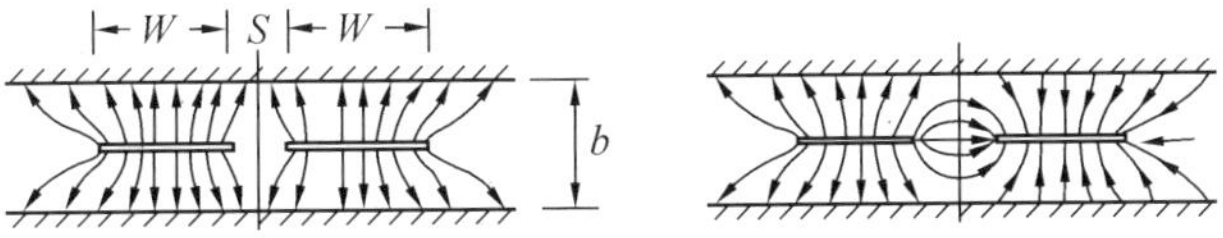

(a) **偶模**　　(b) **奇模**

图 3.5.3　耦合微带的场分布

$$Z_{0e} = \frac{30\pi}{\sqrt{\varepsilon_r}} \cdot \frac{K(\sqrt{1-k_e^2})}{K(k_e)} \tag{3.5.3}$$

$$Z_{0o} = \frac{30\pi}{\sqrt{\varepsilon_r}} \cdot \frac{K(\sqrt{1-k_o^2})}{K(k_o)} \tag{3.5.4}$$

式中，K 为第一类完全椭圆积分，k_e、k_o、$\sqrt{1-k_e^2}$ 及 $\sqrt{1-k_o^2}$ 为其模数，其中

$$k_e = \tanh(\pi W/2b)\tanh[\pi(W+S)/2b] \tag{3.5.5}$$

$$k_o = \tanh(\pi W/2b)\coth[\pi(W-S)/2b] \tag{3.5.6}$$

根据式(3.5.3)、(3.5.4)，人们已制成各种图表和曲线供工程设计用。图 3.5.4 给出奇、偶模特性阻抗与 W/b 的关系曲线。

有了奇、偶模特性阻抗 Z_{0e}、Z_{0o} 后，耦合带状线的特性阻抗即可按下式求得

$$Z_0 = \sqrt{Z_{0e} Z_{0o}} \tag{3.5.7}$$

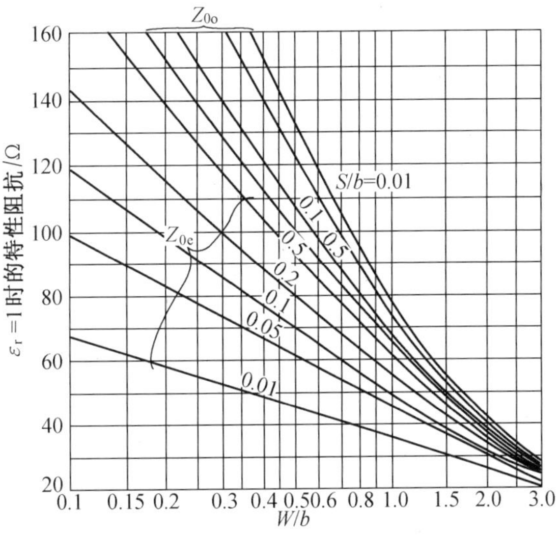

图 3.5.4　Z_{0e} 和 Z_{0o} 与 W/b 的关系曲线

3. 列线图及其使用方法

在实际设计中，常常是给定了耦合带状线的奇、偶模特性阻抗 Z_{0e}、Z_{0o}，再设计耦合带状线的尺寸 W、S、b。具体设计步骤为：

(1) 由给定的 Z_{0e}、Z_{0o}，利用式(3.5.3)、(3.5.4) 反算出 k_e 和 k_o；

(2) 由算出的 k_e、k_o，利用式(3.5.5)、(3.5.6) 算出耦合带状线所需要的尺寸比 W/b 和 S/b；

(3) 最后由选定的介质基片厚度 b 即可计算出中心导带的宽度 W 和二带空间的耦合缝隙 S。

上述第(2) 步,只要联立求解式(3.5.5)、(3.5.6) 即可得到下列公式

$$\frac{W}{b} = \frac{2}{\pi}\operatorname{artanh}\sqrt{k_e k_o} \tag{3.5.8}$$

$$\frac{S}{b} = \frac{2}{\pi}\operatorname{artanh}\left(\frac{1-k_o}{1-k_e}\sqrt{\frac{k_e}{k_o}}\right) \tag{3.5.9}$$

为设计方便,将上述计算过程直接用列线图的形式给出,如图 3.5.5 及图 3.5.6 所示。该列线图的使用方法是:先在两侧刻度线上找到所给定的 Z_{0e} 和 Z_{0o} 值,连接这两点画一直线,此直线与中间刻度线交点的读数便是所求的耦合带状线尺寸比 W/b、S/b 之值。如基片厚度 b 已给定,则 W、S 值便可确定。

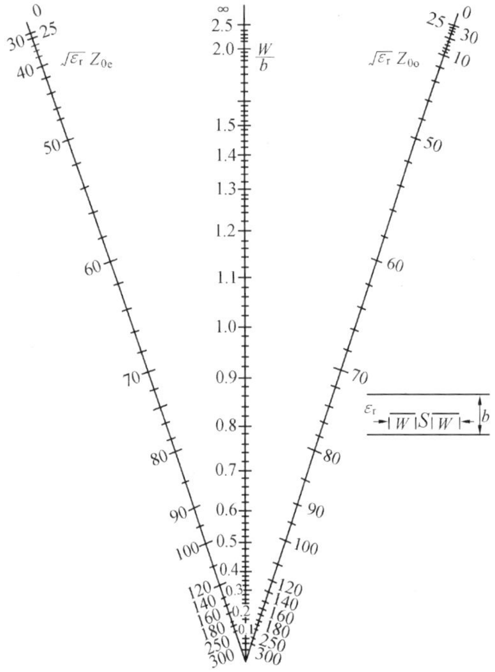

图 3.5.5　耦合带状线的 Z_{0e} 和 Z_{0o} 与 W/b 间的列线图

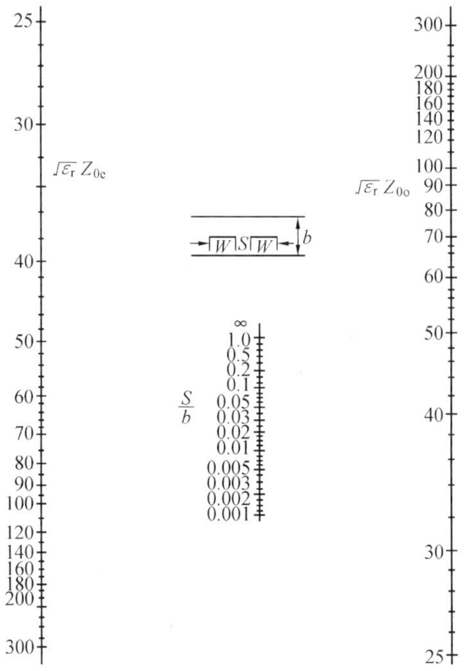

图 3.5.6　耦合带状线的 Z_{0e} 和 Z_{0o} 与 S/b 间的列线图

4. 传播速度与带内波长

耦合带状线中的奇模和偶模,虽然场分布不同,但都是 TEM 波,而且它们又同时在同一均匀介质(ε_r) 中传播,所以它们的传播速度(相速) 是相同的,即

$$v_p = c/\sqrt{\varepsilon_r} \tag{3.5.10}$$

同理,两者的带内波长也应相等,即

$$\lambda_g = \lambda_0/\sqrt{\varepsilon_r} \tag{3.5.11}$$

上二式中,c 为真空中的光速,λ_0 为自由空间波长。

耦合带状线加工方便，精度易保证，电路的一致性也比较好，在微波集成电路中得到非常广泛的应用，例如可做成定向耦合器、带通或带阻滤波器、移相网络及微波电桥等元件。

3.6 耦合微带线

在标准微带中再加一中心带条即构成耦合微带线，其剖面如图 3.6.1 所示。与标准微带一样，由于耦合微带线中的介质是由基片(ε_r)和空气($\varepsilon_r = 1$)组成的混合介质，故耦合微带线中不存在纯 TEM 波，但其纵向分量很小，可以看成是准 TEM 波。分析方法基本上与耦合带状线相同。

一、特性阻抗

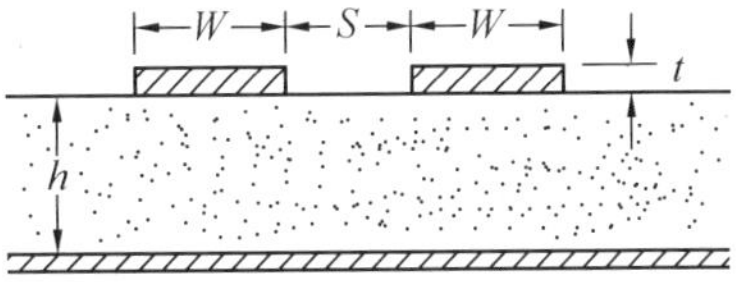

图 3.6.1　对称耦合微带线

奇、偶模激励时，耦合微带中的电、磁场分布如图 3.6.2 所示。偶模激励时，中心对称面上只有磁场垂直分量、电场切线分量，因而中心对称面为磁壁；奇模激励时，中心对称面上只有电场垂直分量、磁场切线分量，因而中心对称面为电壁。由于场分布不同，故奇、偶模的参量也不同。

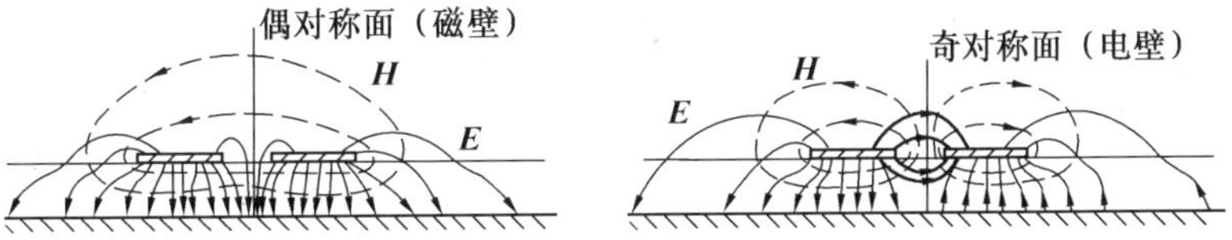

图 3.6.2　耦合微带线中的奇、偶模场分布

仿标准微带中的式(3.4.10)，引入奇、偶模有效介电常数

$$\varepsilon_{eo} = \frac{C_{0o}(\varepsilon_r)}{C_{0o}(1)} = 1 + (\varepsilon_r - 1)q_o \tag{3.6.1}$$

$$\varepsilon_{ee} = \frac{C_{0e}(\varepsilon_r)}{C_{0e}(1)} = 1 + (\varepsilon_r - 1)q_e \tag{3.6.2}$$

式中，$C_{0o}(\varepsilon_r)$、$C_{0e}(\varepsilon_r)$ 分别代表耦合微带(介质基片相对介电常数为 ε_r)的奇、偶模单位长度分布电容；$C_{0o}(1)$、$C_{0e}(1)$ 分别代表空气耦合微带的奇、偶模单位长度分布电容；q_o、q_e 分别为奇、偶模介质填充系数。于是耦合微带的奇、偶模特性阻抗为

$$Z_{0o} = \frac{Z_{0o1}}{\sqrt{\varepsilon_{eo}}} = \frac{1}{v_{po}C_{0o}(\varepsilon_r)} \tag{3.6.3}$$

$$Z_{0e} = \frac{Z_{0e1}}{\sqrt{\varepsilon_{ee}}} = \frac{1}{v_{pe}C_{0e}(\varepsilon_r)} \tag{3.6.4}$$

式中

$$Z_{0o1} = 120\pi \frac{K(k'_o)}{K(k_o)} \tag{3.6.5}$$

$$Z_{0e1} = 120\pi \frac{K(k'_e)}{K(k_e)} \tag{3.6.6}$$

Z_{0o1}、Z_{0e1} 分别为空气耦合微带的奇、偶模特性阻抗。其中 K 为第一类完全椭圆积分，k_o、k_e 为相应的模数，$k'_o = \sqrt{1 - k_o^2}$，$k'_e = \sqrt{1 - k_e^2}$。

耦合微带奇偶模特性阻抗的近似计算公式如下述。根据奇、偶模电场的分布状态，可将耦合微带每根带条单位长度的分布电容近似地看成由三部分组成：中心导带下表面与接地板间的平板电容 C_{pp}；导带两侧的边缘电容 C_f、C'_f 和 C''_f；中心导带上表面与接地板(偶模)或二导带上表面之间(奇模)的电容 C_{ppu}、C'_{ppu} 和 C''_{ppu}，如图 3.6.3 所示。

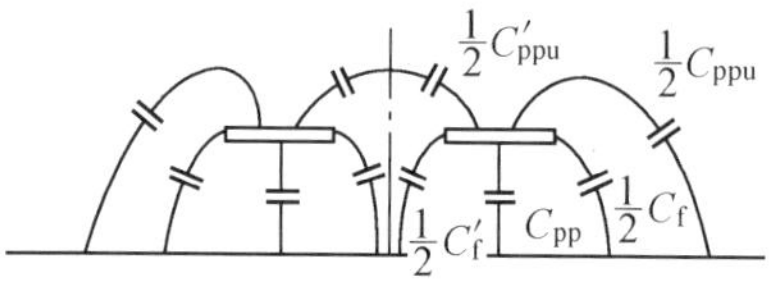

(a) 奇模电容分布

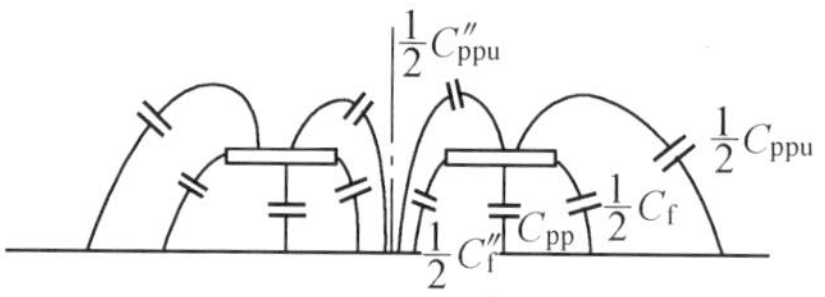

(b) 偶模电容分布

图 3.6.3　奇、偶模电容分布示意图

于是，耦合微带单位长度的奇、偶模电容分别为

$$C_{0o} = C_{pp} + \frac{1}{2}C_{ppu} + \frac{1}{2}C_f + \frac{1}{2}C'_{ppu} + \frac{1}{2}C'_f \tag{3.6.7}$$

$$C_{0e} = C_{pp} + \frac{1}{2}C_{ppu} + \frac{1}{2}C_f + \frac{1}{2}C''_{ppu} + \frac{1}{2}C''_f \tag{3.6.8}$$

式中

$$C_{pp} = \frac{\varepsilon_r}{cZ_W}\frac{W}{h} \tag{3.6.9}$$

$$C_{ppu} = \frac{\varepsilon_r}{cZ_W}\frac{2}{3\sqrt{\varepsilon_r}}\left[\frac{W}{h} - \left(\frac{1}{\frac{W}{h}+1}\right)^2\right] \tag{3.6.10}$$

$$C'_{ppu} = \frac{\varepsilon_r}{cZ_W}\frac{8}{3\sqrt{\varepsilon_r}}\frac{1}{\frac{S}{W}+1} \tag{3.6.11}$$

$$C''_{ppu} = \frac{\varepsilon_r}{cZ_W}\left[\frac{1}{3\sqrt{\varepsilon_r}}\frac{W}{h} + \frac{1}{3\sqrt{\varepsilon_r}}\frac{W}{h}\frac{1}{\frac{W}{4S}+1} - \frac{2}{3\sqrt{\varepsilon_r}}\left(\frac{1}{\frac{W}{h}+1}\right)^2\right] \tag{3.6.12}$$

$$C_f = \frac{\varepsilon_r}{cZ_W}\frac{2.7}{\lg\frac{4h}{t}} \tag{3.6.13}$$

$$C'_f = \frac{\varepsilon_r}{cZ_W}\frac{2.7}{\lg\frac{4S}{t}} \tag{3.6.14}$$

$$C''_f = \frac{\varepsilon_r}{cZ_W}\left[\frac{1.35}{\lg\frac{4h}{t}} + \frac{1.35}{\lg\frac{4S}{t}}\cdot\frac{1}{\frac{W}{4S}+1}\right] \tag{3.6.15}$$

上列各式中，W 为中心导带宽度；S 为耦合导带之间距；t 为中心导带条厚度；c 是自由空间光速；$Z_W = 120\pi$ 为自由空间波阻抗。

奇、偶模特性阻抗近似计算公式为

$$Z_{0o} = \frac{Z_w}{\sqrt{\varepsilon_r}} \frac{1}{C_{0o}/\dfrac{\varepsilon_r}{cZ_w}} \tag{3.6.16}$$

$$Z_{0e} = \frac{Z_w}{\sqrt{\varepsilon_r}} \frac{1}{C_{0e}/\dfrac{\varepsilon_r}{cZ_w}} \tag{3.6.17}$$

式(3.6.1)、(3.6.2)中的奇、偶模介质填充系数 q_o、q_e 可分别由下式计算

$$q_o = \left[\frac{1}{1 + \dfrac{(C_{ppu} + C'_{ppu})(1 - 1/\sqrt{\varepsilon_r})}{2C_{0o}}}\right]^2 \tag{3.6.18}$$

$$q_e = \left[\frac{1}{1 + \dfrac{(C_{ppu} + C''_{ppu})(1 - 1/\sqrt{\varepsilon_r})}{2C_{0e}}}\right]^2 \tag{3.6.19}$$

关于耦合微带的实际设计中直接涉及的量是 Z_{0o}、Z_{0e} 和 ε_{eo}、ε_{ee} 等，它们均是耦合微带和几何尺寸 W、S、h 和 t 的函数。图 3.6.4 给出基片 $\varepsilon_r = 9$ 的耦合微带特性阻抗与 W/h

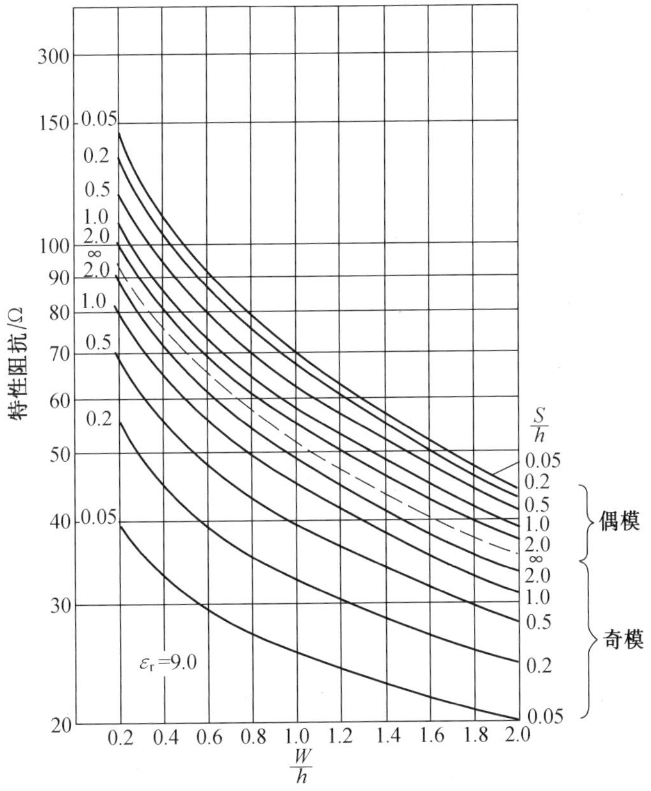

图 3.6.4　耦合微带线的特性阻抗与 W/h 的关系($\varepsilon_r = 9.0$)

的关系曲线。

以上曲线族是以耦合缝隙相对值 S/h 为参变量,并假定带条为零厚度($t=0$)时算出的。利用这些曲线可以很容易地由 W/h 和 S/h 求出对应的 Z_{0o}、Z_{0e} 值。然而实际电路设计中却是需要由给定的 Z_{0o}、Z_{0e} 值来确定耦合微带的尺寸比 W/h 和 S/h,当介质基片厚度 h 选定后,所需设计的带条尺寸 W 和 S 即可求得。

若将上述曲线的坐标变换一下,以 Z_{0o} 为横坐标,以 Z_{0e} 为纵坐标,即可绘出 W/h 和 S/h 为恒值的两簇相交的曲线,如图 3.6.5 所示。这实际上就是以耦合微带的相对尺寸 W/h 和 S/h 为参变量的 Z_{0o} 与 Z_{0e} 间关系曲线。这样的曲线簇不仅给计算耦合微带的结构尺寸带来方便,而且还可以利用它来调整和综合耦合线的尺寸,使所设计出的耦合微带既能满足电气性能的要求,又能保证所设计的尺寸能够实际制造出来。

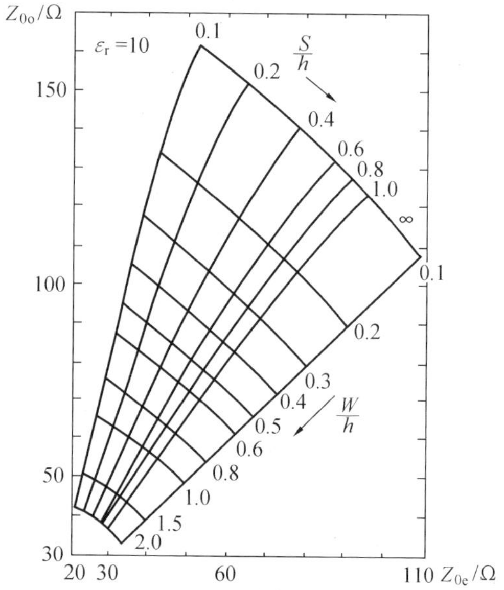

图 3.6.5　确定耦合微带尺寸曲线关系

二、波长和相速

知道耦合微带的奇、偶模有效介电常数 ε_{eo} 和 ε_{ee} 后,其奇、偶模带内波长可分别由下式求出

$$\lambda_{go}=\frac{\lambda_0}{\sqrt{\varepsilon_{eo}}} \tag{3.6.20}$$

$$\lambda_{ge}=\frac{\lambda_0}{\sqrt{\varepsilon_{ee}}} \tag{3.6.21}$$

同理,耦合微带的奇、偶模相速可分别表示成

$$v_{po}=\frac{v_0}{\sqrt{\varepsilon_{eo}}} \tag{3.6.22}$$

$$v_{pe}=\frac{v_0}{\sqrt{\varepsilon_{ee}}} \tag{3.6.23}$$

以上各式中,λ_0、v_0 分别为自由空间波长及相速;ε_{eo}、ε_{ee} 可分别由式(3.6.18)、(3.6.19) 代入式(3.6.1)、(3.6.2) 中求得。

由于耦合微带线加工方便,精度易保证,电路的一致性也比较好,在微波集成电路中得到非常广泛的应用,例如可制作定向耦合器、滤波器等元件。

3.7 槽线和共面线

1.槽 线

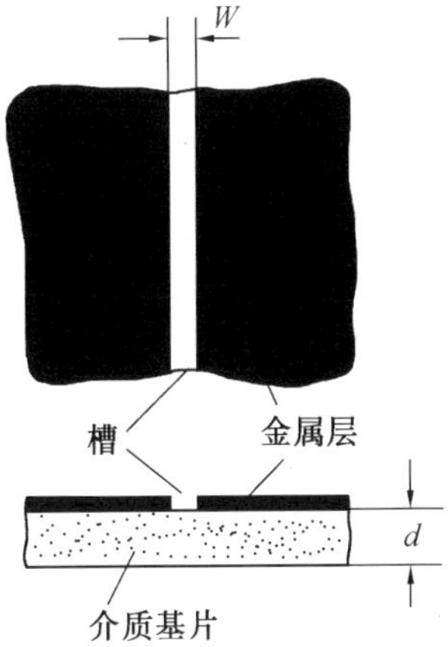

图 3.7.1 槽线的结构

槽线(slot line) 和共面线是适用于微波集成电路的新型传输线,其共同特点是接地面与传输线在同一平面上。槽线又称为开槽微带线,它的结构如图 3.7.1 所示。它是在高介电常数介质基片上(或铁氧体基片)敷有导体层的一面刻出一条窄槽而构成的一种传输线,在介质基片的另一面没有导体层覆盖。它可以单独使用代替微带线,也可以与微带线结合使用。

槽线的磁场分布是纵向的,所以传播的电磁场不是TEM波,也不是准TEM波,而是属于TE模。这种波没有截止频率,但是有色散特性。因此它的相速和特性阻抗均随频率而变。槽线的场在横截面的分布表示如图 3.7.2,槽边缘之间的电位不同,电场跨越槽,磁场垂直于槽。由于电场在槽的两端导体带形成两个电位差,这对于安装并联连接的集总参数元件或半导体器件,以及对地形成短路都非常方便,不必像微带那样需要在基片上打孔。槽线的波长比自由空间波小,场紧聚在槽的附近,辐射损耗也很小,与微带相当。槽线是一种宽频带传输线,适用于制作宽频带微波元件。如果在介质基片的一面制作出由槽线构成所需要的电路,而在介质基片的另一面制作出微带传输线,那么利用它们之间的耦合就可以构成滤波器和定向耦合器等元件。槽线还可以作辐射天线单元,制作成微带缝隙天线。

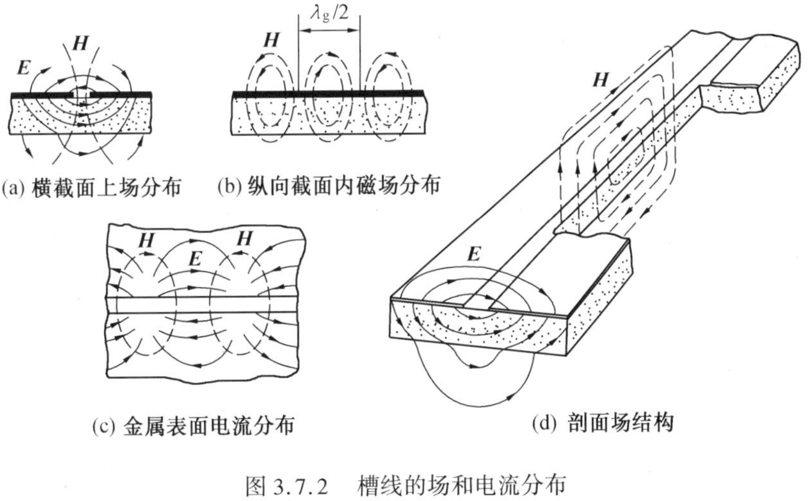

图 3.7.2 槽线的场和电流分布

描述槽线的传输参量主要有特性阻抗 Z_{0s}、相对波长比(波长缩短系数)λ_s/λ_0 和相速与群速比 v_p/v_g

$$\lambda_s/\lambda_0 = \sqrt{2/(\varepsilon_r + 1)}$$

对于槽线，$\lambda_s < \lambda_0$，在空气区域，TE_{10} 模和所有的高次模是截止的，而不能传播；在介质区域，TE_{10} 模可以传播。由于所有的模在两个空气区域是截止的，所以槽波的能量都集中于槽的附近。槽线的特性阻抗和波长公式根据数值计算，再经计算机模型拟合得出。

当 $0.02 \leqslant W/d \leqslant 0.2$ 时，槽线的特性阻抗和波长为

$$Z_{0s} = 72.62 - 15.283\ln\varepsilon_r + 50[(W/d - 0.02)(W/d - 0.1)]/(W/d) + \ln(100W/d)(19.23 - 3.693\ln\varepsilon_r) - [0.139\ln\varepsilon_r - 0.11 + (0.465\ln\varepsilon_r + 1.44)W/d](11.4 - 2.636\ln\varepsilon_r - 100d/\lambda_0)^2 \tag{3.7.1}$$

$$\lambda_s/\lambda_0 = 0.923 - 0.195\ln\varepsilon_r + 0.2W/d - (0.126W/d + 0.02)\ln(100d/\lambda_0) \tag{3.7.2}$$

式中，λ_s 是槽线内的波导波长，λ_0 是自由空间的波长。以上公式适用范围是：$9.7 < \varepsilon_r < 20$，$0.01 < d$，$0.02 \leqslant W/d \leqslant 0.2$。槽线的特性阻抗也可以通过查曲线或表格来获得。图 3.7.3 给出了槽线的波长缩短系数与特性阻抗关系曲线。

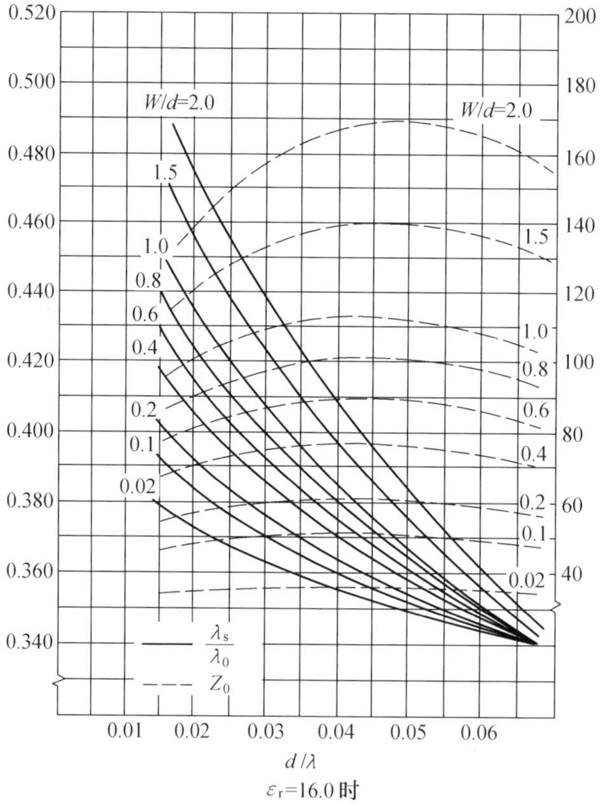

图 3.7.3　槽线的波长缩短系数与特性阻抗关系曲线

槽线的主要的优缺点如下：

(1) 容易安装有源器件。由于全部导体在同一平面上，安装半导体有源器件时，无需像微带那样在基片上打孔挖槽，简化了工艺，增加了可靠性，便于集成。

(2) 容易获得较高阻抗。标准微带线的特性阻抗最高可做到 150Ω。阻抗再高时，微带

线太细,工艺误差过大,而且容易断线,而槽线分布电容小,阻抗高得多。

(3) 占据基片面积大。相应的集成电路尺寸要增大。

(4) 难于获得低阻抗。细小槽缝的工艺加工困难。

槽线与微带相比,一个主要的特点就是槽线存在椭圆极化区域,适用于非互易铁氧体器件,这是微带所不及的。

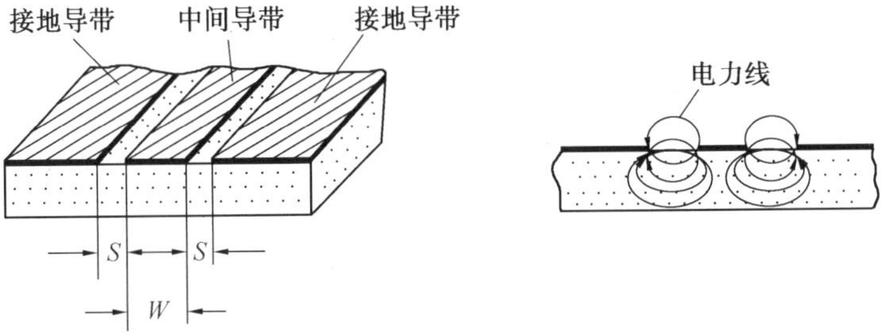

(a) 共面线结构　　(b) 共面线的场分布

图 3.7.4　共面线

2. 共面线

共面线,又称为共面波导(coplanar waveguide,简称为 CPW)。它的结构如图 3.7.4 (a) 所示。它是在介质基片的一面上制作中心导体带,并在紧邻中心导体带的两侧制作出接地板,而在介质基片的另一面则没有导体层覆盖,这样就构成了共面微带传输线。共面线的电磁场分布如图 3.7.4 (b) 所示。外侧两条金属膜是接地面,共面线中传播的波是准 TEM 波,没有低频截止频率。当基片介电常数较高时,电场大部分集中在介质中;介质中波长短,同样可以获得小尺寸集成电路。它的优点也是容易安装有源器件,尤其是对于平衡混频器等两支对称二极管的电路非常方便。当采用它作传输线时,所有导电元件包括接地导带都在介质衬底的同一侧,因此不仅在微波集成电路中易于并联连接外接元件,而且也很适宜制造单片集成电路。在共面线中安置铁氧体材料就可以构成谐振式隔离器或差分式移相器。利用共面线还可以制作出比微带定向耦合器方向性更高、性能更好的定向耦合器。共面线与介质基片另一面的微带相结合还可以构成微小型微带元件。

共面线的特性阻抗不仅与槽缝 S 有关,也和中心导体宽度 W 有关。用场分析法和计算机曲线拟合所得的特性阻抗计算公式是

$$Z_{\mathrm{cpw}} = \frac{30\pi K'(k)}{\sqrt{\varepsilon_{\mathrm{re}}}K(k)} \tag{3.7.3}$$

其中

$$\varepsilon_{\mathrm{re}} = \frac{\varepsilon_{\mathrm{r}}+1}{2}\left\{\tan\left[0.775\ln\left(\frac{H}{S}\right)+1.75\right]\right\} + \frac{kS}{H}\left[0.04-0.7k+0.01(1-0.1\varepsilon_{\mathrm{r}})(0.25+k)\right] \tag{3.7.4}$$

$$\frac{K'(k)}{K(k)} = \frac{1}{\pi}\ln\left[2\left(\frac{1+\sqrt{k'}}{1-\sqrt{k'}}\right)\right] \qquad 0 \leqslant k \leqslant \frac{1}{\sqrt{2}} \tag{3.7.5}$$

$$\frac{K'(k)}{K(k)} = \pi\left\{\ln\left[2\left(\frac{1+\sqrt{k'}}{1-\sqrt{k'}}\right)\right]\right\}^{-1} \qquad \frac{1}{\sqrt{2}} \leqslant k \leqslant 1 \tag{3.7.6}$$

$$k = \frac{W}{W+2S} \tag{3.7.7}$$

$$k' = \sqrt{1-k^2} \tag{3.7.8}$$

S 为槽缝宽度，W 为中心导体宽度，H 为介质厚度，ε_{re} 为有效介电常数。共面线的特性阻抗也可以通过查曲线或表格来获得。

本章小结

1. 常用的微波传输线有平行双线、同轴线、波导、带状线、微带线、槽线和共面线等不同形式。平行双线和同轴线中传输的主模式都是 TEM 波。

2. 使用同轴线要注意避免出现高次模。保证主模 TEM 波单模传输的条件是要求工作波长必须满足

$$\lambda > 1.1(\lambda_c)_{H_{11}} = 3.456(a+b)$$

3. 带状线所传输的主模为 TEM 波，带状线中的重要参量是特性阻抗，它和单位长度上的分布电容的关系为

$$Z_0 = \frac{1}{v_p C}$$

求其特性阻抗的关键是用保角变换法先求出单位长度上的分布电容。带状线的特性阻抗与其尺寸 W/b 及 t/b 的关系可通过查表或曲线获得。

4. 微带线所传输的主模为准 TEM 波。在微波波段的低端频率范围可以把它看作为传输 TEM 波。只要先求出单位长度上的分布电容，即可求出微带线的特性阻抗。由于微带线周围介质是空气和介质基片衬底的混合介质，必须引入有效介电常数 ε_e 及填充因子 q。微带线的特性阻抗与其尺寸 W/h 的关系可通过查表或曲线获得。

5. 耦合传输线的分析方法是采用奇偶模参量法。耦合带状线中的奇、偶模均为 TEM 波，用静态场方法求奇、偶模电容，最后求得奇、偶模阻抗和相速度；耦合微带线中，奇、偶模均为准 TEM 波，也是用静态场方法求奇、偶模电容，最后求得奇、偶模阻抗和相速度。

6. 各类传输线上传输的主模及其截止波长和单模传输条件如下表所示。

传输线类型	主模	截止波长	单模传输条件
矩形波导	TE_{10} 模	$2a$	$a < \lambda < 2a, \lambda > 2b$
圆波导	TE_{11} 模	$3.41R$	$2.62R < \lambda < 3.41R$
平行双线	TEM 波	∞	无截止特性
同轴线	TEM 波	∞	$\lambda > 3.456(a+b)$
带状线	TEM 波	∞	$\lambda > 2W\sqrt{\varepsilon_r}$ $\lambda > 2b\sqrt{\varepsilon_r}$
微带线	准 TEM 波	∞	$\lambda > 2W\sqrt{\varepsilon_r}$ $\lambda > 2h\sqrt{\varepsilon_r}$

续表

传输线类型	主模	截止波长	单模传输条件
槽线	TE 模	∞	
共面线	准 TEM 波	∞	

7. 带状线、微带线、槽线和共面线等几种形式传输线都属于平面结构的传输线，因此在微波集成电路中得到广泛的应用。

思考题

3.1 双线和同轴传输线的特性阻抗都与哪些因素有关？

3.2 举例说明你身边的双线和同轴传输线的应用事例。

3.3 什么是有效介电常数？

3.4 说明带状线和微带线的特性及其分析方法的共同点与不同点。

3.5 什么是平行耦合线的奇模和偶模？如何定义奇模和偶模的特性阻抗？

3.6 微带中的相速与光速、带内波长与自由空间波长都分别是什么关系？

3.7 槽线和共面线都各有什么特点？

习　　题

3.1 某双导线的直径为 12 mm，线间距为 6 cm，周围是空气填充，求其特性阻抗；若周围用 $\varepsilon_r = 2.25$ 的介质填充，则其特性阻抗将如何？

3.2 某无耗平行双线，线径 $d = 3$ mm，线间距 $D = 4$ cm，端接负载 $Z_l = 315\ \Omega$。为使线上无反射，今用 $\lambda/4$ 线进行匹配，若保持线径不变，求其间距；若保持主线间距 D 不变，求 $\lambda/4$ 线的线径。

3.3 某同轴线的外导体内直径为 21 mm，内导体直径为 6 mm，求其特性阻抗；若内外导体间填充 $\varepsilon_r = 2.5$ 的介质，求其特性阻抗。

3.4 已知同轴线的特性阻抗为 50 Ω，试求：

(1) 空气填充时，内外导体直径比；

(2) 介质填充时($\varepsilon_r = 2$)，内外导体直径比。

3.5 设计一同轴线。要求其中传输的最短工作波长为 10 cm，特性阻抗为 50 Ω。试计算硬的(空气填充) 和软的(介质填充 $\varepsilon_r = 2.25$) 两种同轴线尺寸。

3.6 发射机的工作波长范围为 10 ~ 20 cm，今用同轴线作馈线，要求损耗最小，试计算同轴线的尺寸。

3.7 如图所示的同轴线工作于 TEM 波，端接负载阻抗 $R = 200\ \Omega$，$Z_0 = 50\ \Omega$，介质垫圈 $\varepsilon_r = 4$，$l_1 = 2.5$ cm，$l_2 = 1.25$ cm，工作频率为 3 GHz。试求：

(1) Ⅰ、Ⅱ、Ⅲ 段中的电压驻波比；

(2) 滑动介质块中，l_1 取何值时 ρ_3 最大？l_1 取何值时 ρ_3 最小？

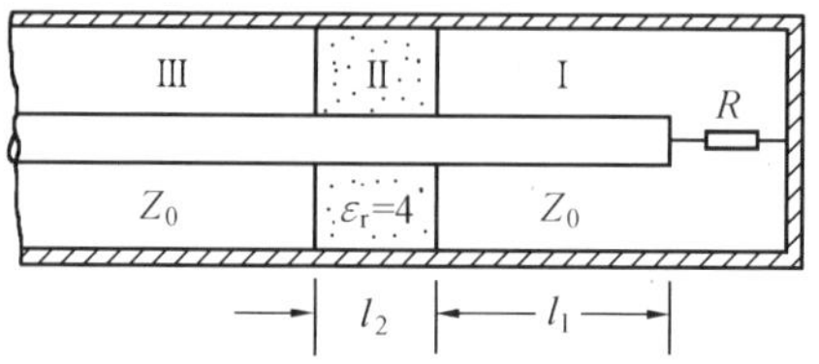

图习题 3.7

3.8 如图所示为一由介质薄片支撑的同轴线，设介质片厚 $\delta = 2$ mm，片间距 $l = 2.5$ cm，同轴内外导体直径分别为 $d = 6$ mm，$D = 21$ mm，$\varepsilon_r = 2.25$，若工作频率为 3 GHz。试求：

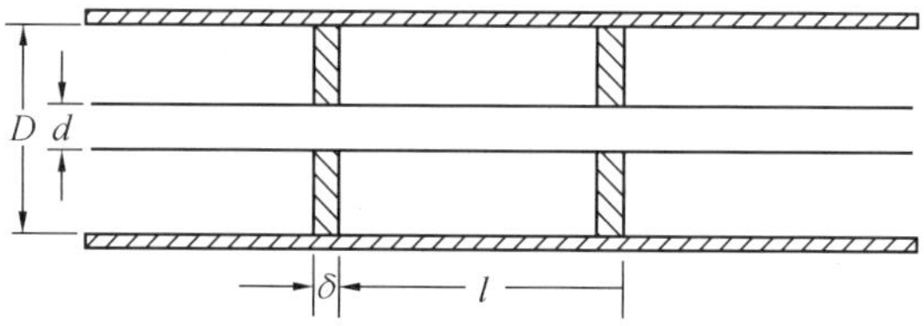

图习题 3.8

(1) 该种同轴线特性阻抗；

(2) 在该种同轴线中传输波的波长。

3.9 空气填充同轴线的内外导体半径分别为 $a = 2$ cm，$b = 4$ cm，试求：

(1) 最低高次模的截止波长；为保证只传输 TEM 波，工作波长至少应是多少？

(2) 若工作波长为 10 cm，求 TEM 波和 H_{11} 相速度。

3.10 试证明同轴线极限功率的最大的条件是 $b/a = 1.65$，衰减最小的条件是 $b/a = 3.592$。

3.11 如图所示为二个带状线，试问：

(1) 当 $\varepsilon_{r1} = \varepsilon_{r2}$，$W_1 > W_2$ 时，问哪一个带状线的特性阻抗大？为什么？

(2) 当 $W_1 = W_2$，$\varepsilon_{r1} < \varepsilon_{r2}$ 时，哪一个带状线的特性阻抗大？为什么？

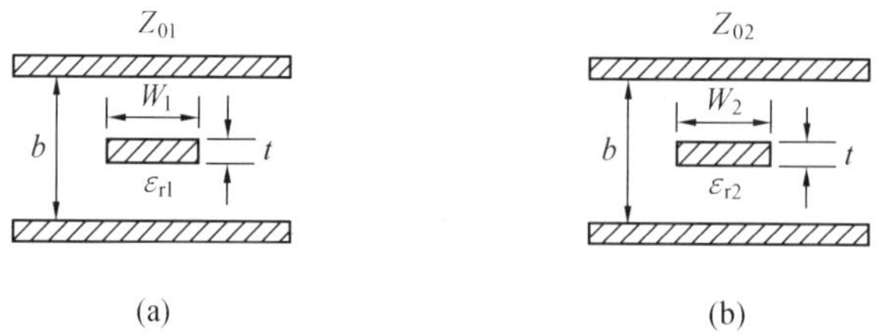

图习题 3.11

3.12 今有一根聚四氟乙烯（$\varepsilon_r = 2.1$）敷铜板带状线，已知，$b = 5$ mm，$t = 0.25$ mm，$W = 2$ mm，试用公式和图表两种方法求出该带状线的特性阻抗，并计算出两法之相对误差。

3.13 有一块厚度为 1.6 mm 的聚乙烯（$\varepsilon_r = 2.3$）敷铜板，铜皮厚度为 0.2 mm，欲得

到 50 Ω 的带状线,试问中心带条应取多宽,再将结果用公式验证看是否能得到 50 Ω 的带状线。

3.14 有一聚四氟乙烯敷铜板($\varepsilon_r = 2.1$)带状线,已知,$b = 1.0$ mm,$W = 14$ mm,$t = 0.1$ mm,若其中传输频率为 5 GHz 的电磁波,试求:

(1) 该线的特性阻抗;

(2) 在该线中传输波的波长。

3.15 已知一陶瓷基片做成的微带的参数为:$h = 1$ mm,$W = 2$ mm,$\varepsilon_r = 9$,导带厚度可忽略,试求其介质填充系数 q、有效介电常数 ε_e 及特性阻抗。

3.16 已知一用聚苯乙烯($\varepsilon_r = 2.55$)制成的微带,基片高度 $h = 2$ mm。欲使该线具有 75 Ω 的特性阻抗,试求导带宽度 W(设导带厚度 $t \to 0$)。

3.17 设计一薄带共面耦合带状线,使 $Z_{0e} = 70\ \Omega$,$Z_{0o} = 50\ \Omega$,所用基片参数是 $\varepsilon_r = 2.1$,$b = 2$ mm,试确定此耦合带状线的尺寸。

3.18 设计一个 $\lambda_g/4$ 微带阻抗变换器,使 $Z_0 = 50\ \Omega$ 的微带与负载 30 Ω 匹配。设工作频率为 3 GHz,$h = 1$ mm,$\varepsilon_r = 9.6$。

3.19 有一耦合微带,其参数为 $W/h = 0.785$,$S/h = 0.304$,$\varepsilon_r = 10.4$,求该线之奇、偶模特性阻抗 Z_{0o}、Z_{0e}。

第4章　规则波导理论

定义："规则波导"是指截面形状、尺寸及内部介质分布状况沿轴向均不变化的无限长直波导。

本章所讲的"波导"是指横截面为任意形状的空心金属管。最常用的波导，其横截面形状是矩形和圆形的。波导具有结构简单、牢固、损耗小、功率容量大等优点，但其使用频带较窄，这一点不如同轴线和微带线。

4.1　电磁场理论基础

讨论规则波导采用的是"场"的方法，即从麦克斯韦方程出发，利用边界条件导出波导传输线中电、磁场所服从的规律，从而了解波导中的模式及其场结构(即所谓横向问题)以及这些模式沿波导轴向的基本传输特性(即所谓纵向问题)。

一、麦克斯韦方程

麦克斯韦总结了一系列电磁实验定律，得出一组反映宏观电磁现象所服从的普遍规律的方程式，这就是著名的麦克斯韦方程组。

麦克斯韦方程的微分形式

$$\left.\begin{aligned}\nabla\times\boldsymbol{H}&=\boldsymbol{J}+\frac{\partial\boldsymbol{D}}{\partial t}\\\nabla\times\boldsymbol{E}&=-\frac{\partial\boldsymbol{B}}{\partial t}\\\nabla\cdot\boldsymbol{D}&=\rho\\\nabla\cdot\boldsymbol{B}&=0\end{aligned}\right\}\tag{4.1.1}$$

电磁场矢量满足的辅助方程

$$\left.\begin{aligned}\boldsymbol{D}&=\varepsilon\boldsymbol{E}\\\boldsymbol{B}&=\mu\boldsymbol{H}\\\boldsymbol{J}&=\sigma\boldsymbol{E}\end{aligned}\right\}\tag{4.1.2}$$

式中　$\boldsymbol{H}$—— 磁场强度(A/m)；

$\boldsymbol{E}$—— 电场强度(V/m)；

$\boldsymbol{D}$—— 电位移矢量(C/m^2)；

$\boldsymbol{B}$—— 磁感应强度(T)；

$\boldsymbol{J}$—— 面电流密度(A/m^2)；

ρ—— 自由电荷体密度(C/m^3)；

ε—— 媒质的介电常数(F/m);

μ—— 媒质的磁导率(H/m);

σ—— 媒质的电导率(S/m)。

在微波技术中,常用的是均匀、线性、各向同性的媒质。均匀性是指媒质特性参量 ε、μ、σ 均不随空间位置而变化;线性是指 ε、μ、σ 与其中的场量无关;各向同性是指在各个方向上的数值都相同。对于这种媒质,有

$$\left.\begin{aligned}\varepsilon &= \varepsilon_0\varepsilon_r \\ \mu &= \mu_0\mu_r\end{aligned}\right\} \tag{4.1.3}$$

式中 $\varepsilon_0 = 10^{-9}/36\pi \approx 8.85 \times 10^{-12}$(F/m)—— 真空中的介电常数;

$\mu_0 = 4\pi \times 10^{-7} \approx 1.257 \times 10^{-6}$(H/m)—— 真空中的磁导率;

ε_r—— 媒质的相对介电常数;

μ_r—— 媒质的相对磁导率,除铁磁物质外,一般媒质的 $\mu_r \approx 1$。

若产生电磁波的波源在做一定频率的简谐振动,则在线性媒质中,由这种简谐源激励的所有场量,在稳态情况下一定都与波源具有同一频率的简谐场。根据简谐函数的复数表示法,可以将式(4.1.1) 化成复数形式的麦克斯韦方程组

$$\nabla \times \dot{\boldsymbol{H}} = (\sigma + j\omega\varepsilon)\dot{\boldsymbol{E}} = j\omega\dot{\varepsilon}\dot{\boldsymbol{E}} \tag{4.1.4a}$$

$$\nabla \times \dot{\boldsymbol{E}} = -j\omega\mu\dot{\boldsymbol{H}} \tag{4.1.4b}$$

$$\nabla \cdot \dot{\boldsymbol{E}} = 0(设\ \rho = 0) \tag{4.1.4c}$$

$$\nabla \cdot \dot{\boldsymbol{H}} = 0 \tag{4.1.4d}$$

式中 $\dot{\boldsymbol{E}}$、$\dot{\boldsymbol{H}}$ 为电磁场的复矢量,$\dot{\varepsilon}$ 为复介电常数

$$\dot{\varepsilon} = \left(\varepsilon + \frac{\sigma}{j\omega}\right) = \varepsilon\left(1 - j\frac{\sigma}{\omega\varepsilon}\right) = \varepsilon(1 - j\tan\delta) \tag{4.1.4e}$$

其中 $\tan\delta = \sigma/\omega\varepsilon$—— 称为介质极化损耗角正切,它是表征介质损耗大小的一个参量。当介质无耗时,σ 和 $\tan\delta$ 都等于零,$\dot{\varepsilon}$ 变为ε了。为书写方便,今后场强复矢量符号上的“·”将被略去。

二、边界条件

上述麦克斯韦方程组只在连续媒质中电磁场的变化是连续时才能成立,在不同介质的分界面上,场量将发生不连续变化,其变化规律由边界条件给出。由于一般规则波导均由良导体构成,所以只需讨论理想导体边界条件:

$$\boldsymbol{n} \times \boldsymbol{E} = 0 \tag{4.1.5}$$

$$\boldsymbol{n} \cdot \boldsymbol{H} = 0 \tag{4.1.6}$$

$$\boldsymbol{n} \times \boldsymbol{H} = \boldsymbol{J} \tag{4.1.7}$$

式中,$\boldsymbol{n}$ 是波导内表面法向单位矢量。前二式说明,在理想导体表面上,电场 $\boldsymbol{E}$ 总是垂直于导体表面,而磁场 $\boldsymbol{H}$ 总是平行于导体表面,换言之,在导体表面上不存在电场的切向分量,也不存在磁场的法向分量。式(4.1.7) 则表示波导内表面上流过的电流密度 $\boldsymbol{J}$,其大小与表面上的磁场矢量的大小相等,其方向与 $\boldsymbol{H}$ 的方向垂直,指向为 $\boldsymbol{n} \times \boldsymbol{H}$ 所决定的右旋方向。

三、波动方程

将式(4.1.4b)两边取旋度再代入式(4.1.4a)得到

$$\nabla \times \nabla \times \boldsymbol{H} = \omega^2 \mu \varepsilon \boldsymbol{E}$$

应用矢量公式

$$\nabla \times \nabla \times \boldsymbol{E} = \nabla \nabla \cdot \boldsymbol{E} - \nabla^2 \boldsymbol{E}$$

并考虑到式(4.1.4d)得到

$$\nabla^2 \boldsymbol{E} + K^2 \boldsymbol{E} = 0 \tag{4.1.8}$$

同理可得

$$\nabla^2 \boldsymbol{H} + K^2 \boldsymbol{H} = 0 \tag{4.1.9}$$

式中

$$K^2 = \omega^2 \mu \varepsilon \tag{4.1.10}$$

式(4.1.8)、(4.1.9)称为介质中的波动方程,又称齐次亥姆霍兹方程,$K = \omega\sqrt{\mu\varepsilon}$ 称为介质相位常数(介质波数)。

在真空中,$\varepsilon = \varepsilon_0$,$\mu = \mu_0$,则式(4.1.10)变为

$$K_0 = \omega\sqrt{\mu_0 \varepsilon_0} \tag{4.1.11}$$

称为自由空间相位常数(自由空间波数)。而式(4.1.8)、(4.1.9)变为

$$\nabla^2 \boldsymbol{E} + K_0^2 \boldsymbol{E} = 0 \tag{4.1.12}$$

$$\nabla^2 \boldsymbol{H} + K_0^2 \boldsymbol{H} = 0 \tag{4.1.13}$$

这就是真空中的波动方程。

四、复数功率定理

交变电磁场的能量共有4种表现形式:场所储存的电能、磁能、媒质的损耗功率以及伴随电磁波传播的能流。复数功率定理把这四种能量的内在联系用公式表达出来。

静电场内各点的电能密度为

$$w_e = \frac{1}{2}\varepsilon \boldsymbol{E} \cdot \boldsymbol{E} = \frac{1}{2}\varepsilon E^2 \tag{4.1.14}$$

电磁波在媒质中损耗功率的密度为

$$p_l = \boldsymbol{J} \cdot \boldsymbol{E} = \sigma \boldsymbol{E} \cdot \boldsymbol{E} = \sigma E^2 \tag{4.1.15}$$

式中,σ 为媒质的电导率。

恒流磁场内各点的磁能密度为

$$w_m = \frac{1}{2}\mu \boldsymbol{H} \cdot \boldsymbol{H} = \frac{1}{2}\mu H^2 \tag{4.1.16}$$

对交变电流,上述三式仍然适用,但因 $\boldsymbol{E}$、$\boldsymbol{H}$ 皆为瞬时值,故 w_e 为瞬时电能密度,w_m 为瞬时磁能密度,p_l 为瞬时损耗功率密度。我们感兴趣的是它们在一个周期内的时间平均值。设 T 为周期,则 w_e、w_m 及 p_l 的时间平均值分别为

$$\overline{w}_e = \frac{1}{T}\int_0^T \frac{\varepsilon}{2} E^2 \mathrm{d}t \tag{4.1.17}$$

$$\overline{p}_1 = \frac{1}{T}\int_0^T \sigma E^2 \mathrm{d}t \tag{4.1.18}$$

$$\overline{w}_m = \frac{1}{T}\int_0^T \frac{\mu}{2} H^2 \mathrm{d}t \tag{4.1.19}$$

场强的瞬时值可用它们的复振幅表示，例如

$$E = \mathrm{Re}[\dot{E}\mathrm{e}^{\mathrm{j}\omega t}] = \mathrm{Re}[(E_R + \mathrm{j}E_I)(\cos\omega t + \mathrm{j}\sin\omega t)] = E_R\cos\omega t - E_I\sin\omega t \tag{4.1.20}$$

式中，$\dot{E}$ 为 E 之复振幅，E_R、E_I 分别为 $\dot{E}$ 的实部和虚部。将上式代入式(4.1.17)，积分后得电能密度的时间平均值为

$$\overline{w}_e = \frac{\varepsilon}{4}|\dot{E}|^2 = \frac{\varepsilon}{4}\dot{E}\cdot\dot{E}^* \tag{4.1.21}$$

同理可证明

$$\overline{p}_1 = \frac{\sigma}{2}|\dot{E}|^2 = \frac{\sigma}{2}\dot{E}\cdot\dot{E}^* \tag{4.1.22}$$

$$\overline{w}_m = \frac{\mu}{4}|\dot{H}|^2 = \frac{\mu}{4}\dot{H}\cdot\dot{H}^* \tag{4.1.23}$$

根据坡印亭定理有 $\boldsymbol{S} = \frac{1}{2}\boldsymbol{E}\times\boldsymbol{H}^*$，将其任一闭合曲面上积分，有

$$\oint_S \frac{1}{2}(\dot{\boldsymbol{E}}\times\dot{\boldsymbol{H}}^*)\cdot\mathrm{d}\boldsymbol{S} = \int_V \nabla\left(\frac{1}{2}\dot{\boldsymbol{E}}\times\dot{\boldsymbol{H}}^*\right)\mathrm{d}V \tag{4.1.24}$$

利用矢量恒等$\nabla\cdot(\boldsymbol{E}\times\boldsymbol{H}^*) = \boldsymbol{H}^*\cdot\nabla\times\boldsymbol{E} - \boldsymbol{E}\cdot\nabla\times\boldsymbol{H}^*$，并以$\nabla\times\boldsymbol{E} = -\mathrm{j}\omega\mu\boldsymbol{H}$ 和$\nabla\times\boldsymbol{H}^* = \boldsymbol{J}^* - \mathrm{j}\omega\varepsilon\boldsymbol{E}^*$ 代入，得

$$-\oint_S \frac{1}{2}(\dot{\boldsymbol{E}}\times\dot{\boldsymbol{H}}^*)\cdot\mathrm{d}\boldsymbol{S} = \mathrm{j}2\omega(W_m - W_e) + P_1 \tag{4.1.25}$$

式中，$W_e = \int_V \overline{w}_e \mathrm{d}V$ 为体积 V 内所储的总电能平均值，$W_m = \int_V \overline{w}_m \mathrm{d}V$ 为储存总磁能平均值，$P_1 = \int_V \overline{p}_1 \mathrm{d}V$ 为媒质总损耗功率平均值。

式(4.1.25)即为复数功率定理。等式左方代表流入 S 面包围的体积 V 的总复数功率；等式右方第一项代表流入体积 V 的净无功功率，而第二项代表流入体积 V 的净有功功率，其值等于媒介质的总损耗功率。因此说复数功率定理实质上是交变电磁场中的能量守恒定律。

4.2 矩形波导

现在分析截面形状为矩形的无限长直波导内电磁场的分布。假设：

1. 波导内壁的电导率 σ 无限大；

2. 波导内的介质是均匀无耗、线性、各向同性的；

3. 波导内无自由电荷($\rho = 0$)和传导电流($J = 0$)，就是说波导远离波源或波导处在无源场中；

4. 波导中的场为简谐场，即它们应满足式(4.1.4)所示的麦克斯韦方程组。

由于截面是矩形的,故采用图 4.2.1 所示的直角坐标系较为方便。

一、波动方程的一般解

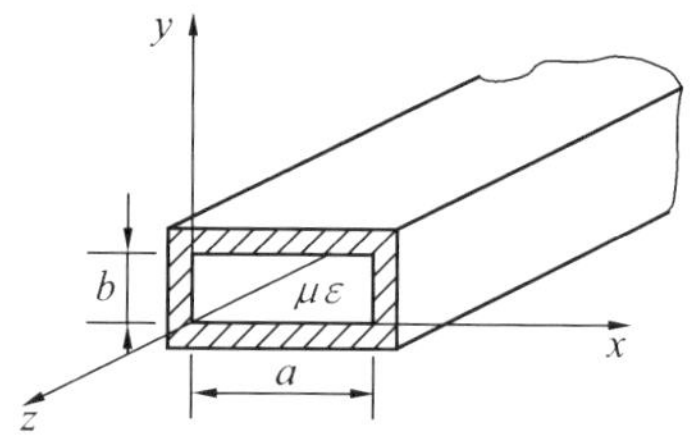

图 4.2.1 规则波导及坐标系

现在研究导行波在其中的传播情况,即求出传输系统中任一点的 $\boldsymbol{E}(x,y,z;t)$ 和 $\boldsymbol{H}(x,y,z;t)$ 的表达式。由于采用复数表示,场量中的时间因子已通过简谐场复数表示法将它分离出去,故式(4.1.4)中各场量均为 x、y、z 的函数,进而导出了真空中的矢量波动方程式(4.1.12)、(4.1.13)

$$\nabla^2\boldsymbol{E} + K^2\boldsymbol{E} = 0$$

$$\nabla^2\boldsymbol{H} + K^2\boldsymbol{H} = 0$$

若令 $\boldsymbol{a}_x$、$\boldsymbol{a}_y$、$\boldsymbol{a}_z$ 为直角坐标系的三个方向的单位矢量,则电、磁场矢量可表示为

$$\boldsymbol{E} = \boldsymbol{a}_x E_x + \boldsymbol{a}_y E_y + \boldsymbol{a}_z E_z$$

$$\boldsymbol{H} = \boldsymbol{a}_x H_x + \boldsymbol{a}_y H_y + \boldsymbol{a}_z H_z$$

于是就可以得到六个独立的标量波动方程

$$\nabla^2 E_x + K^2 E_x = 0$$

$$\nabla^2 E_y + K^2 E_y = 0$$

$$\nabla^2 E_z + K^2 E_z = 0$$

$$\nabla^2 H_x + K^2 H_x = 0$$

$$\nabla^2 H_y + K^2 H_y = 0$$

$$\nabla^2 H_z + K^2 H_z = 0$$

由此可见,在直角坐标系中这六个方程式具有完全相同的形式,因而场分量的求解将大为简化。令 L 为电场或磁场分量之一,即可得到具有偏微分形式的标量波动方程式

$$\frac{\partial^2 L}{\partial x^2} + \frac{\partial^2 L}{\partial y^2} + \frac{\partial^2 L}{\partial z^2} + K^2 L = 0 \tag{4.2.1}$$

上述方程可以利用分离变量法求解。假定方程(4.2.1)的解具有任意三个乘数之积的形式,其中每一个乘数仅是一个坐标的函数,即

$$L = X(x)\cdot Y(y)\cdot Z(z) \tag{4.2.2}$$

将上式微分后代入式(4.2.1),得

$$YZ\frac{\partial^2 X}{\partial x^2} + XZ\frac{\partial^2 Y}{\partial y^2} + XY\frac{\partial^2 Z}{\partial z^2} + K^2 XYZ = 0$$

用 $L = XYZ$ 除上式各项得到

$$\frac{1}{X}\frac{\partial^2 X}{\partial x^2} + \frac{1}{Y}\frac{\partial^2 Y}{\partial y^2} + \frac{1}{Z}\frac{\partial^2 Z}{\partial x^2} = -K^2 \tag{4.2.3}$$

X、Y、Z 是相互独立的,欲使上式左边各项之和在任意的 X、Y、Z 值情况下都等于右边的常数,则左边每一项都必须等于某一常数。于是分别写成

$$\frac{1}{X}\frac{\mathrm{d}^2 X}{\mathrm{d}x^2} = -K_x^2 \tag{4.2.4}$$

$$\frac{1}{Y}\frac{d^2Y}{dy^2} = -K_y^2 \tag{4.2.5}$$

$$\frac{1}{Z}\frac{d^2Z}{dz^2} = \gamma^2 \tag{4.2.6}$$

根据式(4.2.3) ~ 式(4.2.6),得几个常数的关系为

$$-K_x^2 - K_y^2 + \gamma^2 = -K^2 \tag{4.2.7}$$

这样,式(4.2.4) ~ 式(4.2.6) 可化成二阶线性常微分方程

$$\frac{d^2X}{dx^2} + K_x^2X = 0$$

$$\frac{d^2Y}{dy^2} + K_y^2Y = 0$$

$$\frac{d^2Z}{dz^2} - \gamma^2Z = 0$$

上述三方程的求解,分别为

$$X = C_1e^{-jK_xx} + C_2e^{jK_xx} \tag{4.2.8}$$

$$Y = C_3e^{-jK_yy} + C_4e^{jK_yy} \tag{4.2.9}$$

$$Z = C_5e^{-\gamma z} + C_6e^{\gamma z} \tag{4.2.10}$$

这里得到的三个解均是一维坐标的函数,将它们代入(4.2.2) 中,就可求得任意场分量波动方程的解。

根据欧拉公式可以方便地把乘数 X 和 Y 表示成三角函数的形式

$$X = A\cos(K_xx + \psi_x) \tag{4.2.11}$$

$$Y = B\cos(K_yy + \psi_y) \tag{4.2.12}$$

式中

$$A\cos\psi_x = C_1 + C_2$$

$$A\sin\psi_x = j(C_1 - C_2)$$

$$B\cos\psi_y = C_3 + C_4$$

$$B\sin\psi_y = j(C_3 - C_4)$$

将关系式(4.2.11)、(4.2.12) 及(4.2.10) 代入式(4.2.2) 中,得

$$L = D_1\cos(K_xx + \psi_x)\cos(K_yy + \psi_y)e^{j(\omega t - \gamma z)} + D_2\cos(K_xx + \psi_x)\cos(K_yy + \psi_y)e^{j(\omega t + \gamma z)} \tag{4.2.13}$$

式中的新常数 D_1 和 D_2 分别为

$$D_1 = ABC_6$$

$$D_2 = ABC_5$$

由式(4.2.13) 不难看出,这个解答给出了两个以相反方向沿纵轴(z 轴) 传播着的电磁波。已经假设,所研究的无限长直波导,无"反射" 波存在,故只研究沿正 z 方向传播的"入射" 波即可。今后在需要研究反射波时,可借用分析入射波的整个结果。

这样,电磁场波动方程解的普遍形式可以写成

$$L = D\cos(K_xx + \psi_x)\cos(K_yy + \psi_y)e^{j(\omega t - \gamma z)} \tag{4.2.14}$$

或简写成

$$L = F(x, y)e^{j(\omega t - \gamma z)} \tag{4.2.15}$$

对于正弦电流，麦克斯韦第一和第二方程为

$$\nabla \times \boldsymbol{H} = j\omega\varepsilon\boldsymbol{E}$$

$$\nabla \times \boldsymbol{E} = -j\omega\mu\boldsymbol{H}$$

注意到 $\partial/\partial z \to -\gamma, \partial/\partial t \to j\omega$，则上二式展开后，按分量写成

$$\frac{\partial H_z}{\partial y} + \gamma H_y = j\omega\varepsilon E_x \tag{4.2.16a}$$

$$\frac{\partial H_z}{\partial x} + \gamma H_z = -j\omega\varepsilon E_y \tag{4.2.16b}$$

$$\frac{\partial H_y}{\partial x} - \frac{\partial H_x}{\partial y} = j\omega\varepsilon E_z \tag{4.2.16c}$$

$$\frac{\partial E_z}{\partial y} + \gamma E_y = -j\omega\mu H_x \tag{4.2.16d}$$

$$\frac{\partial E_z}{\partial x} + \gamma E_x = j\omega\mu H_y \tag{4.2.16e}$$

$$\frac{\partial E_y}{\partial x} - \frac{\partial E_x}{\partial y} = -j\omega\mu H_z \tag{4.2.16f}$$

合并(4.2.16)中各式(例如将(b)、(d)合并，消去 E_y 得式(4.2.17c))则有

$$E_x = -\frac{1}{K_c^2}\left(\gamma\frac{\partial E_z}{\partial x} + j\omega\mu\frac{\partial H_z}{\partial y}\right) \tag{4.2.17a}$$

$$E_y = \frac{1}{K_c^2}\left(-\gamma\frac{\partial E_z}{\partial y} + j\omega\mu\frac{\partial H_z}{\partial x}\right) \tag{4.2.17b}$$

$$H_x = \frac{1}{K_c^2}\left(j\omega\varepsilon\frac{\partial E_z}{\partial y} - \gamma\frac{\partial H_z}{\partial x}\right) \tag{4.2.17c}$$

$$H_y = -\frac{1}{K_c^2}\left(j\omega\varepsilon\frac{\partial E_z}{\partial x} + \gamma\frac{\partial H_z}{\partial y}\right) \tag{4.2.17d}$$

式中

$$K_c^2 = \gamma^2 + K^2 = \gamma^2 + \omega^2\mu\varepsilon \tag{4.2.18}$$

式(4.2.17)示出电、磁场的横向分量用纵向分量表示的关系。所以只要设法解出纵向场分量 E_z 和 H_z，代入式(4.2.17)中就可以求出其他分量。我们把求解分成两点：① 令 $E_z = 0$，先求出 H_z 后代入式(4.2.17)，再求其他分量，这就是 TE(或 H)型波的解；② 令 $H_z = 0$ 求出 E_z 后代入式(4.2.17)，再求出其他分量，这就是 TM(或 E)型波的解。由于麦氏方程是线性的，故这两组解的和也是解。

场的纵向分量的波动方程可写成

$$\frac{\partial^2 E_z}{\partial x^2} + \frac{\partial^2 E_z}{\partial y^2} = -K_c^2 E_z \tag{4.2.19}$$

$$\frac{\partial^2 H_z}{\partial x^2} + \frac{\partial^2 H_z}{\partial y^2} = -K_c^2 H_z \tag{4.2.20}$$

二、TE(H) 波的场方程

对于横电波(TE),$E_z = 0, H_z \neq 0, H_z$ 满足式(4.2.20)。这是一个偏微分方程。应用分离变量法,设 $H_z = X(x)Y(y)e^{-\gamma z}$(为书写方便省掉因子 $e^{j\omega t}$),代入式(4.2.20),得

$$X''Y + XY'' = -K_c^2XY$$

用 XY 除上式项,有

$$\frac{X''}{X} + \frac{Y''}{Y} = -K_c^2$$

分别令

$$\frac{X''}{X} = -K_x^2$$

$$\frac{Y''}{Y} = -K_y^2$$

且

$$K_x^2 + K_y^2 = K_c^2 \tag{4.2.21}$$

则

$$\frac{d^2X}{dx^2} + K_x^2X = 0$$

$$\frac{d^2Y}{dy^2} + K_y^2Y = 0$$

其解为

$$X = A\cos(K_xx + \psi_x) \tag{4.2.22}$$

$$Y = B\cos(K_yy + \psi_y) \tag{4.2.23}$$

式中,A、B、ψ_x、ψ_y 都是待定积分常数。

于是

$$H_z = X(x)Y(y)e^{-\gamma z} = H_0\cos(K_xx + \psi_x)\cos(K_yy + \psi_y)e^{-\gamma z} \tag{4.2.24}$$

其中,$H_0 = A \cdot B$。

由式(4.2.20) 可见,需根据初始条件和边界条件来确定 K_x、K_y、ψ_x、ψ_y 和 H_0 五个常数。但因 H_0 仅取决于场幅度的绝对值,对场的结构及传播特性不起作用,故暂不定它。

注意到 $E_z = 0$,由式(4.2.17a、b) 可得

$$E_x = -j\frac{\omega\mu}{K_c^2}\frac{\partial H_z}{\partial y} \tag{4.2.25a}$$

$$E_y = j\frac{\omega\mu}{K_c^2}\frac{\partial H_z}{\partial x} \tag{4.2.25b}$$

根据边界条件式(4.1.5),对横截面尺寸为 $a \times b$ 的矩形波导,将有

$$x = 0, x = a \text{ 时}, E_y = 0 \text{ 即} \frac{\partial H_z}{\partial x} = 0 \tag{4.2.26a}$$

$$y=0,\ y=b\ 时, E_x=0\ 即\frac{\partial H_z}{\partial y}=0 \tag{4.2.26b}$$

将式(4.2.24)分别对 x 和 y 微分

$$\frac{\partial H_z}{\partial x}=-H_0K_x\sin(K_xx+\psi_x)\cos(K_yy+\psi_y)\mathrm{e}^{-\gamma z}$$

$$\frac{\partial H_z}{\partial y}=-H_0K_y\cos(K_xx+\psi_x)\sin(K_yy+\psi_y)\mathrm{e}^{-\gamma z}$$

分别代入式(4.2.26a)、(4.2.26b)中即可确定常数:

当 $x=0$ 时,$\sin(K_xx+\psi_x)=\sin\psi_x=0$,则 $\psi_x=0$;

当 $x=a$ 时,$\sin(K_xa)=0$,则 $K_xa=m\pi$,即

$$K_x=\frac{m\pi}{a}\ (m=0,1,2,\cdots) \tag{4.2.27}$$

当 $y=0$ 时,$\sin\psi_y=0$,则 $\psi_y=0$

当 $y=b$ 时,$\sin(K_yb)=0$,则 $K_yb=n\pi$,即

$$K_y=\frac{n\pi}{b}(n=0,1,2,\cdots) \tag{4.2.28}$$

将上述结果代入式(4.2.24)中,得

$$H_z=H_0\cos\left(\frac{m\pi}{a}x\right)\cos\left(\frac{n\pi}{b}y\right)\mathrm{e}^{-\gamma z} \tag{4.2.29a}$$

将上式代入式(4.2.17)中,并注意到 $\alpha=0,\gamma=\mathrm{j}\beta$,有

$$E_x=\mathrm{j}\frac{\omega\mu}{K_c^2}\frac{n\pi}{b}H_0\cos\left(\frac{m\pi}{a}x\right)\sin\left(\frac{n\pi}{b}y\right)\mathrm{e}^{-\mathrm{j}\beta z} \tag{4.2.29b}$$

$$E_y=-\mathrm{j}\frac{\omega\mu}{K_c^2}\frac{m\pi}{a}H_0\sin\left(\frac{m\pi}{a}x\right)\cos\left(\frac{n\pi}{b}y\right)\mathrm{e}^{-\mathrm{j}\beta z} \tag{4.2.29c}$$

$$E_z=0 \tag{4.2.29c}$$

$$H_x=\mathrm{j}\frac{\beta}{K_c^2}\frac{m\pi}{a}H_0\sin\left(\frac{m\pi}{a}x\right)\cos\left(\frac{n\pi}{b}y\right)\mathrm{e}^{-\mathrm{j}\beta z} \tag{4.2.29e}$$

$$H_y=\mathrm{j}\frac{\beta}{K_c^2}\frac{n\pi}{b}H_0\cos\left(\frac{m\pi}{a}x\right)\sin\left(\frac{n\pi}{b}y\right)\mathrm{e}^{-\mathrm{j}\beta z} \tag{4.2.29f}$$

式中

$$K_c^2=K_x^2+K_y^2=\left(\frac{m\pi}{a}\right)^2+\left(\frac{n\pi}{b}\right)^2 \tag{4.2.30}$$

上列式(4.2.29a) ~ (4.2.29f)即为电磁波沿无限长波导管无衰减传播时,TE(H)型波的场方程式。

由所得到的场方程可知,一般情况下波导中可存在无穷多个 H 型波,记以 H_{mn}。对应不同的 m、n 就有不同的波型。当 m 和 n 同时为零时,场分量将全部消失,即波导中不存在 H_{00} 波;如 m 和 n 中之一为零时,则一部分场分量为零,例如 $m=1,n=0$,即得到 H_{10} 波的场方程,这是在矩形波导中传输的最主要波型,称为主模式(或主波型),关于 H_{10} 波将在下节中详细介绍。

三、TM(E) 波的场方程

对于横磁波(TM)，$H_z=0$，而 $E_z\neq 0$。其场分量的求解方法与 TE 型波完全相同，最后得到 TM(或 E) 型波场方程为

$$E_x=-\mathrm{j}\frac{\beta}{K_c^2}\frac{m\pi}{a}E_0\cos\left(\frac{m\pi}{a}x\right)\sin\left(\frac{n\pi}{b}y\right)\mathrm{e}^{-\mathrm{j}\beta z} \tag{4.2.31a}$$

$$E_y=-\mathrm{j}\frac{\beta}{K_c^2}\frac{n\pi}{b}E_0\sin\left(\frac{m\pi}{a}x\right)\cos\left(\frac{n\pi}{b}y\right)\mathrm{e}^{-\mathrm{j}\beta z} \tag{4.2.31b}$$

$$E_z=E_0\sin\left(\frac{m\pi}{a}x\right)\sin\left(\frac{n\pi}{b}y\right)\mathrm{e}^{-\mathrm{j}\beta z} \tag{4.2.31c}$$

$$H_x=\mathrm{j}\frac{\omega\varepsilon}{K_c^2}\frac{n\pi}{b}E_0\sin\left(\frac{m\pi}{a}x\right)\cos\left(\frac{n\pi}{b}y\right)\mathrm{e}^{-\mathrm{j}\beta z} \tag{4.2.31d}$$

$$H_y=-\mathrm{j}\frac{\omega\varepsilon}{K_c^2}\frac{m\pi}{a}E_0\cos\left(\frac{m\pi}{a}x\right)\sin\left(\frac{n\pi}{a}y\right)\mathrm{e}^{-\mathrm{j}\beta z} \tag{4.2.31e}$$

$$H_z=0 \tag{4.2.31f}$$

式中

$$K_c^2=\left(\frac{m\pi}{a}\right)^2+\left(\frac{n\pi}{b}\right)^2 \tag{4.2.32}$$

由上式可知，在一般情况下，波导中可存在无穷多个 E 型波，记以 E_{mn}。不难看出，m 和 n 中任一个为零时，场分量即全部消失，故在矩形波导中不存在 E_{m0} 和 E_{0n} 类型的电磁波；E_{11} 是矩形波导中最简单的横磁波(电波)。

四、矩形波导波型的场结构

场结构是根据场方程用电磁力线的疏密来表示电磁场在波导内的分布情况。之所以对场结构特别注意，是因为它在实际上有着重大意义。如波导的激励、测量、电击穿以及研究波导中电磁波传输特性的重要参量 —— 波长、速度、波阻抗、衰减，甚至于某些元件的制造等，都与场结构有密切关系。

1. TE 型波场结构

对于 TE 型波，由于 $E_z=0$，$H_z\neq 0$，所以电力线仅分布在横截面内，且不可能形成闭合曲线，而磁力线则是空间闭合曲线。

(1) 矩形波导中的主模式 ——H_{10} 型波场结构

将 $m=1$，$n=0$ 代入式(4.2.29) 即可求得 H_{10} 波的场分量表达式为

$$E_y=-\mathrm{j}\frac{\omega\mu a}{\pi}H_0\sin\left(\frac{\pi}{a}x\right)\mathrm{e}^{-\mathrm{j}\beta z} \tag{4.2.33a}$$

$$H_x=\mathrm{j}\frac{\beta a}{\pi}H_0\sin\left(\frac{\pi}{a}x\right)\mathrm{e}^{-\mathrm{j}\beta z} \tag{4.2.33b}$$

$$H_z=H_0\cos\left(\frac{\pi}{a}x\right)\mathrm{e}^{-\mathrm{j}\beta z} \tag{4.2.33c}$$

$$E_x=E_z=H_y=0 \tag{4.2.33d}$$

可见 H_{10} 波只剩下 E_y、H_x 和 H_z 三个分量，且均与 y 无关。这表明电、磁场沿 y 方向均无变化。

首先研究电场的分布。由式(4.2.33a)可见，电场沿 x 方向呈正弦变化，在 $x=0$、a 处，$E_y=0$，在 $x=a/2$ 处，$E_y=E_{max}$，即沿 a 边有一个驻波分布。电场在波导横截面上的分布示于图 4.2.2(a) 中；在纵截面内的分布示于图 4.2.2(b)、(c) 中。

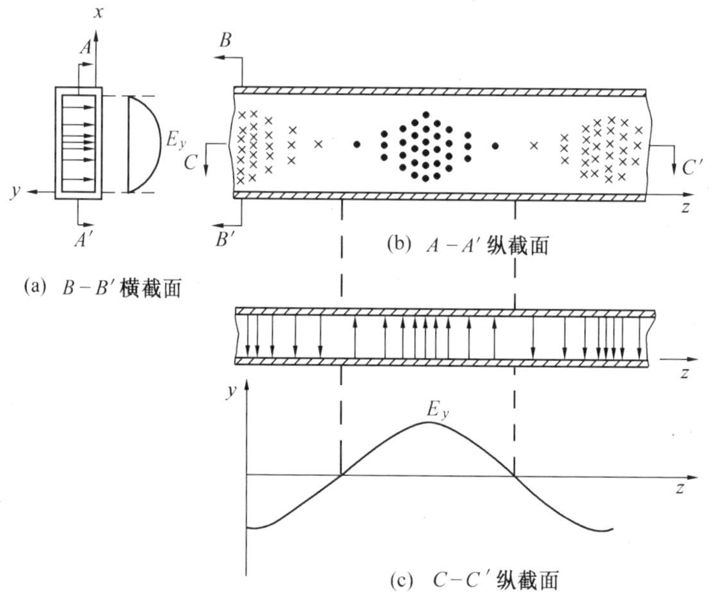

图 4.2.2　H_{10} 波的电场结构图

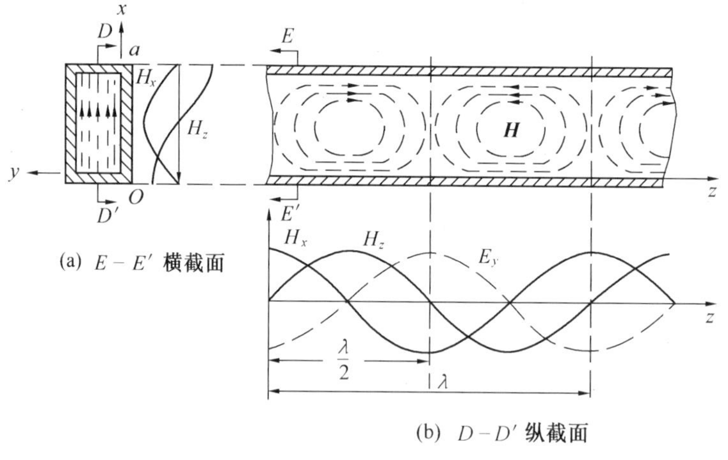

图 4.2.3　H_{10} 波的磁场结构图

其次研究磁场的分布。H_{10} 波的磁场有 H_x 和 H_z 两个分量。H_x 沿 x 方向呈正弦变化，在宽边 a 有一个驻波分布，即在 $x=0$、a，$H_x=0$，在 $x=a/2$ 处，$H_x=H_{max}$；H_z 沿 x 方向呈余弦变化，在 $x=0$、a 处最大，在 $x=a/2$ 处为零，如图 4.2.3(a) 所示。和 E_y 一样，H_x、H_z 沿 z 方向也呈周期变化，只是 H_x 与 E_y 有 180° 相差；H_x 和 H_z 在纵截面内合成闭合曲线，

类似椭圆形状，如图 4.2.3(b) 所示。

图 4.2.4 给出了 H_{10} 波完整的电磁场立体结构图。随着时间的变化，整个力线图形以一定速度在波导管内沿 z 轴移动。

(2) 高次模的结构

在矩形波导的 H 型模中，由其场方程式(4.2.29) 可以知道，它有无穷多个波型，除主模式(或称主波型)H_{10} 外，其他都属高次模式。

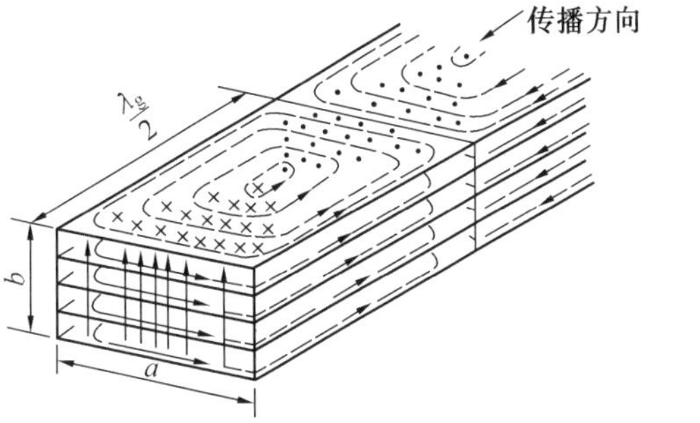

图 4.2.4　H_{10} 模的电磁场结构立体图

与绘制 H_{10} 波的场结构图一样，将不同的 m、n 的组合代入式(4.2.29) 中，即得到对应波型的场分量方程式，再根据这些方程即可绘出各自的场结构图。

H_{20}、H_{30}…H_{m0} 等模式的场结构与 H_{10} 的场结构类似，即沿宽边 a 分别有 2 个、3 个……m 个驻波分布，沿窄边 b 场无变化。图 4.2.6 示出了 H_{20} 波的场结构。与图 4.2.5 中所示的 H_{10} 波的场结构比较，可见它们的电磁场分布规律是一致的。H_{20} 波的场结构就像在同一波导中同时装进两个 H_{10} 波一样。

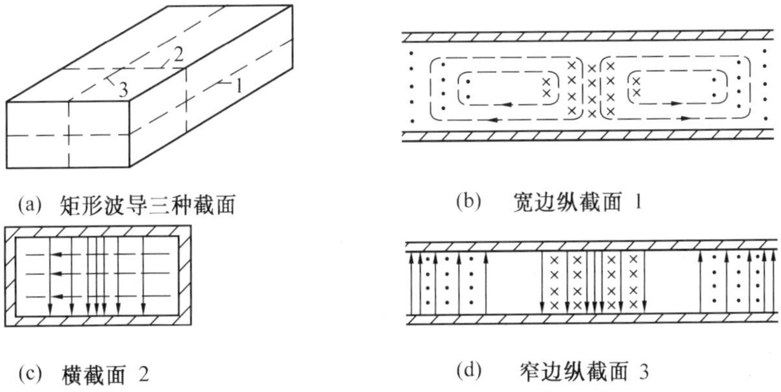

(a) 矩形波导三种截面　(b) 宽边纵截面 1

(c) 横截面 2　(d) 窄边纵截面 3

图 4.2.5　H_{10} 场结构剖面图

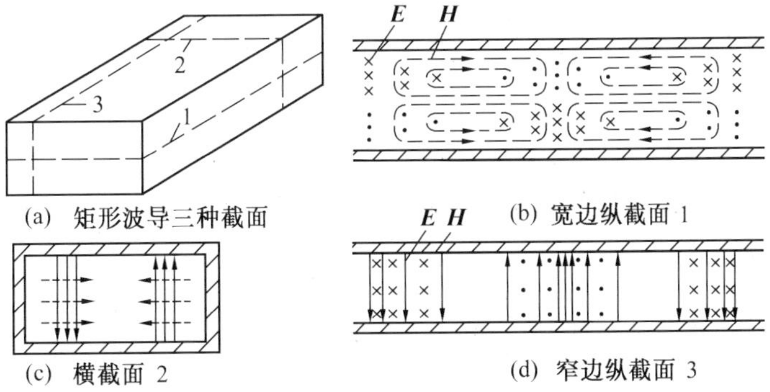

(a) 矩形波导三种截面　(b) 宽边纵截面 1

(c) 横截面 2　(d) 窄边纵截面 3

图 4.2.6　H_{20} 场结构剖面图

H_{01} 波与 H_{10} 波的场结构的区别仅是波的极化面相对旋转了 90°，即场沿 b 边有一个驻波分布，沿 a 边无变化，如图 4.2.7 所示。同样地，H_{01}、H_{03}…H_{0n} 等模式的场结构则是沿 a 边场量不变化，沿 b 边分别有 2 个、3 个 ……n 个驻波分布。图 4.2.8 给出了 H_{02} 波的场结构。

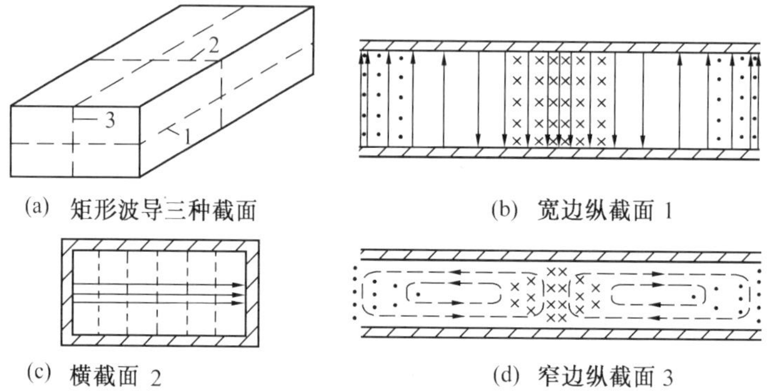

(a) 矩形波导三种截面　(b) 宽边纵截面 1

(c) 横截面 2　(d) 窄边纵截面 3

图 4.2.7　H_{01} 场结构剖面图

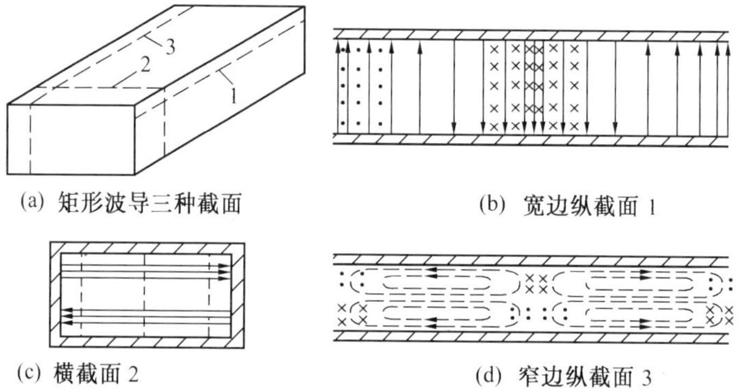

(a) 矩形波导三种截面　(b) 宽边纵截面 1

(c) 横截面 2　(d) 窄边纵截面 3

图 4.2.8　H_{02} 场结构剖面图

m 和 n 都不为零的 H_{mn} 模式的场结构将更复杂，其中最简模式为 H_{11} 波。其场沿 a 和 b 边均有一个驻波分布，如图 4.2.9 所示。

上述的脚标 m、n 称为波型指数，其物理意义是：m 代表场沿宽边出现最大值（即驻波）的个数，n 代表场沿窄边出现最大值的个数。

2. TM 型波场结构

由于 TM(E) 波的 $H_z = 0, E_z \neq 0$，故磁场仅分布在横截面内，由 H_x 和 H_y 二分量合成为闭合曲线，而电力线则是空间曲线。如前所述，E 型波中最简单的是 E_{11} 波，它的场沿 a 边和 b 边都有一个驻波分布，其场结构示于图 4.2.10 中。E_{mn} 波的场结构便是沿 a 边有 m 个驻波数，沿 b 边有 n 个驻波数。

需要指出的是，并非所有的 H_{mn} 和 E_{mn} 型波都会在波导中同时传播，这要由波导尺寸、激励方式和工作频率来决定。对于高次模中的几个典型的较低次波形见图 4.2.11。

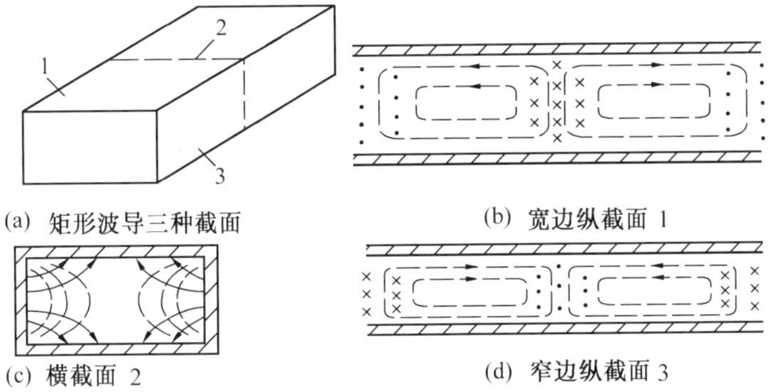

图 4.2.9　H_{11} 场结构剖面图

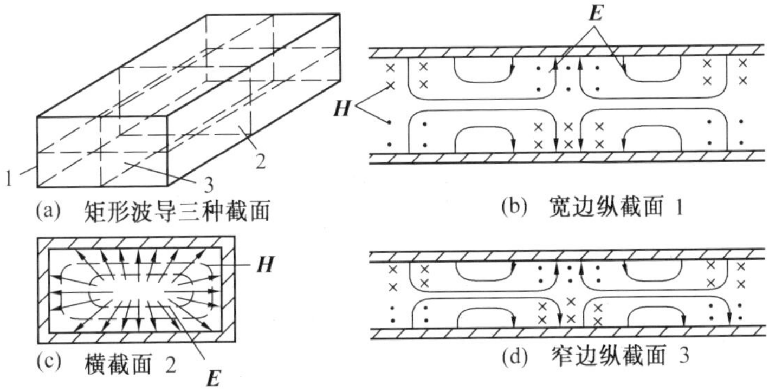

图 4.2.10　E_{11} 场结构剖面图

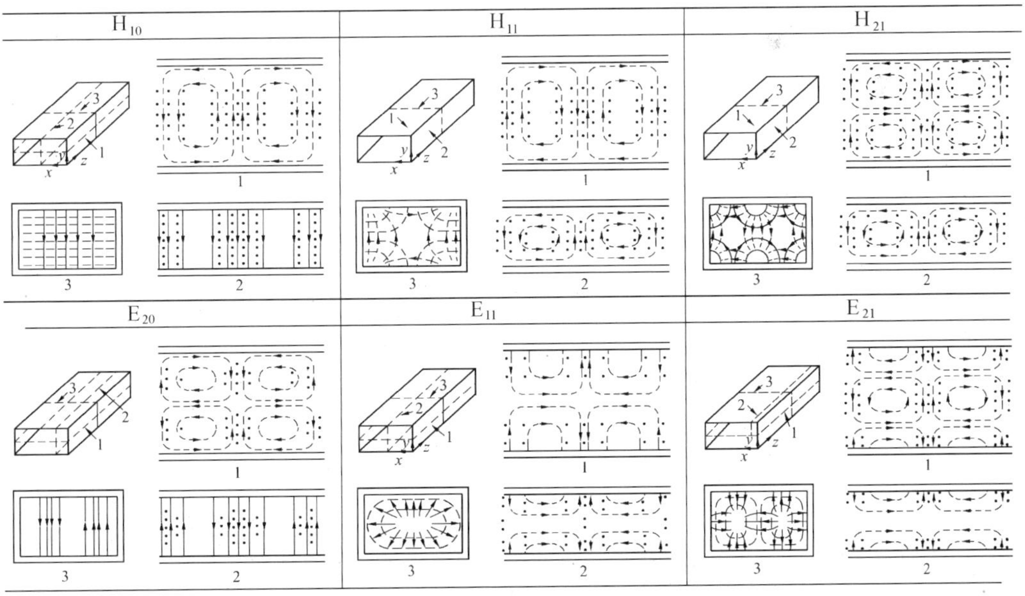

图 4.2.11　高次模中的几个较低次波形

五、矩形波导的传输特性

由上面的分析可知，矩形波导中不论传输 H 型波还是 E 型波，它们都要遵循式(4.2.29)和式(4.2.31)所示的规律，即波沿 x、y 方向呈驻波分布(按正弦或余弦分布)，沿 z 方向波呈行波传输(按 $e^{j(\omega t-\gamma z)}$ 规律)。下面来分析它们的传输特性。

1. 截止频率和截止波长

由式(4.2.18)有

$$K_c^2 = \omega^2\mu\varepsilon + \gamma^2 = K^2 + \gamma^2$$

其中传输常数 γ 为

$$\gamma = \alpha + j\beta \tag{4.2.34}$$

式中，α 为衰减常数，β 为相移常数。

为满足传输条件，必须使 $K_c^2 < K^2$，$K = \omega\sqrt{\mu\varepsilon}$，即 K 的大小取决于频率ω 的高低。当角频率 ω 由小到大时，将出现三种情况：

(1) $K_c^2 > \omega^2\mu\varepsilon$ 时，$\gamma^2 > 0$，$\gamma = \alpha$，波不能传输；

(2) $K_c^2 < \omega^2\mu\varepsilon$ 时，$\gamma^2 < 0$，$\gamma = j\beta$，波可无衰减的传输；

(3) $K_c^2 = \omega^2\mu\varepsilon$ 时，为临界状态，是决定波能否传播的分界线。

由 $K_c^2 = \omega^2\mu\varepsilon$ 所决定的频率称为截止频率或临界频率，记以 f_c，对应的波长称为截止波长，记以 λ_c。

根据关系式 $K_c^2 = \omega^2\mu\varepsilon$，$\omega_c = 2\pi f_c$，$\lambda_c = \dfrac{v}{f_c}$ 可求得截止频率 f_c 和截止波长 λ_c

$$f_c = \frac{K_c}{2\pi\sqrt{\mu\varepsilon}} = \frac{vK_c}{2\pi} \tag{4.2.35}$$

$$\lambda_c = \frac{2\pi}{K_c} \tag{4.2.36}$$

将式(4.2.30)分别代入上二式，得

$$f_c = \frac{v}{2}\sqrt{\left(\frac{m}{a}\right)^2 + \left(\frac{n}{b}\right)^2} \tag{4.2.37}$$

$$\lambda_c = \frac{2}{\sqrt{\left(\frac{m}{a}\right)^2 + \left(\frac{n}{b}\right)^2}} \tag{4.2.38}$$

式中，$v = 1/\sqrt{\mu\varepsilon}$ 为介质中的光速。

截止波长和截止频率是传输线最重要的特性参数之一。由上面分析可知，只有 $\omega^2\mu\varepsilon > K_c^2$，即只有 $f > f_c$(或 $\lambda < \lambda_c$)时电磁波才能在波导中传播，故波导具有“高通滤波器”的性质。

按式(4.2.38)可计算出，对应不同波型指数(即 m 和 n)的各种波型的截止波长，为

$$(\lambda_c)_{H_{10}} = 2a, (\lambda_c)_{H_{01}} = 2b$$

$$(\lambda_c)_{H_{20}} = a, (\lambda_c)_{H_{02}} = b$$

$$(\lambda_c)_{H_{30}} = \frac{2}{3}a,(\lambda_c)_{H_{11}} = (\lambda_c)_{E_{11}} = 2ab/\sqrt{a^2 + b^2}$$

$$(\lambda_c)_{H_{40}} = \frac{a}{2},\cdots$$

当波导尺寸 a 和 b 选定后,各波型截止波长 λ_c 即可算出具体数据,从而可绘出截止波长分布图。这里以矩形波导 BJ - 100($a \times b = 22.86 \times 10.16\ mm^2$)为例绘出其截止波长分布图,如图 4.2.12 所示。图中阴影区为“截止区”,在此区中不能传输任何波;在 λ_c 为 2.286 ~ 4.572cm 之间,只能传输 H_{10} 波,此区间为单一的主模(H_{10})工作区;当 $\lambda_c < 2.286$ cm 时将出现高次模,此后波导中将同时出现多种模式。因此,为保证波导中单一模工作,应采用 H_{10} 模式。

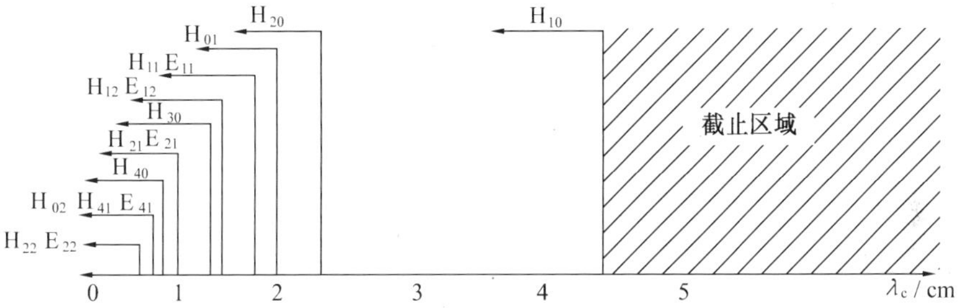

图 4.2.12　BJ - 100 波导的截止波长分布图

由上述分析可知,矩形波导中指数 m、n 相同的 H 波和 E 波可以有相同的截止波长。这种不同波型具有相同截止波长的现象,称为波导的模式“简并”现象。除 H_{m0} 和 H_{0n} 模式没有简并外,其余的都有简并。

为保证单一的 H_{10} 波传输,波导尺寸必须满足

$$(\lambda_c)_{H_{20}} < \lambda < (\lambda_c)_{H_{10}}$$

$$(\lambda_c)_{H_{01}} < \lambda$$

即

$$a < \lambda < 2a \tag{4.2.39}$$

$$2b < \lambda \tag{4.2.40}$$

2. 相速、能速和群速

波的相速是指传输的等相位面沿波导轴向(z 轴)移动的速度,记以 v_p。

一般情况下,可以认为波导系统是无耗的,于是有 $\gamma = j\beta$,式(4.2.18)可以写成

$$\beta^2 = \omega^2\mu\varepsilon - K_c^2 \tag{4.2.41}$$

再根据相速的定义

$$v_p = \frac{\omega}{\beta} \tag{4.2.42}$$

由式(4.2.41)得

$$\frac{\beta^2}{\omega^2} = \mu\varepsilon - \frac{K_c^2}{\omega^2} = \frac{\lambda_c^2 - \lambda^2}{\lambda_c^2 v^2} = \frac{1 - (\lambda/\lambda_c)^2}{v^2}$$

将上式开方后代入式(4.2.42),得到

$$v_p = \frac{v}{\sqrt{1-\left(\frac{\lambda}{\lambda_c}\right)^2}} \tag{4.2.43}$$

式中,v、λ 和 λ_c 分别为介质中的光速、波长和截止波长。随着所选用模式的不同,即 λ_c 不同,就有不同的相位速度 v_p。例如 H_{10} 波的相速为

$$v_p = \frac{v}{\sqrt{1-\left(\frac{\lambda}{2a}\right)^2}} \tag{4.2.44}$$

此由可见,波导中传输模式的相速总是大于同一媒质中的光速,即 $v_p > v$。

能速是指单一频率下波的能量沿波导轴向传播的速度,记以 v_e。但通常在波导中传输的不是单频而是占有一个频带的波群。把由许多频率组成的波群(波包)的速度称为"群速",记以 v_g。理论证明,当频带较窄时,$v_e = v_g$。

根据定义

$$v_g = v_e = \frac{d\omega}{d\beta} = \frac{1}{\frac{d\beta}{d\omega}}$$

而 $\beta = (\omega^2\mu\varepsilon - K_c^2)^{1/2}$,则有

$$\frac{d\beta}{d\omega} = \frac{d(\omega^2\mu\varepsilon - K_c^2)^{1/2}}{d\omega} = \frac{\omega\mu\varepsilon}{\sqrt{\omega^2\mu\varepsilon - K_c^2}} = \frac{v_p}{v^2}$$

于是得到

$$v_g = v_e = v\sqrt{1-\left(\frac{\lambda}{\lambda_c}\right)^2} \tag{4.2.45}$$

对于主模 H_{10},$\lambda_c = 2a$,故其群速表达式,为

$$v_g = v\sqrt{1-\left(\frac{\lambda}{2a}\right)^2} \tag{4.2.46}$$

可见,波导中传输模式的能速(或群速)总是小于同一媒质的光速,即 $v_g < v$。

同时,由式(4.2.43)和(4.2.45)可见,v_p 和 v_g 的乘积始终保持为一常数,即

$$v_p \cdot v_g = v^2 \tag{4.2.47}$$

而且,波导中波的传播速度(v_p 和 v_g)是频率的函数。所以说波导传输线是一个色散系统。

3. 波导波长

波导中某模式的波阵面在一个周期内沿轴向所走的距离,或者说是相邻相面之间的轴间距离,称为波导波长(或称导波长或相波长),记以 λ_g。根据定义有

$$\lambda_g = \frac{2\pi}{\beta}$$

而

$$\beta = \sqrt{(\omega^2\mu\varepsilon - K_c^2)} = \sqrt{\left(\frac{2\pi}{\lambda}\right) - \left(\frac{2\pi}{\lambda_c}\right)^2} = \frac{2\pi}{\lambda}\sqrt{1-\left(\frac{\lambda}{\lambda_c}\right)^2}$$

故

$$\lambda_g = \frac{\lambda}{\sqrt{1-\left(\frac{\lambda}{\lambda_c}\right)^2}} \tag{4.2.48}$$

式(4.2.48)是介质中的波长(工作波长)λ 与传输模式的波导波长λ_g和截止波长 λ_c之间的重要关系式。

矩形波导中主模式 H_{10} 的波导波长为

$$\lambda_g = \frac{\lambda}{\sqrt{1-\left(\frac{\lambda}{2a}\right)^2}} \tag{4.2.49}$$

4. 波阻抗

波导横截面上电场强度和磁场强度的比值定义为波阻抗,记以 Z_W,得

$$Z_W = \frac{|E_t|}{|H_t|} = \frac{\sqrt{|E_x|^2 + |E_y|^2}}{\sqrt{|H_x|^2 + |H_y|^2}} \tag{4.2.50}$$

式中,E_t 和 H_t 为波导横截面上的电场和磁场。下面分述 H 型波和 E 型波的波阻抗。

(1)H 型波的波阻抗

将 H 型波的波阻抗记以 Z_{WH},把式(4.2.29) 有关的公式代入式(4.2.50) 中,即得

$$Z_{WH} = \frac{\omega\mu}{\beta}\frac{\sqrt{\left(\frac{n\pi}{b}\right)^2\cos^2\left(\frac{m\pi}{a}x\right)\sin^2\left(\frac{n\pi}{b}y\right)+\left(\frac{m\pi}{a}\right)^2\sin^2\left(\frac{m\pi}{a}x\right)\cos^2\left(\frac{n\pi}{b}y\right)}}{\sqrt{\left(\frac{m\pi}{a}\right)^2\sin^2\left(\frac{m\pi}{a}x\right)\cos^2\left(\frac{n\pi}{b}y\right)+\left(\frac{n\pi}{b}\right)^2\cos^2\left(\frac{m\pi}{a}x\right)\sin^2\left(\frac{n\pi}{b}y\right)}} = \frac{\omega\mu}{\beta} \tag{4.2.51}$$

利用式(4.2.42)、(4.2.43) 则有

$$Z_{WH} = v\mu\Big/\sqrt{1-\left(\frac{\lambda}{\lambda_c}\right)^2} = \sqrt{\frac{\mu}{\varepsilon}}\Big/\sqrt{1-\left(\frac{\lambda}{\lambda_c}\right)^2} = \eta\Big/\sqrt{1-\left(\frac{\lambda}{\lambda_c}\right)^2} \tag{4.2.52}$$

式中,$\eta = \sqrt{\mu/\varepsilon}$ 为介质中的波阻抗。再由式(4.2.48) 得到

$$Z_{WH} = \eta\frac{\lambda_g}{\lambda} \tag{4.2.53}$$

若波导中的介质是空气,则

$$Z_{WH} = \eta_0\frac{\lambda_g}{\lambda_0} = \frac{120\pi}{\sqrt{1-\left(\frac{\lambda_0}{\lambda_c}\right)^2}} \tag{4.2.54}$$

空气矩形波导中主模 H_{10} 波的波阻抗为

$$Z_{WH} = \frac{120\pi}{\sqrt{1-\left(\frac{\lambda_0}{2a}\right)^2}} \tag{4.2.55}$$

式中，$\eta_0 = \sqrt{\mu_0/\varepsilon_0} = 120\,\pi\Omega$，称自由空间波阻抗；$\lambda_0$ 为自由空间波长。

(2)E 型波的波阻抗

将 E 型波的波阻抗记以 Z_{WE}，把式(4.2.31)有关公式代入式(4.2.50)中，即得

$$Z_{WE} = \frac{\beta}{\omega\varepsilon}\frac{\sqrt{\left(\frac{m\pi}{a}\right)^2\cos^2\left(\frac{m\pi}{a}x\right)\sin^2\left(\frac{n\pi}{b}y\right) + \left(\frac{n\pi}{b}\right)^2\sin^2\left(\frac{m\pi}{a}x\right)\cos^2\left(\frac{n\pi}{b}y\right)}}{\sqrt{\left(\frac{n\pi}{b}\right)^2\sin^2\left(\frac{m\pi}{a}x\right)\sin^2\left(\frac{n\pi}{b}y\right) + \left(\frac{m\pi}{a}\right)^2\cos^2\left(\frac{m\pi}{a}x\right)\sin^2\left(\frac{n\pi}{b}y\right)}} = \frac{\beta}{\omega\varepsilon} \tag{4.2.56}$$

利用式(4.2.42)、(4.2.43)则有

$$Z_{WE} = \frac{1}{v\varepsilon}\sqrt{1-\left(\frac{\lambda}{\lambda_c}\right)^2} = \sqrt{\frac{\mu}{\varepsilon}}\sqrt{1-\left(\frac{\lambda}{\lambda_c}\right)^2} = \eta\sqrt{1-\left(\frac{\lambda}{\lambda_c}\right)^2} \tag{4.2.57}$$

同理，由(4.2.48)式得到

$$Z_{WE} = \eta\frac{\lambda}{\lambda_g} \tag{4.2.58}$$

若波导填充的是空气，则

$$Z_{WE} = \eta_0\frac{\lambda_0}{\lambda_g} = 120\pi\sqrt{1-\left(\frac{\lambda_0}{\lambda_c}\right)^2} \tag{4.2.59}$$

六、矩形波导的管壁电流

由于波导管中有交变电磁场，故在波导管的内壁上应有感应的高频电流。

由理想导体的边界条件（参见式(4.1.7)）知，管壁上面电流密度的大小和方向由公式

$$\boldsymbol{J} = \boldsymbol{n} \times \boldsymbol{H}$$

来决定，式中 $\boldsymbol{n}$ 是波导内表面的法向单位矢量。可以看出，$\boldsymbol{J}$ 的大小等于表面上磁场切线分量的大小，其方向如图 4.2.13 所示，可以用右手螺旋法则来确定。因此纵向电流密度 J_z 与横向磁场分量 H_x 相联系；横向电流密度 J_x、J_y 则取决于磁场的纵向分量 H_z。

在所有的 H_{mn} 和 E_{mn} 模式中，只有主模 H_{10} 波有最简单的场方程，分析其壁电流分布最有意义，如需要可按此原则绘出任意模式的壁电流分布。

下面分析确定 H_{10} 波的电流分布。

在波导窄壁上，由于只有 H_z 分量，因而只有 y 方向的电流，即

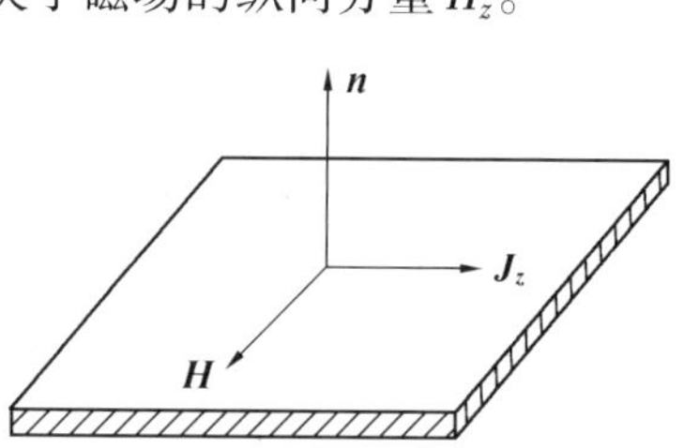

图 4.2.13　电流密度与磁场强度之关系

左窄边：$\boldsymbol{n} = \boldsymbol{a}_x$，$x = 0$，则

$$\boldsymbol{J}_y\big|_{x=0} = \boldsymbol{a}_x \times \boldsymbol{a}_z H_z = -\boldsymbol{a}_y H_z\big|_{x=0} = -\boldsymbol{a}_y H_0 e^{j(\omega t-\beta z)}$$

右窄边：$\boldsymbol{n} = -\boldsymbol{a}_x$，$x = a$，则

$$\boldsymbol{J}_y\big|_{x=a} = -\boldsymbol{a}_x \times \boldsymbol{a}_z H_z = \boldsymbol{a}_y H_z\big|_{x=a} = -\boldsymbol{a}_y H_0 e^{j(\omega t-\beta z)}$$

在波导宽壁上，磁场包含两个分量，故宽边上电流也包含纵向分量 $\boldsymbol{J}_z$（由 H_x 决定）和横向分量 $\boldsymbol{J}_x$（由 H_z 决定）。

上宽边，$\boldsymbol{n} = -\boldsymbol{a}_y, y = b$，则

$$\boldsymbol{J}_y\big|_{y=b} = -\boldsymbol{a}_y \times (\boldsymbol{a}_x H_x + \boldsymbol{a}_z H_z) = -\boldsymbol{a}_x H_z\big|_{y=b} + \boldsymbol{a}_z H_x\big|_{y=b} =$$

$$\left[-\boldsymbol{a}_x H_0 \cos\left(\frac{\pi}{a}x\right) + \boldsymbol{a}_z \mathrm{j}\frac{\beta a}{\pi} H_0 \sin\left(\frac{\pi}{a}x\right)\right] \mathrm{e}^{\mathrm{j}(\omega t - \beta z)}$$

下宽边，$\boldsymbol{n} = \boldsymbol{a}_y, y = 0$，则

$$\boldsymbol{J}_y\big|_{y=0} = \boldsymbol{a}_y \times (\boldsymbol{a}_x H_x + \boldsymbol{a}_z H_z) = \boldsymbol{a}_x H_z\big|_{y=0} - \boldsymbol{a}_x H_x\big|_{y=0} =$$

$$\left[\boldsymbol{a}_x H_0 \cos\left(\frac{\pi}{a}x\right) - \mathrm{j}\boldsymbol{a}_z \frac{\beta a}{\pi} H_0 \sin\left(\frac{\pi}{a}x\right)\right] \mathrm{e}^{\mathrm{j}(\omega t - \beta z)}$$

由此可见，当矩形波导中传输 H_{10} 波时，在左右两窄壁上只有 J_y 分量电流，且大小相等，方向相同；在上下两宽壁上，电流是由 J_x 和 J_z 两分量合成，在同一 x 位置的上下宽壁内的电流大小相等，方向相反；每半个周期形成一个电流“小巢”，相邻半周期的电流方向相反；同一横截面内的内壁电流是连续的，在上下电流小巢处由位移电流接续起来，构成电流回路。H_{10} 波的壁电流分布，如图 4.2.14 所示。

研究波导内壁电流的分布具有实际意义。

(1) 开槽问题。有时为某种需要常在管壁上开一窄缝。若窄缝是沿电流取向，它将不影响或极少影响场强的分布，例如广泛使用的波导测量线及单螺调配器就是在波导宽边中央（$x = a/2$）处开纵向槽缝而制成的。若窄缝切断了管壁电流，则场型将被扰乱，其结果将会引起辐射和管内波的反射等现象。例如用作辐射器时（如裂缝天线）就需要在切割电流线处开槽。

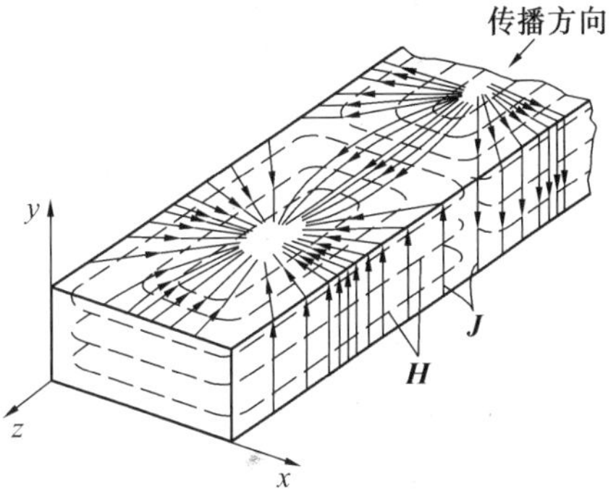

图 4.2.14　H_{10} 波内表面电流分布

(2) 制造工艺问题。了解电流分布对波导的制造工艺也有重要指导意义。如对 H_{10} 波，由于在 $x = a/2$ 处只有纵向电流，故可用两个相同的 Π 形管合并成矩形管进行焊接，使之影响最小。

4.3　圆形波导

除矩形波导外，实用中也常用圆柱形波导。圆波导具有损耗小及双极化特性，多用于天线馈线中；在微波波长计元器件中也常用圆波导做微波谐振腔。

圆波导的分析方法和矩形波导一样，即从麦氏方程出发，找出圆柱坐标系的波动方程和用 E_z 和 H_z 表示横向分量的表达式，然后求解纵向场分量的波动方程，再根据边界条件确定各场分量。据此分析传输特性，并着重介绍圆波导中的三个主要波型及其应用。

一、圆波导中的场方程

由于圆波导具有轴对称性，故采用圆柱坐标系较为方便。如图 4.3.1 所示，R 为圆波

导半径。

在圆柱坐标系(r、φ、z)中,仿照式(4.2.17)可得圆波导中横向场分量表达式为

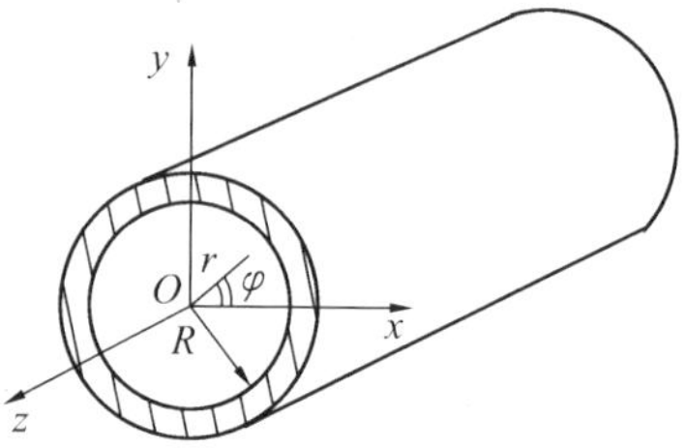

图 4.3.1 圆波导及其坐标系

$$E_r = -\frac{1}{K_c^2}\left(\gamma\frac{\partial E_z}{\partial r} + j\frac{\omega\mu}{r}\frac{\partial H_z}{\partial\varphi}\right) \tag{4.3.1a}$$

$$E_\varphi = -\frac{1}{K_c^2}\left(\frac{\gamma}{r}\frac{\partial E_z}{\partial\varphi} - j\omega\mu\frac{\partial H_z}{\partial r}\right) \tag{4.3.1b}$$

$$H_r = \frac{1}{K_c^2}\left(j\frac{\omega\varepsilon}{r}\frac{\partial E_z}{\partial\varphi} - \gamma\frac{\partial H_z}{\partial r}\right) \tag{4.3.1c}$$

$$H_\varphi = -\frac{1}{K_c^2}\left(j\omega\varepsilon\frac{\partial E_z}{\partial r} + \frac{\gamma}{r}\frac{\partial H_z}{\partial\varphi}\right) \tag{4.3.1d}$$

纵向场分量 E_z 和 H_z 所满足的波动方程为

$$\frac{\partial^2 E_z}{\partial r^2} + \frac{1}{r}\frac{\partial E_z}{\partial r} + \frac{1}{r^2}\frac{\partial^2 E_z}{\partial\varphi^2} = -K_c^2 E_z \tag{4.3.2a}$$

$$\frac{\partial^2 H_z}{\partial r^2} + \frac{1}{r}\frac{\partial H_z}{\partial r} + \frac{1}{r^2}\frac{\partial^2 H_z}{\partial\varphi^2} = -K_c^2 H_z \tag{4.3.2b}$$

与矩形波导一样,圆波导中也分 TE(H) 波和 TM(E) 波两种。下面分别求出它们的场方程。

1. TE 波的场方程

对于 TE 波,$E_z = 0$,只需求解 H_z。仍应用分离变量法,设波导无耗($r = j\beta$),并令

$$H_z = R(r)\Phi(\varphi)e^{-j\beta z} \tag{4.3.3}$$

代入式(4.3.2b),得到

$$\Phi\frac{\partial^2 R}{\partial r^2} + \frac{\Phi}{r}\frac{\partial R}{\partial r} + \frac{R}{r^2}\frac{\partial^2\Phi}{\partial\varphi^2} = -K_c^2 R\Phi$$

将上式两端乘以 $r^2/R\Phi$ 并将 R 和 Φ 分别移到等号两边,则

$$\frac{r^2}{R}\frac{\partial^2 R}{\partial r^2} + \frac{r}{R}\frac{\partial R}{\partial r} + K_c^2 r^2 = -\frac{1}{\Phi}\frac{\partial^2\Phi}{\partial\varphi^2}$$

上式等号两端分别是 r 和 φ 的函数,故令它们均等于常数 m^2,则

$$\frac{d^2\Phi}{d\varphi^2} + m^2\Phi = 0$$

$$r^2\frac{d^2 R}{dr^2} + r\frac{dR}{dr} + (K_c^2 r^2 - m^2)R = 0$$

它们的解分别为

$$\Phi = C_1\cos m\varphi + C_2\sin m\varphi = C\begin{matrix}\cos m\varphi\\ \sin m\varphi\end{matrix} \tag{4.3.4}$$

$$R = C_3 J_m(K_c r) + C_4 N_m(K_c r) \tag{4.3.5}$$

式中,C_1、C_2、C_3、C_4 为待定积分常数; $m = 0,1,2,\cdots$;$J_m(K_c r)$ 是第一类 m 阶贝塞尔函数;$N_m(K_c r)$ 是第二类 m 阶贝塞尔函数,或称纽曼函数。它们的变化曲线示于图4.3.2中。

边界条件有二:①$0 \leqslant r \leqslant R$,$H_z$ 为有限值;②$r = R$ 时,$E_\varphi = E_z = 0$。由于 $r \to 0$ 时,$N_m(K_c r) \to -\infty$,根据条件①,C_4 必须为零。于是得到

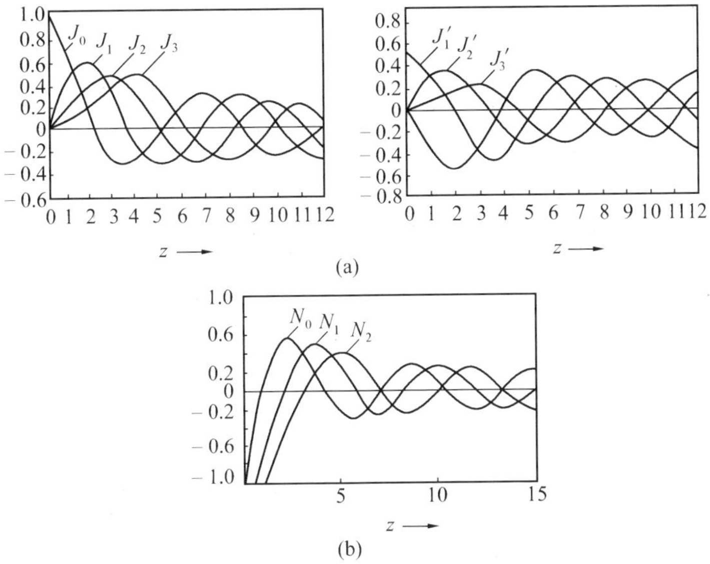

图4.3.2 (a) 第一类贝塞尔函数 $J_m(x)$ 及其导数 $J'_m(x)$ 的变化曲线,(b) 第二类贝塞尔函数 $N_m(x)$ 的变化曲线

$$H_z = C_3 J_m(K_c r) C_{\sin m\varphi}^{\cos m\varphi} e^{-j\beta z} = H_0 J_m(K_c r)_{\sin m\varphi}^{\cos m\varphi} e^{-j\beta z} \tag{4.3.6a}$$

式中,$H_0 = C_3 C$。

将式(4.3.6a)代入式(4.3.1)可得到横向场分量表达式

$$E_r = \mp H_0 \frac{j\omega\mu m}{K_c^2 r} J_m(K_c r)_{\sin m\varphi}^{\cos m\varphi} e^{-j\beta z} \tag{4.3.6b}$$

$$E_\varphi = H_0 \frac{j\omega\mu}{K_c} J'_m(K_c r)_{\sin m\varphi}^{\cos m\varphi} e^{-j\beta z} \tag{4.3.6c}$$

$$E_z = 0 \tag{4.3.6d}$$

$$H_r = -H_0 \frac{j\beta}{K_c} J'_m(K_c r)_{\sin m\varphi}^{\cos m\varphi} e^{-j\beta z} \tag{4.3.6e}$$

$$H_\varphi = \pm H_0 \frac{j\beta m}{K_c r} J_m(K_c r)_{\sin m\varphi}^{\cos m\varphi} e^{-j\beta z} \tag{4.3.6f}$$

式(4.3.6a)~(4.3.6f)即是圆波导中TE(H)波的6个场方程。式中 $J'_m(K_c r)$ 为 m 阶贝塞尔函数的导数。

根据边界条件②,有 $E_\varphi\big|_{r=R} = 0$,而此时 $E_z = 0$,由式(4.3.1b)可知,为使 $E_\varphi\big|_{r=R} = 0$,必有 $\dfrac{\partial H_z}{\partial r}\bigg|_{r=R} = 0$,于是由式(4.3.6a)有

$$\frac{\partial H_z}{\partial r}\bigg|_{r=R} = H_0 K_c J'_m(K_c R)_{\sin m\varphi}^{\cos m\varphi} e^{-j\beta z} = 0$$

为使上式成立,须使 $J'_m(K_c R) = 0$。令 μ'_{mn} 为 m 阶贝塞尔函数导数的第 n 个根,则

$$K_c R = \mu'_{mn} (n = 1,2,\cdots)$$

即得到

$$K_c = \frac{\mu'_{mn}}{R} \tag{4.3.7}$$

由此求得圆波导中 H 型波的截止波长为

$$(\lambda_c)_H = \frac{2\pi R}{\mu'_{mn}} \tag{4.3.8}$$

可见,圆波导中的$(\lambda_c)_H$取决于μ'_{mn}的值。表4.3.1列出了几个μ'_{mn}值与相应的H模式的截止波长值。

最后,求得无耗圆波导中 H 型场方程,为

$$E_r = \pm \mathrm{j}\frac{\omega\mu m R^2}{(\mu'_{mn})^2 r}H_0 J_m(\frac{\mu'_{mn}}{R}r)^{\sin m\varphi}_{\cos m\varphi}\mathrm{e}^{\mathrm{j}(\omega t-\beta z)} \tag{4.3.9a}$$

$$E_\varphi = \mathrm{j}\frac{\omega\mu R}{\mu'_{mn}}H_0 J'_m(\frac{\mu'_{mn}}{R}r)^{\sin m\varphi}_{\cos m\varphi}\mathrm{e}^{\mathrm{j}(\omega t-\beta z)} \tag{4.3.9b}$$

$$E_z = 0 \tag{4.3.9c}$$

$$H_r = -\mathrm{j}\frac{\beta R}{\mu'_{mn}}H_0 J'_m(\frac{\mu'_{mn}}{R}r)^{\sin m\varphi}_{\cos m\varphi}\mathrm{e}^{\mathrm{j}(\omega t-\beta z)} \tag{4.3.9d}$$

$$H_\varphi = \pm \mathrm{j}\frac{\beta m R^2}{(\mu'_{mn})^2 r}H_0 J_m(\frac{\mu'_{mn}}{R}r)^{\sin m\varphi}_{\cos m\varphi}\mathrm{e}^{\mathrm{j}(\omega t-\beta z)} \tag{4.3.9e}$$

$$H_z = H_0 J_m(\frac{\mu'_{mn}}{R}r)^{\sin m\varphi}_{\cos m\varphi}\mathrm{e}^{\mathrm{j}(\omega t-\beta z)} \tag{4.3.9f}$$

由此可见,圆波导中可存在无穷多个 TE 型波,记以 TE_{mn} 或 H_{mn}。对不同 m、n 值有不同的波型。

表 4.3.1 圆波导中 H_{mn} 型波的截止波长值

波型	μ'_{mn}	λ_c 值	波型	μ'_{mn} 值	λ_c 值
H_{11}	1.841	3.41R	H_{22}	6.705	0.94R
H_{21}	3.054	2.06R	H_{02}	7.016	0.90R
H_{01}	3.832	1.64R	H_{13}	8.536	0.74R
H_{31}	4.201	1.50R	H_{03}	10.173	0.62R
H_{12}	5.332	1.18R			

2. TM 波的场方程

用同样的方法可求得圆波导中 TM 波的场方程,为

$$E_r = -\frac{\mathrm{j}\beta}{K_c}E_0 J'_m(K_c r)^{\cos m\varphi}_{\sin m\varphi}\mathrm{e}^{\mathrm{j}(\omega t-\beta z)} \tag{4.3.10a}$$

$$E_\varphi = \pm\frac{\mathrm{j}\beta m}{K_c^2 r}E_0 J_m(K_c r)^{\cos m\varphi}_{\sin m\varphi}\mathrm{e}^{\mathrm{j}(\omega t-\beta z)} \tag{4.3.10b}$$

$$E_z = E_0 J_m(K_c r)^{\cos m\varphi}_{\sin m\varphi}\mathrm{e}^{\mathrm{j}(\omega t-\beta z)} \tag{4.3.10c}$$

$$H_r = \pm \mathrm{j}\frac{\omega\varepsilon m}{K_c^2 r}E_0 J_m(K_c r)^{\sin m\varphi}_{\cos m\varphi}\mathrm{e}^{\mathrm{j}(\omega t-\beta z)} \tag{4.3.10d}$$

$$H_{\varphi} = -\mathrm{j}\frac{\omega\varepsilon}{K_{\mathrm{c}}^{2}r}E_{0}J'_{m}(K_{\mathrm{c}}r)_{\sin m\varphi}^{\cos m\varphi}\mathrm{e}^{\mathrm{j}(\omega t-\beta z)} \tag{4.3.10e}$$

$$H_{z} = 0 \tag{4.3.10f}$$

边界条件是:①$0 \leqslant r \leqslant R$,$E_z$ 为有限值;②$r = R$ 时,$E_{\varphi} = E_z = 0$。

根据条件 ②,由式(4.3.10b) 或(4.3.10c) 有

$$J_m(K_{\mathrm{c}}R) = 0$$

令 u_{mn} 为 m 阶贝塞尔函数第 n 个根,则

$$K_{\mathrm{c}}R = u_{mn} \qquad (n = 1,2,\cdots)$$

即得到

$$K_{\mathrm{c}} = \frac{u_{mn}}{R} \tag{4.3.11}$$

则圆波导中 TM 波的截止波长为

$$(\lambda_{\mathrm{c}})_{\mathrm{E}} = \frac{2\pi R}{u_{mn}} \tag{4.3.12}$$

将式(4.3.11) 代入式(4.3.10) 就得到无耗圆波导中 TM 波场方程为

$$E_r = -\mathrm{j}\frac{\beta R}{u_{mn}}E_0J'_m\left(\frac{u_{mn}}{R}r\right)_{\sin m\varphi}^{\cos m\varphi}\mathrm{e}^{\mathrm{j}(\omega t-\beta z)} \tag{4.3.13a}$$

$$E_{\varphi} = \pm\mathrm{j}\frac{\beta mR^2}{(u_{mn})^2}E_0J_m\left(\frac{u_{mn}}{R}r\right)_{\cos m\varphi}^{\sin m\varphi}\mathrm{e}^{\mathrm{j}(\omega t-\beta z)} \tag{4.3.13b}$$

$$E_z = E_0J_m\left(\frac{u_{mn}}{R}r\right)_{\sin m\varphi}^{\cos m\varphi}\mathrm{e}^{\mathrm{j}(\omega t-\beta z)} \tag{4.3.13c}$$

$$H_r = \mp\mathrm{j}\frac{\omega\varepsilon mR^2}{(u_{mn})^2 r}J_m\left(\frac{u_{mn}}{R}r\right)_{\cos m\varphi}^{\sin m\varphi}\mathrm{e}^{\mathrm{j}(\omega t-\beta z)} \tag{4.3.13d}$$

$$H_{\varphi} = -\mathrm{j}\frac{\omega\varepsilon R}{u_{mn}}E_0J'_m\left(\frac{u_{mn}}{R}r\right)_{\sin m\varphi}^{\cos m\varphi}\mathrm{e}^{\mathrm{j}(\omega t-\beta z)} \tag{4.3.13e}$$

$$H_z = 0 \tag{4.3.13f}$$

表 4.3.2　圆波导中 E_{mn} 型波的截止波长值

波型	u_{mn}	λ_{c} 值	波型	u_{mn}	λ_{c} 值
E_{01}	2.405	2.62R	E_{12}	7.016	0.90R
E_{11}	3.832	1.64R	E_{22}	8.417	0.75R
E_{21}	5.135	1.22R	E_{03}	8.650	0.72R
E_{02}	5.520	1.14R	E_{13}	10.173	0.62R

表 4.3.2 中列出了一些 E 型波的截止波长值。

可见,圆波导的 E 型波也有无穷多个,记以 TM_{mn} 或 E_{mn}。

3.圆波导中的波型特性

(1) 由场方程知,圆波导中可存在无穷多个 H_{mn} 和 E_{mn} 波。由于 $\mu'_{m0} = 0$ 及 $u_{m0} = 0$,

故圆波导中不存在 H_{m0} 波和 E_{m0} 波。

(2) 圆波导中最低型磁波是 H_{11}，而最低型电波是 E_{01}。因 $(\lambda_c)_{H_{11}} > (\lambda_c)_{E_{01}}$，故圆波导中的主模是 H_{11} 波。

图 4.3.3 给出了圆波导的截止波长分布图。

由图可见，当圆波导半径 R 已定，工作波长 λ 在 $2.62 \sim 3.41R$ 范围内时，波导中只能传输 H_{11} 波；当 $\lambda < 2.62R$ 时，则可传输 H_{11} 和 E_{01} 两种波；如要传输 H_{01} 波，则 λ 应小于 $1.64R$，但此波导中将同时还存在 H_{11}、E_{01}、H_{21} 及 E_{11} 四个模式的波型。

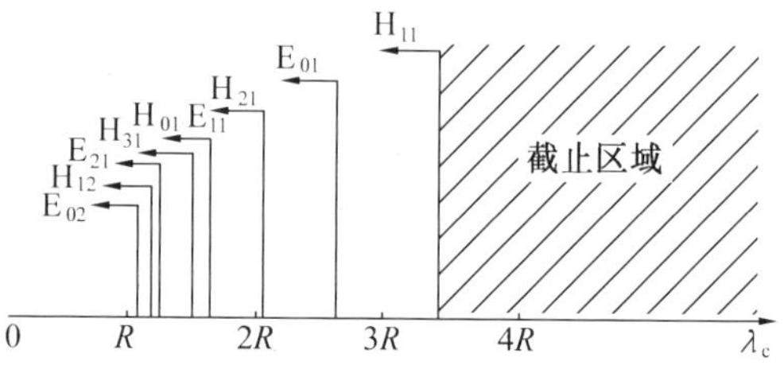

图 4.3.3　圆波导的截止波长分布图

(3) 简并问题。圆波导中波型的简并有两种。一种叫极化简并，从场方程中看出场分量沿圆周(φ)方向的分布存在着 $\sin m\varphi$ 和 $\cos m\varphi$ 两种可能性，对于同一个 m、n 值，在同一类型波(H_{mn} 或 E_{mn})中有着极化面相互垂直的两种场分布型式，这种现象叫做“极化简并”。圆波导中除 H_{0n} 和 E_{0n} 型波外都存在极化简并。另一种简并则是在不同类型波之间存在的，称为模式简并，如 H_{0n} 和 E_{1n} 之间有简并，因为 $(\lambda_c)_{H_{0n}} = (\lambda_c)_{E_{1n}}$。

(4) 波型指数 m 和 n 的含义

从场方程可以看出，不论 H_{mn} 还是 E_{mn} 波，其场沿圆周(φ)和沿半径(r)方向皆呈驻波分布。场沿 φ 方向按三角函数规律分布，m 表示场沿圆周分布的驻波数；场沿 r 方向按贝塞尔函数或其导数的规律分布，n 表示场沿半径方向分布的驻波数。

二、圆形波导的传输特性

1. 截止波长和截止频率

由上述分析可知，圆波导中可以存在无穷多个 H 型和 E 型波，但并非所有波型都能在任意频率下传输，这要受到截止频率或截止波长的限制。这一点和矩形波导是一样的。

由上节求得截止波长为

$$(\lambda_c)_H = \frac{2\pi R}{\mu'_{mn}}$$

$$(\lambda_c)_E = \frac{2\pi R}{u_{mn}}$$

根据 $f_c = v/\lambda_c$ 的关系可求得截止频率为

$$(f_c)_H = \frac{v\,\mu'_{mn}}{2\pi R} \tag{4.3.14}$$

$$(f_c)_E = \frac{v\,u_{mn}}{2\pi R} \tag{4.3.15}$$

只有当 $\lambda < \lambda_c$ 或 $f > f_c$ 时，该波型才能传输。

2. 传播常数

当圆波导是由良导体制成时，可认为损耗很小，可以忽略不计。于是

$$\alpha = 0 \tag{4.3.16}$$

$$\beta = \sqrt{\omega^2 \mu\varepsilon - K_c^2} \tag{4.3.17}$$

对 H 型波,将式(4.3.7) 代入式(4.3.17),得

$$\beta_H = K\sqrt{1 - \left[\frac{\lambda}{(\lambda_c)_H}\right]^2} \tag{4.3.18}$$

对 E 型波,将式(4.3.11) 代入式(4.3.17),得

$$\beta_E = K\sqrt{1 - \left[\frac{\lambda}{(\lambda_c)_E}\right]^2} \tag{4.3.19}$$

式中,$K = \omega\sqrt{\mu\varepsilon}$。

3. 波导波长

$$\lambda_g = \frac{2\pi}{\beta} = \frac{\lambda}{\sqrt{1 - \left(\frac{\lambda}{\lambda_c}\right)^2}} \tag{4.3.20}$$

对 H 波和 E 波,只要将它们各自的截止波长按式(4.3.7) 和(4.3.11) 代入式(4.3.20)即可求得各自的波导波长。

4. 相速和群速

相速:

$$v_p = \frac{\omega}{\beta} = \frac{v}{\sqrt{1 - \left(\frac{\lambda}{\lambda_c}\right)^2}} \tag{4.3.21}$$

群速:

$$v_g = \frac{d\omega}{d\beta} = v\sqrt{1 - \left(\frac{\lambda}{\lambda_c}\right)^2} \tag{4.3.22}$$

和矩形波导一样,圆波导中的相速和群速的乘积仍满足下列关系

$$v_p \cdot v_g = v^2 \tag{4.3.23}$$

5. 波阻抗

对 H 波有

$$Z_{WH} = \frac{\omega\mu}{\beta} = \frac{\sqrt{\frac{\mu}{\varepsilon}}}{\sqrt{1 - \left(\frac{\lambda}{\lambda_c}\right)^2}} \tag{4.3.24}$$

对 E 波有

$$Z_{WE} = \frac{\beta}{\omega\varepsilon} = \sqrt{\frac{\mu}{\varepsilon}}\sqrt{1 - \left(\frac{\lambda}{\lambda_c}\right)^2} \tag{4.3.25}$$

三、圆波导中的三个主要波型

圆波导中的三种常用波型是 H_{11}、E_{01} 和 H_{01},它们的特点及主要用途分述如下。

1. H_{11} 波

将 $m=1, n=1$ 代入式(4.3.9) 中,可得到 H_{11} 波的场方程,它的 6 个场分量是

$$\left.\begin{aligned}
E_r &= \mp \mathrm{j}\frac{\omega\mu R^2}{(1.841)^2 r}H_0 J_1\left(\frac{1.841}{R}r\right)\begin{matrix}\sin\varphi\\ \cos\varphi\end{matrix}\,\mathrm{e}^{\mathrm{j}(\omega t-\beta z)}\\
E_\varphi &= \mathrm{j}\frac{\omega\mu R}{1.841}H_0 J'_1\left(\frac{1.841}{R}r\right)\begin{matrix}\cos\varphi\\ \sin\varphi\end{matrix}\,\mathrm{e}^{\mathrm{j}(\omega t-\beta z)}\\
E_z &= 0\\
H_r &= -\mathrm{j}\frac{\beta R}{1.841}H_0 J'_1\left(\frac{1.841}{R}r\right)\begin{matrix}\cos\varphi\\ \sin\varphi\end{matrix}\,\mathrm{e}^{\mathrm{j}(\omega t-\beta z)}\\
H_\varphi &= \pm \mathrm{j}\frac{\beta R^2}{(1.841)^2 r}H_0 J_1\left(\frac{1.841}{R}r\right)\begin{matrix}\sin\varphi\\ \cos\varphi\end{matrix}\,\mathrm{e}^{\mathrm{j}(\omega t-\beta z)}\\
H_z &= H_0 J_1\left(\frac{1.841}{R}r\right)\begin{matrix}\cos\varphi\\ \sin\varphi\end{matrix}\,\mathrm{e}^{\mathrm{j}(\omega t-\beta z)}
\end{aligned}\right\}\quad(4.3.26)$$

按式(4.3.26) 可绘出其场结构如图 4.3.4 所示。由图可见,其场结构与矩形波导主模 H_{10} 波的场结构相似,因而它们间的波型转换是很方便的。图 4.3.5 表示了矩形波导 H_{10} 波至圆波导 H_{11} 波的波型变换器。

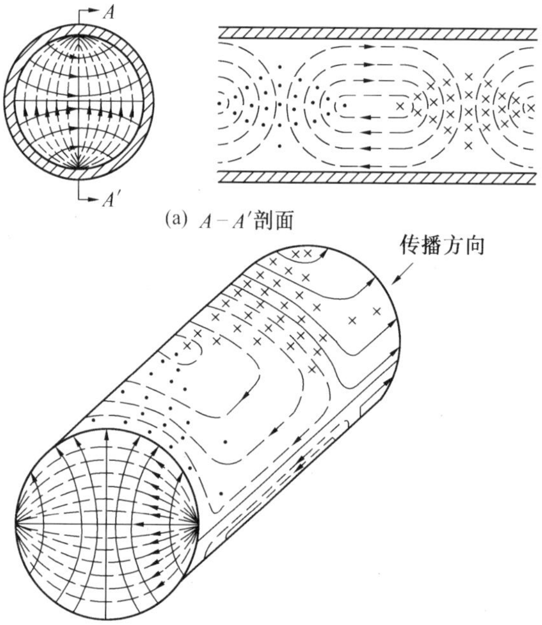

(a) $A-A'$剖面

(b) 立体图

图 4.3.4 H_{11} 模的电磁场结构图

如前所述,H_{11} 波是圆波导中的主模式,其截止波长 $\lambda_c = 3.41R$。H_{11} 波虽是主模,但由于它存在极化简并,而圆波导加工时难免有一定的椭圆度,致使波型的极化面旋转,分裂成极化简并模。所以,在实用中不用圆波导而用矩形波导来传输能量。

在一些特殊应用中,如在雷达系统中,当要求传输圆极化波时,采用 H_{11} 波是很方便的;又如在多路通信收发共用天线中采用 H_{11} 波的两个不同极化波,以避免收发之间的耦

合。利用 H_{11} 波为极化简并也可构成一些特殊的波导元器件，如铁氧体环行器、极化变换器、极化衰减器等。

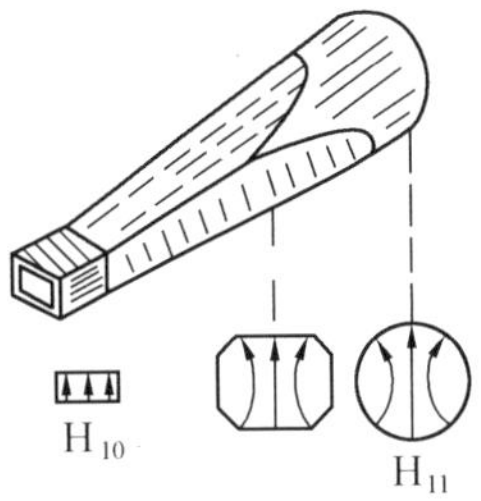

图 4.3.5　由矩形波导 H_{10} 模均匀过渡到圆波导 H_{11} 模

2. E_{01} 波

如前所述，E_{01} 是圆波导中最低电波，其截止波长 $\lambda_c = 2.62R$。将 $m = 0$、$n = 1$ 代入式(4.3.13) 中，即可得到其场方程，为

$$\left.\begin{aligned} E_r &= \mathrm{j}\frac{\beta R}{2.405}E_0 J_1\left(\frac{2.405}{R}r\right)\mathrm{e}^{\mathrm{j}(\omega t-\beta z)} \\ E_z &= E_0 J_0\left(\frac{2.405}{R}r\right)\mathrm{e}^{\mathrm{j}(\omega t-\beta z)} \\ H_\varphi &= \mathrm{j}\frac{\omega\varepsilon R}{2.405}E_0 J_1\left(\frac{2.405}{R}r\right)\mathrm{e}^{\mathrm{j}(\omega t-\beta z)} \\ E_\varphi &= H_r = H_z = 0 \end{aligned}\right\} \tag{4.3.27}$$

上式中利用了 $J'_0(x) = -J_1(x)$ 的关系。按式(4.3.27) 给出的 E_{01} 波场结构分布如图 4.3.6 所示。由图可见，场结构的特点是：

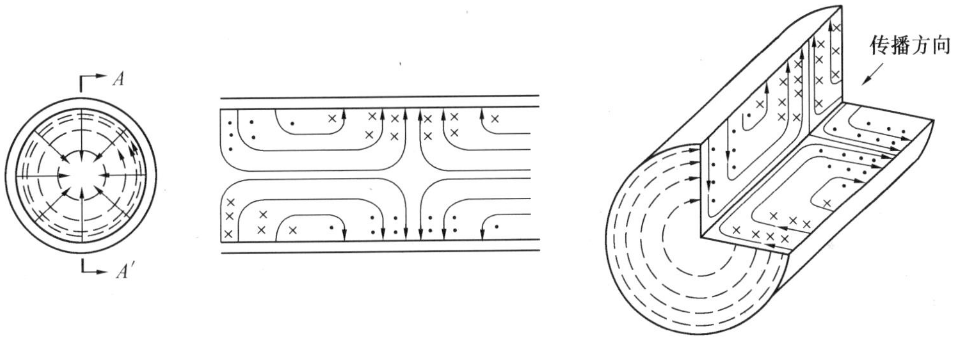

(a) $A-A'$剖面　　(b) 立体图

图 4.3.6　E_{01} 模的电磁场结构

(1) 电磁场沿 φ 方向不变化，即场分布具有轴对称性。

(2) 电场虽有 r、z 两方向的分量，但它在轴线方向(z 向) 较强，因此它可以有效地和轴向运动的电子流交换能量。某些微波管和直线型电子加速器所用的谐振腔和慢波系统就是由这种波型演变而来的。

(3) 磁场仅有 H_φ 分量，因而管壁电流只有纵向分量。利用 E_{01} 波的这种旋转对称性，可制作雷达天线和馈电波导间的旋转接头。

3. H_{01} 波

H_{01} 波是圆波导中的高次模式，其截止波长 $\lambda_c = 1.64R$。将 $m = 0$、$n = 1$ 代入式(4.3.9)，即得 H_{01} 波场方程式

$$
\left.\begin{aligned}
E_{\varphi} &= -\mathrm{j}\frac{\omega\mu R}{3.832}H_0 J_1\left(\frac{3.832}{R}r\right)\mathrm{e}^{\mathrm{j}(\omega t-\beta z)}\\
H_r &= \mathrm{j}\frac{\beta R}{3.832}H_0 J_1\left(\frac{3.832}{R}r\right)\mathrm{e}^{\mathrm{j}(\omega t-\beta z)}\\
H_z &= H_0 J_1\left(\frac{3.832}{R}r\right)\mathrm{e}^{\mathrm{j}(\omega t-\beta z)}\\
E_r &= E_z = H_{\varphi} = 0
\end{aligned}\right\} \tag{4.3.28}
$$

根据上式绘出的 H_{01} 波的场结构示于图 4.3.7 中。

H_{01} 波的场分布具有如下特点：

(1) 电磁场沿 φ 方向均无变化，具有轴对称性，它不存在极化简并，但它与 E_{11} 模是简并的。

(2) 电场中只有 φ 分量，电力线都是横截面内的同心圆。

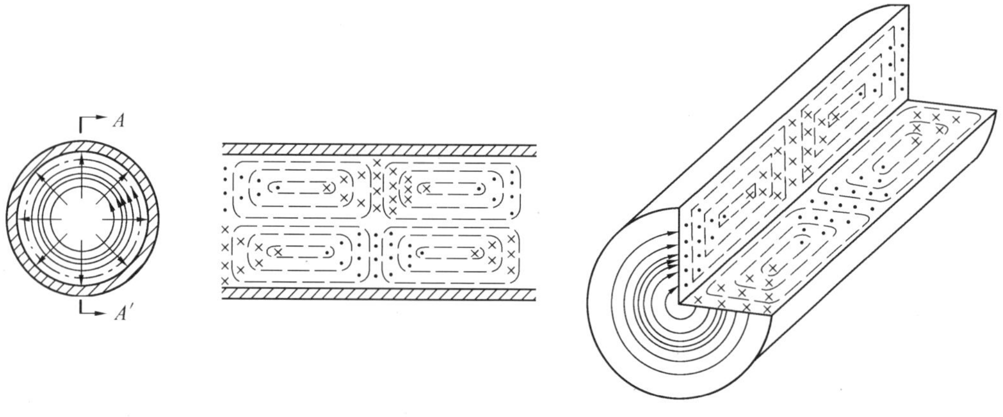

(a) $A-A'$剖面　　(b) 立体图

图 4.3.7　圆波导中 H_{01} 波场结构

(3) 在 $r=R$ 的波导壁附近，磁场只有 H_z 分量，故只有 φ 方向的管壁电流而无纵向电流。由于它无纵向电流，所以当传输的功率一定时，随着频率的升高，其衰减常数 a 单调下降。这一特点使 H_{01} 波适用于远距离毫米波传输和作为高 Q 谐振腔的工作模式。但 H_{01} 模不是主模，故使用时需要设法抑制其他模式。

4.4　波导的激励与耦合

以上的讨论中，没有涉及波导中的能量和波型是如何产生的，而是假定波导中已经建立起某种频率的稳定波型。

波导中的能量是用激励方法产生的。在波导中建立某种波型的过程称为“激励”，用来建立某种波型的装置称为激励装置或激励元件。反之，从波导中取出所需波型能量的过程为“耦合”，其装置称为耦合装置或耦合元件。根据互易原理，激励和耦合是可逆的，激励装置也可作耦合装置。

从激励的本质来说，它是辐射问题。但它不是向无限空间辐射，而是向波导管内有限空间辐射，并要求在波导管内建立所需要的波型。由于激励源附近的边界条件复杂，不可能用严格的数学方法求解。

在波导管内激励所需波型，常采用下列三种方法。

(1) 电场激励 —— 在波导的某一截面处建立起电力线，这些电力线的形状和方向与所需波型的电力线形状和方向一样。

(2) 磁场激励 —— 在波导中建立起磁力线，这些磁力线形状和方向与所需波型的磁力线形状和方向一样。

(3) 电流激励 —— 在波导壁某一截面上建立起的电流的方向和分布与所需波型的电流一致。

完成上述作用的激励装置有如下 4 种。

(1) 探针激励装置　它由电场最强处平行于电力线方向伸入到波导内的电偶极子所构成。该电偶极子是由同轴线内导体延伸一小段构成的。延伸段插入波导内，同轴线外导体与波导壁有良好的电接触，另一端接微波信号源，如图 4.4.1(a) 所示。其实质是电场激励。

(2) 环激励装置　它由在磁场分布最强处伸入波导内的磁偶极子所构成。该磁偶极子是由同轴线内导体与其外导体闭合成小圈所构成，如图 4.4.1(b) 所示。其实质是磁场激励。

(3) 孔激励装置　它由在公共波导壁上开孔或开有缝隙而构成，如图 4.4.2 所示。它用于波导与波导、波导与谐振腔之间的激励。

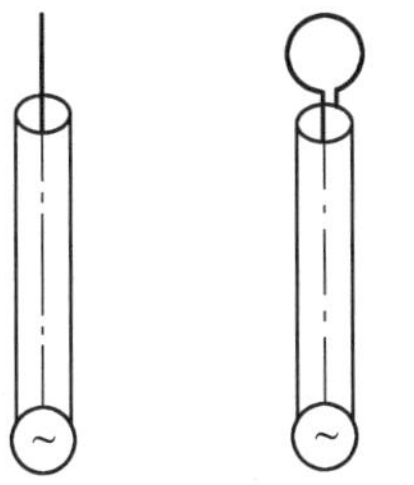

(a) 探针激励　(b) 环激励

图 4.4.1　同轴线激励头示意图

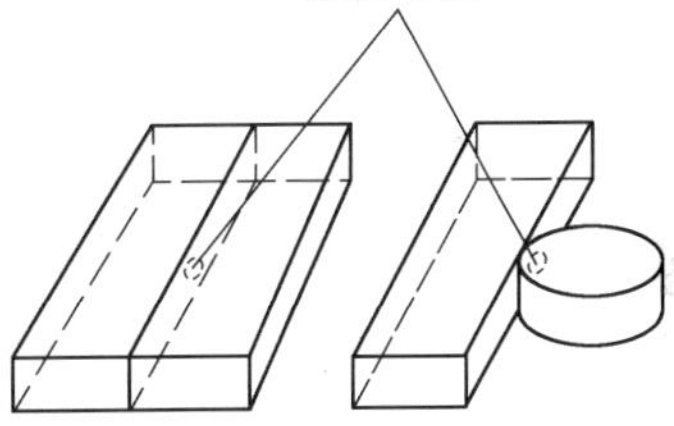

(a) 波导与波导的激励 (b) 波导与谐振腔的激励

图 4.4.2　孔激励装置图

(4) 电子流激励装置　它由通过谐振腔的电子流所构成。这电子流在腔内激励起所需模式。这种装置通常用于微波真空电子器件中。

下面介绍矩形波导中的主模 H_{10} 波的激励装置。

矩形波导中的 H_{10} 波激励装置中最常用的是探针激励，这种装置又称为同轴 - 波导过渡器，如图 4.4.3 所示。

大多数情况下，探针是在波导宽边中央处插入波导内的，如图(a) 所示。为使能量向一个方向传输，在另一方向需设置一短路活塞。调节活塞位置 l_2 和探针插入深度 l_1，可以达到匹配(图(c))。当探针位于波导宽边中央位置时，$l_2 = \lambda_g/4$ 可得到最大的激励。l_1 和 l_2 的值一般由实验方法决定。为了获得大功率和宽频带激励，激励探针常采用一些变形的型式。

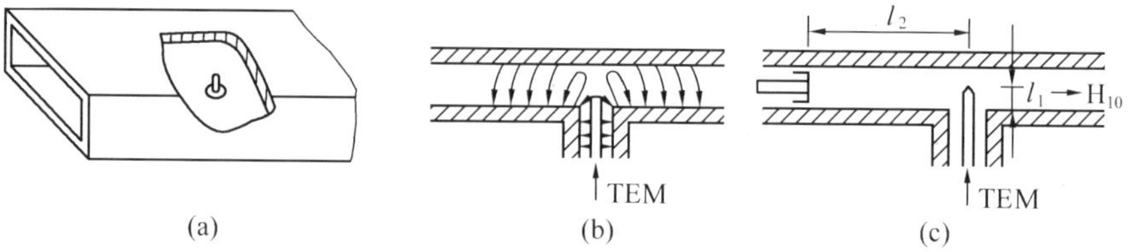

图 4.4.3　矩形波导中 H_{10} 的激励

矩形波导中激励 H_{10} 波的另一种方法是环激励。小环的位置可以垂直接在波导的端面上,也可接在波导窄壁上,安装时应使耦合环平面与所需建立波型之磁力线相垂直。如图 4.4.4 所示。

H_{10} 波还可以利用孔激励法得到。这就是由另一个波导通过在公共壁上的小孔或缝隙来激励。小孔或缝隙可以开在端面上,也可以开在宽壁和窄壁上。

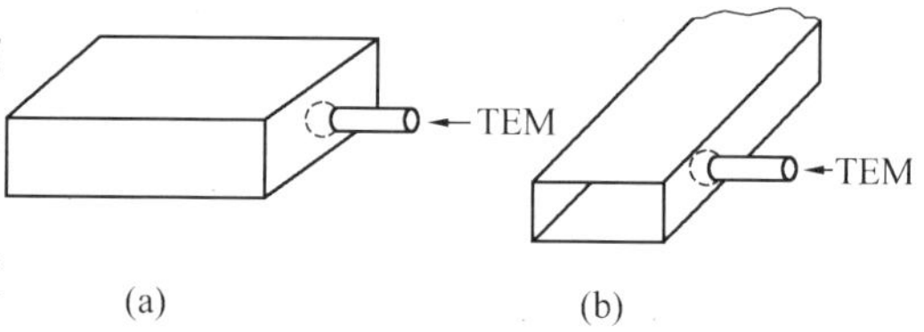

图 4.4.4　耦合环激励方法

圆波导中所需波型的激励,一般采用波型变换法,即由一只从矩形波导转变成圆波导的所谓"方圆过渡段"的波型变换器来完成。它可以将矩形波导中的 H_{10} 波,经过波导截面的逐渐变形,变成圆波导中所需要的波型。图 4.4.5 为由矩形波导的 H_{10} 波变换成圆波导的 H_{01} 波型变换器示意图。

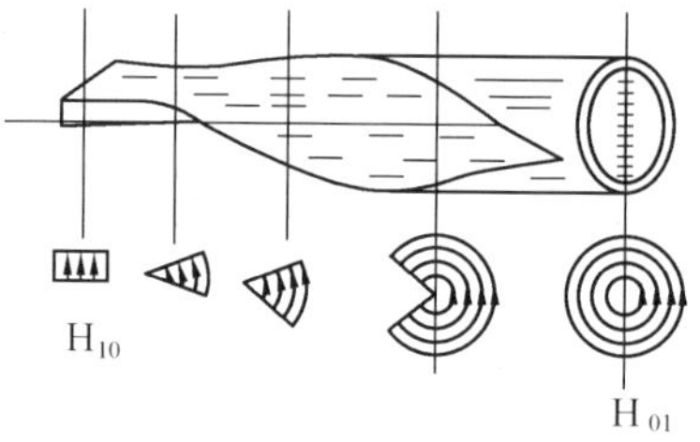

图 4.4.5　$H_{10} \rightarrow H_{01}$ 波型变换器

最后需要指出的是,任何激励装置除了激励出所希望的波型以外,还可能激励出其他的波型。如果波导设计得当,则在矩形波导中将只有 H_{10} 波的传输,其他波型将很快地衰减掉。但是,在激励装置附近,决不可能只存在一种波型。这些存在且不能传输的高次模,将形成感应场,对装置起着无功负载的作用。

4.5　波导尺寸的选择

波导尺寸的选择就是由给定的工作波长确定波导横截面的尺寸。对于矩形波导就是要确定宽边 a 和窄边 b,对于圆波导就是要确定半径 R。

对于用作传输线的波导的基本要求是:

1. 在工作频率范围内,波导管中只传输单一波型;
2. 损耗应尽量小;
3. 波导须有足够高的击穿强度,功率容量要大;
4. 波导尺寸及重量尽可能小,制造工艺力求简单。

一、矩形波导的尺寸选择

对于矩形波导，为保证单模传输，必须采用 H_{10} 波为工作模式，其截止波长 $\lambda_c = 2a$。因此，为保证传输 H_{10} 波，必须满足

$$\lambda < 2a$$

即要求

$$a > \frac{\lambda}{2}$$

另一方面，为保证只传输 H_{10} 波，还必须抑制与 H_{10} 波靠近的高次模，最靠近的高次模是 H_{20} 和 H_{01} 波，它们的截止波长分别为 a 和 $2b$。因此，为抑制 H_{20} 波，须使

$$\lambda > a$$

为抑制 H_{01} 波，则须

$$\lambda > 2b$$

这样综合起来就得到

$$\frac{\lambda}{2} < a < \lambda \tag{4.5.1}$$

$$0 < b < \frac{\lambda}{2} \tag{4.5.2}$$

为保证足够的功率容量，应满足条件

$$a < \lambda < 1.8a$$

$$\frac{\lambda}{1.8} < a < \lambda$$

从衰减小考虑，则 b 应选大些，但不能超过 $\lambda/2$，否则将出现高次模 H_{01} 波。同时应使 $2b < a$，以使频带尽量宽。但 b 不能过小，否则功率容量就要减小，一般取 $2b \approx a$。

综合上述各要求并根据经验，一般选择

$$a = 0.7\lambda \tag{4.5.3}$$

$$b = (0.4 \sim 0.5)a \tag{4.5.4}$$

对使用者而言，一般波导尺寸已经标准化，不需要另行设计，只需视情况选用就行了。

二、圆波导的尺寸选择

圆波导的尺寸选择就是确定半径 R。如果采用 H_{11} 波传输，则因为 $(\lambda_c)_{H_{11}} = 3.41R$，所以应使 $\lambda < 3.41R$，于是得

$$R > \frac{\lambda}{3.41} \tag{4.5.5}$$

与 H_{11} 相邻的高次模是 E_{01}，其 $(\lambda_c)_{E_{01}} = 2.62R$，为抑制它，应使 $\lambda > 2.62R$，即须

$$R < \frac{\lambda}{2.62} \tag{4.5.6}$$

由此得到圆波导的半径 R 选取原则是

$$\frac{\lambda}{3.41} < R < \frac{\lambda}{2.62} \tag{4.5.7}$$

通常可选择

$$R = \frac{\lambda}{3} \tag{4.5.8}$$

如果选用 E_{01} 波作传输模式，则此时圆波导半径应取为

$$\frac{\lambda}{2.62} < R < \frac{\lambda}{2.06} \tag{4.5.9}$$

需要指出的是，E_{01} 波工作时 H_{11} 波也会存在，为保证只有 E_{01} 波，需采取措施消除 H_{11} 波。

本章小结

1. 微波传输线是引导电磁波沿一定方向传输的系统，故又称为导波系统。被传输的电磁波又称为导行波。导行波一方面要满足麦克斯韦方程，另一方面还要满足导体或介质的边界条件，麦克斯韦方程和边界条件决定了导行波在导波系统中的电磁场分布规律和传播特性。

2. 导波系统中的电磁波按纵向场分量的有无，可分为 TE 模、TM 模和 TEM 波三种形式。前两种都是色散波，一般只能在金属波导管中传输。后一种是非色散波，一般在双导体系统中传输。

3. 波导内场分布的分析方法是采用如下途径：先解 E_z（或 H_z）的波动方程，求出 E_z（或 H_z）的通解，并根据边界条件求出它的特解，然后利用横向场与纵向场的关系式求得所有的场分量的表达式，最后根据这些表达式来讨论其截止特性、场结构和传输特性。

4. 只有当电磁波的波长或频率满足条件

$$\lambda < \lambda_c \quad 或 \quad f > f_c$$

才能在波导内传输，否则将被截止。

5. 波导系统中的场结构必须满足下列规则：电力线一定与磁力线相互垂直，两者与传播方向呈右手螺旋法则；波导金属壁上只有电场的法向分量和磁场的切向分量；磁力线一定是封闭的曲线。

6. 矩形波导的传输特性

相速
$$v_p = \frac{v}{\sqrt{1-\left(\frac{\lambda}{\lambda_c}\right)^2}}$$

群速
$$v_g = v\sqrt{1-\left(\frac{\lambda}{\lambda_c}\right)^2}$$

波导波长
$$\lambda_g = \frac{\lambda}{\sqrt{1-\left(\frac{\lambda}{\lambda_c}\right)^2}}$$

波阻抗
$$Z_{WH} = \eta\Big/\sqrt{1-\left(\frac{\lambda}{\lambda_c}\right)^2}$$

式中，$\eta = \sqrt{\mu/\varepsilon}$ 为介质中的波阻抗。

7. 矩形波导中的导行波主要特点

(1) 满足矩形波导边界条件的波动方程的解有无穷多个，它包括无穷多个 TE_{mn} 模和

无穷多个 TM_{mn} 模；

(2) 在所有的 TE 模和 TM 模中，TE_{10} 模的 f_c 最低、λ_c 最长，故 TE_{10} 模是矩形波导中的主模或基模；

(3) 在矩形波导中，导行波的任何一个分量在横截面 x 和 y 方向上都呈驻波分布，波型指数 m 和 n 分别表示导行波沿 x 方向和 y 方向的驻波数目；

(4) 波型指数相同的 TE_{mn} 模和 TM_{mn} 模有相同的截止频率和截止波长，因此波型指数相同的 TE_{mn} 模和 TM_{mn} 模是一对简并模；由于不存在 TM_{m0}、TM_{0n} 诸模式，因此矩形波导中 TE_{m0} 及 TE_{0n} 诸模是非简并模。

8. 圆形波导中的分析方法和矩形波导一样

(1) 从麦氏方程出发，找出圆柱坐标系的波动方程和 E_z 及 H_z 表示横向场分量的表示式；

(2) 求解纵向场分量的波动方程；

(3) 根据边界条件确定各场分量；

(4) 分析传输特性。

9. 圆形波导中的导行波主要特点

(1) 圆波导中可存在无穷多 H_{mn} 和 E_{mn} 模；但不存在 H_{m0} 和 E_{m0} 模。

(2) 圆波导中最低次 H 波形是 H_{11}，最低次 E 波形是 E_{01}。

(3) 圆波导中主模是 H_{11}。

(4) 对于 H_{mn} 和 E_{mn} 模中的任一个模式，电场磁场沿 φ 方向(圆周) 和 r 方向(半径) 呈驻波分布。场沿 φ 方向按三角函数规律分布，m 代表场沿圆周分布的驻波数，场沿 r 半径方向按贝塞尔函数或其导数的规律分布，n 代表场沿半径方向分布的驻波数。

10. 圆波导中的传输特性

(1) 截止波长和截止频率

TE 模截止波长 $$(\lambda_c)_H = \frac{2\pi R}{\mu'_{mn}}$$

μ'_{mn} 为 m 阶贝塞尔函数导数的第 n 个根。

TM 模截止波长 $$(\lambda_c)_E = \frac{2\pi R}{u_{mn}}$$

u_{mn} 为 m 阶贝塞尔函数的第 n 个根。

(2) 波导波长

$$\lambda_g = \frac{2\pi}{\beta} = \frac{\lambda}{\sqrt{1-(\lambda/\lambda_c)^2}}$$

对于 E 或 H 模，将它们各自的截止波长数值代入即可求得各自的波导波长。

11. 波导中的能量是通过激励方法产生的。在波导中建立某种波型的过程称为"激励"，用来建立某种波型的装置称为激励装置或激励元件。反之，从波导中取出所需波型能量的过程为"耦合"，其装置称为耦合装置或耦合元件。可分为电场激励、磁场激励和电流激励三种激励方式。

12. 矩形波导截面尺寸的选择原则

$$\frac{\lambda}{2} < a < \lambda$$

$$0 < b < \frac{\lambda}{2}$$

思考题

4.1 何谓波导波长?何谓截止波长?为什么只有波长短于截止波长的波才能在波导中传播?长线(双线或同轴线)中有无此限制?

4.2 试定性解释为什么波导内不能传输 TEM 波。

4.3 矩形波导中的波型如何标志?波型指数 m 和 n 的物理意义如何?

4.4 矩形波导中有哪些波型不存在?

4.5 何谓相速度和群速度?说明它们与哪些因素有关。

4.6 圆波导中的波型如何标志?波型指数 m、n 的物理意义如何?

4.7 何谓波导的简并波?矩形波导和圆波导中的简并有何异同?

4.8 圆波导中有哪些波型不能存在?

4.9 试说明矩形波导有哪些激励方法?圆波导有哪些激励方法?

4.10 试述截止波导有哪些特点?说明截止波导为何可用作衰减器。

4.11 如果将矩形波导等效为一种均匀介质,当其中传输 *TE* 模式电磁波时,所等效均匀介质的介电常数和磁导率分别是多少?

4.12 什么是色散系统?为什么波导是色散系统?

4.13 什么是快波系统?什么是慢波系统?波导是快波系统还是慢波系统?

4.14 在波导的激励过程中,关键点有哪些?

习　　题

4.1 若矩形波导截面尺寸 $a = 2b = 8$ cm,试问当频率分别为 3 GHz 和 5 GHz 时,波导将能传输哪些模式?

4.2 给定铜制波导尺寸 $a \times b = 23 \times 10\ \text{mm}^2$ 其电导率 $\sigma = 5.3 \times 10^7$ S/m,空气填充,工作频率为 9 375 MHz,试求:

(1) H_{10} 波的截止波数;

(2) 保持 H_{10} 单模传输的工作频率范围;

(3) 计算其衰减常数。

4.3 铜质矩形波导截面尺寸为 $a = 7.2$ cm,$b = 3.4$ cm,工作波长为 10 cm,试求:

(1) 高频穿透深度;

(2) 衰减常数;

(3) 传输 1 m 和 1 km 后的传输功率。

4.4 有一矩形波导截面尺寸为 $a = 22.86$ mm 和 $b = 10.16$ mm,波导中传输 H_{10} 模,其工作频率为 10 GHz,试求:

(1) λ_c、λ_g、β 和 $Z_{WH_{10}}$;

(2) 若波导宽边尺寸增大一倍，求上述各量；

(3) 若波导窄边尺寸增大一倍，求上述各量；

(4) 若波导尺寸不变，工作频率为 15 GHz，上述各量将如何？除主模 H_{10} 波外，还能传输何种模？并求出上述各参量。

4.5 截面尺寸 $a = 2b = 23$ mm 的矩形波导，工作频率为 10 GHz 的脉冲调制载波通过此波导传输，当波导长度为 100 m 时，问所产生的脉冲延迟时间是多少？

4.6 求 BJ－100 型波导，工作波长为 3 cm 时传输 H_{10} 模的最大传输功率，当波导终端接有阻抗值为 200 Ω 的负载时，问最大传输功率将降低多少？

4.7 若空气填充的圆波导的直径为 5 cm，试求：

(1) H_{11}、H_{01}、E_{01}、E_{11} 等模式的截止波长；

(2) 当工作波长为 3 cm、6 cm、7 cm 时，波导中分别可能出现哪些波型？

(3) 求 $\lambda_0 = 7$ cm 时，主模的波导波长、相速度和波阻抗。

4.8 一空气填充的圆波导中传输 H_{11} 模，已知 $\lambda = 0.9\lambda_c$，$f_0 = 10$ GHz，试求：

(1) λ_g、β；

(2) 若波导半径扩大一倍，结果将如何？能保持 H_{11} 模单模传输吗？为什么？

4.9 设工作波长为 8 mm，今需将传输 H_{10} 模的矩形波导 BJ－320（截面尺寸为 $7.112 \times 3.556\ \text{mm}^2$）变为传输 H_{01} 模的圆波导，要求两者相速一样，试计算圆波导的直径；若变换后要求传输的是 H_{11} 模，问圆波导的直径将如何？

4.10 试求圆波导中 H_{01} 模的表面电流，并绘图示意。

第5章 微波网络基础

5.1 引 言

前面讲述的微波传输线理论，都是指均匀传输线，其横截面形状和尺寸沿轴线方向保持不变。但是，实际上的微波系统并不是仅由规则的均匀传输线组成，实际情况要复杂得多。图5.1.1是典型的雷达中的微波系统，图5.1.2是微波参量测试系统，图5.1.3是典型的微波收发信系统（移动通信手机和中继微波通信）。

由以上图可见，一般的微波系统都可概括为图5.1.4所示的结构形式，即整个系统由下面几部分组成：

（1）能激励起电磁波的区段，称为信号源；

（2）能吸收电磁波的区段，称为负载；

（3）不均匀区段，称为微波元、器件；

（4）连接上述三种区段的部分，称为均匀传输线。

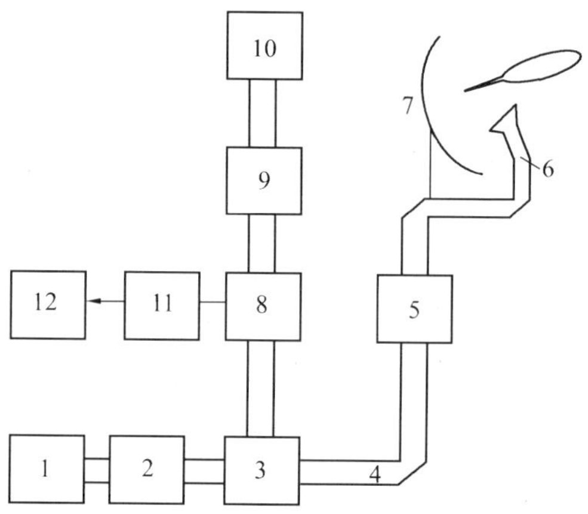

图5.1.1 雷达高频系统

1—发射机；2—隔离器；3—天线转换开关；4—馈线波导；5—旋转关节；6—辐射器；7—天线反射器；8—混频器；9—可变衰减器；10—本地振荡器；11—前中放大器；12—接收机

对一微波系统主要研究的是信号和能量两大问题。信号问题主要是研究幅频和相频特性；能量问题主要是研究能量如何有效地传输问题。关于均匀系统中的信号和能量传输问题已系统地论述过，那么有"不均匀区"介入系统之后，由于边界条件变得异常复杂，因此不仅出现主模式的反射，还将产生许多高次模。所谓"不均匀区"是指其边界条件或其中状态不同于传输系统的均匀部分而出现某种变化的区域。对于这类问题，原则上仍可采用场解的方法。即把不均匀区和与之相连的均匀传输线作为一个整体，按给定的边界条件求解麦克斯韦方程。它不仅可以给出均匀区（远离不均匀性）波的相对幅度和相位关系，连不均匀区与其附近的复杂场分布也可给出，这当然是一种严格的理论分析方法。但遗憾的是，即使对于最简单的波导不均匀区，上述的严格场解也是非常复杂的，不适宜工程设计需要。工程上要求一种简便易行的分析方法，这就是微波网络方法，可用于电路理论分析和设计微波元件。网络方法把复杂的三维电磁场问题"化繁为简"、"各个击破"，最后变为一维电路问题，大大简化了分析与设计过程。

微波网络法就是等效电路法。这是一个近似然而却是有效的方法。其基本思想是，把本来属于电磁场的问题，在一定条件下，化为一个与之等效的电路问题。就是说，当用微波网络法研究传输系统时，可以把每个不均匀区（微波元件）看成一个网络，其对外特性可用一组网络参量表示；把均匀传输线也看成一个网络（波导等效为长线），其网络参量由传输参量和长度决定。由于各种微波网络参量均可

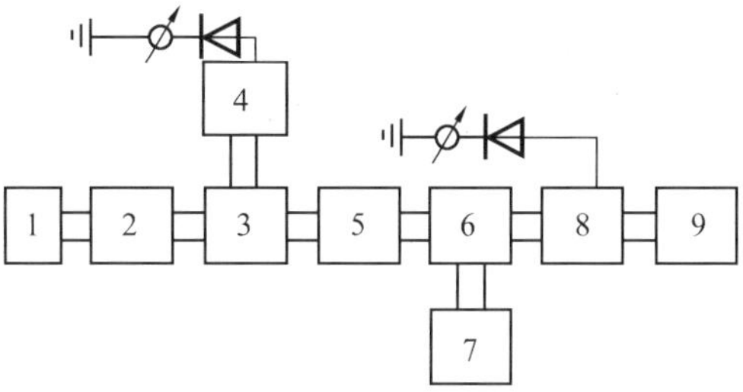

图 5.1.2　微波测试系统

1—小功率振荡器；2—固定衰减器；3—定向耦合器；4—波长计；5—可变衰减器；6—定向耦合器；7—功率指示器；8—测量线；9—被测元件

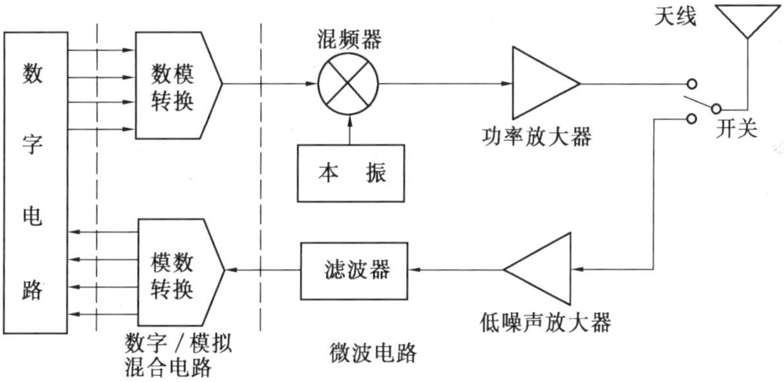

图 5.1.3　微波通信系统

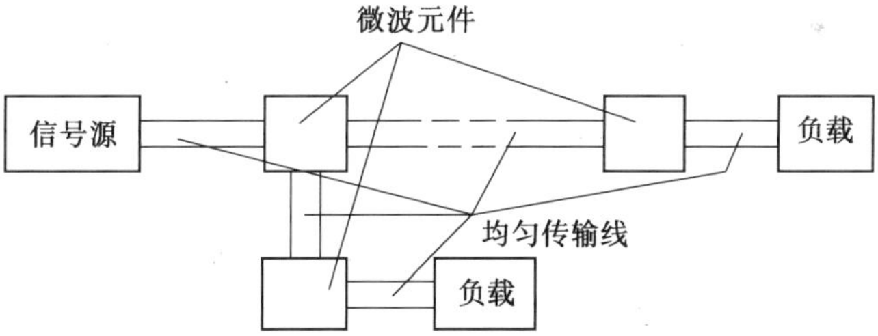

图 5.1.4　微波系统中的元件等效为网络

通过实测和简单计算得到，因此微波网络法在工程技术中得到广泛应用。

微波技术中的麦克斯韦方程法与微波网络法的关系，很像电路中基尔霍夫方程法与低频网络法的关系。微波网络理论与低频网络理论有许多共同之处，它们都属于等效电路法。它们描述的都是电路（系统）的外部特征，都是用网络参量建立起系统各端口的电压、电流之间的关系，这些描写电路端口的场量或电路量之间关系的网络参量都可以通过实验方法测试出来。

微波网络理论是在低频网络理论的基础上发展起来的。许多适用于低频的电路分析方法和电路特性，对微波电路也同样适用。实际上，低频电路分析是微波电路分析的一个特殊情况。

但是,微波网络理论与低频网络理论是不是毫无区别呢？不是的。在应用微波网络理论时应注意以下几点:

(1)画出的等效网络及其参量是对某一工作模式而言的,不同模式有不同的等效网络结构和参量。这个问题在低频网络中是不存在的,因为那时实际上只有一种模式——TEM 波。

(2)用电压、电流表示网络端口物理量时,需要明确它们的定义,因为对于波导来说电压和电流是一个等效概念而且并非是单值的,这也是与低频电路不相一致之处。

(3)需要确定网络的参考面。参考面应当这样来选取,它必须选在均匀传输线段上,距离不均匀处足够远,使不均匀处激起的高次模衰减到足够小,此时高次模对工作模式只相当于引入一个电抗值,可计入网络参量之内。低频网络没有参考面选择这一问题。

(4)微波中的网络及其参量只对一定频段才是适用的,超出这一范围将要失效。因为在微波技术中同一实物结构,频率大范围变化时,其电磁特性除有量变外,还会有质变(如感性变容性或反之),频响特性还会不断重复出现。

微波网络研究的问题有两个方面:

(1)给出一定的电路结构,分析其网络参量及各种工作特性,此过程称为网络分析。

(2)根据所给的工作特性要求,优化设计出合乎要求的电路结构,此过程称为网络综合。

5.2 均匀波导系统与长线的等效

一、等效参数的引入

利用网络理论来解决微波问题,必须运用电压、电流等概念。然而由于波导的边界是闭合的导体边界,人们无法确定应该测量的是边界上哪两点上的电压和哪段线路中的电流,而且波导中根本不存在像 TEM 传输线上存在的那种单值电压波和电流波。所以为使波导等效为长线,需要首先建立等效电压、电流、阻抗等概念。

设有一个任意横截面的均匀波导,假定其中仅传输单一模式。令其横向电磁场分别为 H_t 和 E_t。为定义参考面上的电压和电流,特作如下规定:

(1) 使电压 $V(z)$ 和电流 $I(z)$ 分别与 E_t、H_t 成正比;

(2) 电压与电流之共轭乘积的实部等于平均传输功率(有功功率);

(3) 电压与电流之比等于选定的等效阻抗值。

根据规定(1),有

$$\left.\begin{aligned}\boldsymbol{E}_t(x,y,z) &= \boldsymbol{e}(x,y)V(z)\\ \boldsymbol{H}_t(x,y,z) &= \boldsymbol{h}(x,y)I(z)\end{aligned}\right\} \tag{5.2.1}$$

式中,$\boldsymbol{e}$、$\boldsymbol{h}$ 为该模式的矢量波型(或模式) 函数,它们的大小表示了电压、电流与横向电、磁场的比例系数。

根据规定(2),应有

$$\frac{1}{2}\mathrm{Re}[VI^*] = P = \int_S \frac{1}{2}\mathrm{Re}[\boldsymbol{E}_t \times \bar{\boldsymbol{H}}_t]\cdot \mathrm{d}\boldsymbol{S}$$

式中,积分限 S 是整个波导横截面积。将式(5.2.1) 代入,得

$$\frac{1}{2}\mathrm{Re}[VI^*] = \frac{1}{2}\mathrm{Re}[VI^*]\int_S(\boldsymbol{e}\times\boldsymbol{h})\cdot\mathrm{d}\boldsymbol{S}$$

可见 $\boldsymbol{e}$ 与 $\boldsymbol{h}$ 满足

$$\int_S(\boldsymbol{e}\times\boldsymbol{h})\cdot\mathrm{d}\boldsymbol{S} = 1 \tag{5.2.2}$$

根据规定(3),假设所选定等效阻抗为 Z_e,则有

$$\frac{h}{e} = Z_e\frac{H_t}{E_t} \tag{5.2.3}$$

由式(5.2.2)和式(5.2.3)知,当模式横向场 E_t、H_t 已知时,可以求出 $\boldsymbol{e}$、$\boldsymbol{h}$,从而也就定出 V、I。

以矩形波导 H_{10} 波为例,由式(4.2.33)知

$$\left.\begin{aligned}\boldsymbol{E}_t &= \boldsymbol{a}_y E_y = -\boldsymbol{a}_y\mathrm{j}\frac{\omega\mu a}{\pi}H_0\sin\left(\frac{\pi}{a}x\right)\mathrm{e}^{-\mathrm{j}\beta z}\\ \boldsymbol{H}_t &= \boldsymbol{a}_x H_x = \boldsymbol{a}_x\frac{\beta a}{\pi}\mathrm{j}H_0\sin\left(\frac{\pi}{a}x\right)\mathrm{e}^{-\mathrm{j}\beta z}\end{aligned}\right\} \tag{5.2.4}$$

令

$$E_0 = \mathrm{j}\frac{\omega\mu a}{\pi}H_0 \tag{5.2.5}$$

则式(5.2.4)可写成

$$\left.\begin{aligned}\boldsymbol{E}_t &= -\boldsymbol{a}_y E_0\sin\left(\frac{\pi}{a}x\right)\mathrm{e}^{-\mathrm{j}\beta z}\\ \boldsymbol{H}_t &= \boldsymbol{a}_x\frac{E_0}{Z_{WH}}\sin\left(\frac{\pi}{a}x\right)\mathrm{e}^{-\mathrm{j}\beta z}\end{aligned}\right\} \tag{5.2.6}$$

其中,$Z_{WH} = \dfrac{\omega\mu}{\beta}$ 是 H 型波的波阻抗。将上式与式(5.2.1)比较,可见其中 $\boldsymbol{e} = \boldsymbol{a}_y C\sin\left(\dfrac{\pi}{a}x\right)$,$C$ 为待定常数。

矩形波导中的等效电压和等效电流一般按下式定义

$$V = \int_b^0 E_y\big|_{x=\frac{a}{2}}\mathrm{d}y = \int_b^0 -E_0\sin\left(\frac{\pi}{a}\right)\mathrm{d}y = E_0 b \tag{5.2.7}$$

$$I = \int_0^a H_x\mathrm{d}x = \int_0^a\frac{E_0}{Z_{WH}}\sin\left(\frac{\pi}{a}x\right)\mathrm{d}x = \frac{2E_0 a}{\pi Z_{WH}} \tag{5.2.8}$$

而平均传输功率,为

$$P = \frac{1}{2}\int_0^a\int_0^b -E_y\overline{H}_x\mathrm{d}x\mathrm{d}y = \frac{1}{2}\int_0^a\int_0^b\frac{E_0^2}{Z_{WH}}\sin^2\left(\frac{\pi}{a}x\right)\mathrm{d}x\mathrm{d}y = \frac{abE_0^2}{\pi Z_{WH}} \tag{5.2.9}$$

我们可从三种定义来计算等效阻抗。首先由电压与电流算得

$$Z_e(VI) = \frac{V}{I} = \frac{\pi}{2}\frac{b}{a}Z_{WH}$$

其次,可由电流与功率算得

$$Z_e(IP) = \frac{P}{I^2} = \frac{\pi}{4}\frac{b}{a}Z_{WH}$$

再次,可由电压与功率求得

$$Z_e(VP) = \frac{V^2}{P} = \pi \frac{b}{a} Z_{WH}$$

由上述可见,在三种等效阻抗定义下,算出的等效阻抗绝对值各不相同,但只差一个常数。在微波技术中,通常只用阻抗相对值,因此在三种等效阻抗表示式中,可只留下与截面尺寸有关的部分,作为公认的等效阻抗表达式,即

$$Z_e = \frac{b}{a} Z_{WH} \tag{5.2.10}$$

代入式(5.2.3)中,可得

$$\frac{h}{e} = Z_e \frac{1}{Z_{WH}} = \frac{b}{a} \tag{5.2.11}$$

因 $\boldsymbol{E}_t$ 和 $\boldsymbol{H}_t$ 在波导横截面上是互相垂直的,则

$$\boldsymbol{h} = -\boldsymbol{a}_x \frac{b}{a} C \sin\left(\frac{\pi}{a}x\right)$$

将 $\boldsymbol{e}$、$\boldsymbol{h}$ 表示式代入式(5.2.2),得

$$\int_S (\boldsymbol{e} \times \boldsymbol{h}) \cdot \mathrm{d}\boldsymbol{S} = \frac{b}{a}\int_S C^2 \sin^2\left(\frac{\pi}{a}x\right) \mathrm{d}x\mathrm{d}y = \frac{b}{a}\int_0^a\int_0^b C^2 \sin^2\left(\frac{\pi}{a}x\right) \mathrm{d}x\mathrm{d}y = \frac{b^2 \cdot C^2}{2} = 1$$

于是,可求得待定常数 C

$$C = \frac{\sqrt{2}}{b}$$

则

$$\left.\begin{aligned} \boldsymbol{e} &= -\boldsymbol{a}_y \frac{\sqrt{2}}{b} \sin\left(\frac{\pi}{a}x\right) \\ \boldsymbol{h} &= \boldsymbol{a}_x \frac{\sqrt{2}}{a} \sin\left(\frac{\pi}{a}x\right) \end{aligned}\right\} \tag{5.2.12}$$

再根据式(5.2.1),最后得到

$$\begin{aligned} V &= \frac{b}{\sqrt{2}} E_0 \mathrm{e}^{-\mathrm{j}\beta z} \\ I &= \frac{a}{\sqrt{2}} \frac{E_0}{Z_{WH}} \mathrm{e}^{-\mathrm{j}\beta z} \end{aligned} \tag{5.2.13}$$

这就是 H_{10} 波的等效电压和等效电流。对于 E 型波只需将 Z_{WH} 改为 Z_{WE} 即可。

二、等效电压、电流的运动规律

下面研究波导的等效电压和等效电流服从怎样的运动规律。

根据规则波导纵、横场分量的关系(参阅式(4.2.17))可知,对于 H 波($E_z = 0$),有

$$\left.\begin{aligned} E_x &= -\mathrm{j}\frac{\omega\mu}{K_c^2}\frac{\partial H_z}{\partial y} \\ E_y &= \mathrm{j}\frac{\omega\mu}{K_c^2}\frac{\partial H_z}{\partial x} \\ H_x &= -\mathrm{j}\frac{\beta}{K_c^2}\frac{\partial H_z}{\partial x} \\ H_y &= -\mathrm{j}\frac{\beta}{K_c^2}\frac{\partial H_z}{\partial y} \end{aligned}\right\} \tag{5.2.14}$$

横向电场可表示为

$$\boldsymbol{E}_{\mathrm{t}} = \boldsymbol{a}_x E_x + \boldsymbol{a}_y E_y$$

则

$$\frac{\partial E_{\mathrm{t}}}{\partial z} = \sqrt{\left(\frac{\partial E_x}{\partial z}\right)^2 + \left(\frac{\partial E_y}{\partial z}\right)^2}$$

将式(5.2.14)中前二式代入上式,有

$$\frac{\partial E_{\mathrm{t}}}{\partial z} = \mathrm{j}\frac{\omega\mu}{K_c^2}\sqrt{\left(\frac{\partial^2 H_z}{\partial y \partial z}\right)^2 + \left(\frac{\partial H_z}{\partial x \partial z}\right)^2} \tag{5.2.15}$$

考虑到$\frac{\partial}{\partial z} = -\mathrm{j}\beta$,上式可写成

$$\frac{\partial E_{\mathrm{t}}}{\partial z} = \mathrm{j}\frac{\omega\mu}{K_c^2}(-\mathrm{j}\beta)\sqrt{\left(\frac{\partial H_z}{\partial y}\right)^2 + \left(\frac{\partial H_z}{\partial x}\right)^2} \tag{5.2.16}$$

由式(5.2.14)后二式,可得

$$\sqrt{\left(\frac{\partial H_z}{\partial y}\right)^2 + \left(\frac{\partial H_z}{\partial x}\right)^2} = -\mathrm{j}\frac{K_c^2}{\beta}\sqrt{H_x^2 + H_y^2} = -\mathrm{j}\frac{K_c^2}{\beta}H_{\mathrm{t}}$$

将上式代入式(5.2.16),得

$$\frac{\partial E_{\mathrm{t}}}{\partial z} = -\mathrm{j}\omega\mu H_{\mathrm{t}} \tag{5.2.17}$$

用类似方法可导出

$$\frac{\partial H_{\mathrm{t}}}{\partial z} = -\mathrm{j}\frac{\beta}{Z_{\mathrm{WH}}}E_{\mathrm{t}} \tag{5.2.18}$$

但

$$\left.\begin{aligned} E_{\mathrm{t}} &= eV \\ H_{\mathrm{t}} &= hI \end{aligned}\right\} \tag{5.2.19}$$

将式(5.2.19)代入式(5.2.17)和式(5.2.18),可得

$$\left.\begin{aligned} \frac{\partial V}{\partial z} &= -\mathrm{j}\omega\mu\frac{Z_{\mathrm{e}}}{Z_{\mathrm{WH}}}I = -Z_1 I \\ \frac{\partial I}{\partial z} &= -\mathrm{j}\frac{\beta V}{Z_{\mathrm{e}}} = -Y_1 V \end{aligned}\right\} \tag{5.2.20}$$

这就是第二章中的传输线方程。式中等效串联分布阻抗和并联分布导纳,为

$$\left.\begin{aligned} Z_1 &= j\omega\mu \frac{Z_e}{Z_{WH}} \\ Y_1 &= j\frac{\beta}{Z_e} = j\left(\omega\varepsilon - \frac{K_c^2}{\omega\mu}\right)\frac{Z_{WH}}{Z_e} \end{aligned}\right\} \tag{5.2.21}$$

于是,可画出其等效电路,如图 5.2.1 所示。

该等效电路的特性阻抗和传输常数为

$$Z_0 = \sqrt{\frac{Z_1}{Y_1}}\sqrt{\frac{j\omega\mu \dfrac{Z_e}{Z_{WH}}}{j\dfrac{\beta}{Z_e}}} = Z_e \tag{5.2.22}$$

$$\gamma = j\beta_0 = \sqrt{Z_1 Y_1}\sqrt{j\omega\mu \frac{Z_e}{Z_{WH}} \cdot j\frac{\beta}{Z_e}} = j\beta \tag{5.2.23}$$

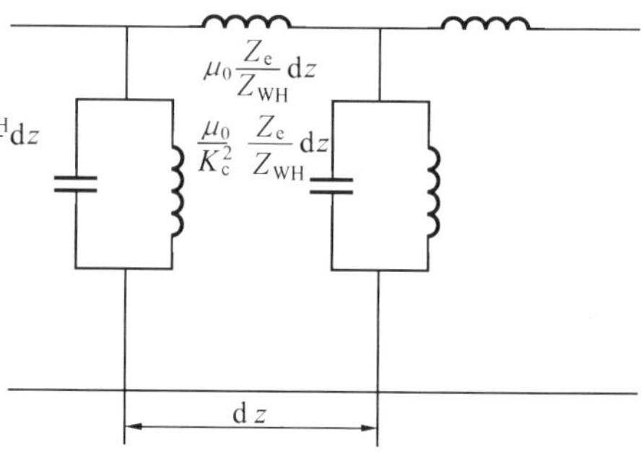

图 5.2.1

即

$$\beta_0 = \beta \tag{5.2.24}$$

由式(5.2.20)可知,它是一个电报方程。就是说均匀波导的等效电压、电流也像第二章所研究的长线上的电压、电流那样服从波动方程。因而可以说,将均匀波导等效为长线是允许的,而且由式(5.2.22)和式(5.2.24)可知,等效长线的特性阻抗 Z_0 就是波导的等效阻抗 Z_e;等效长线的相移常数 β_0 就是波导中电磁波的相移常数 β。

以上虽讨论的是波导中传输 H 型波时的等效电路,但用同样方法也可导出传输 E 型波时的等效传输线方程,并画出其等效电路。

三、微波网络的种类

根据微波元件(不均匀区)端口数目,微波网络可分为单口(二端)、二口(四端)、三口(六端)、四口(八端)……N 口($2N$ 端)网络。

这里的"口"又称为"端口"或"端对"。网络的端口数目与外接均匀传输线(波导或其他传输线)的个数是一致的。外接的均匀传输线可以是波导,也可以是同轴线、双线或微带线。它们在微波网络中均可等效为长线,即可以用两根平行线来代表。

单口网络　就是功率能进去或者能出来的单段波导或传输线的电路。图 5.2.2 中所示的短路传输线和包含一个金属柱的短路波导,就是单口网络的两个例子。

二口网络　多数微波元件属于二口元件,因此微波二口网络是大量的。图5.2.3给出的是衰减器和一个对称接头作为二口网络的两个例子。

三口网络　属于三口元件的有 E 型或 H 型波导分支、同轴线 T 型接头、单刀双掷微波开关等等。图 5.2.4 给出的是 H 面波导分支和 E 面波导分支作为三端口网络的两个例子。

四口网络　属于四口元件的也有多种,如双 T 接头、双匹配双 T(魔 T)、定向耦合器等等。图 5.2.5 给出的是双 T 和定向耦合器作为四口网络的两个例子。

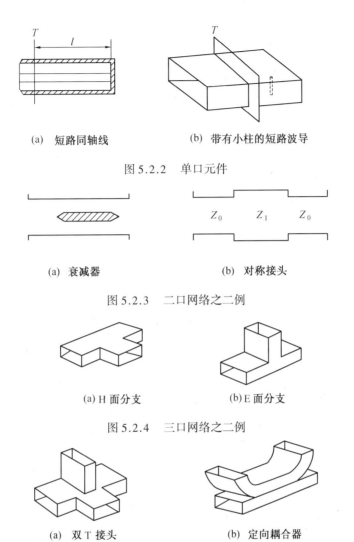

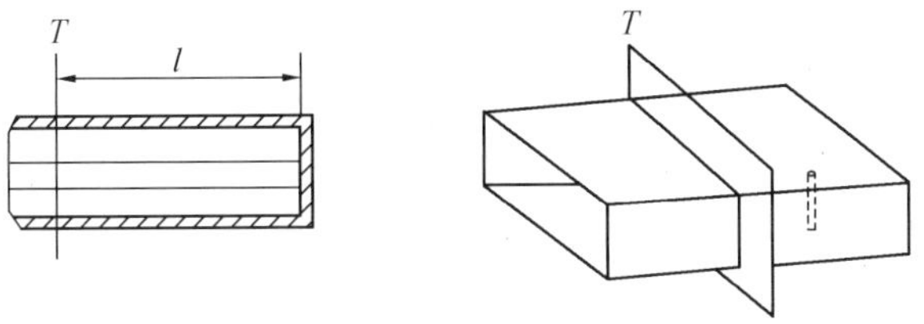

(a) 短路同轴线　　(b) 带有小柱的短路波导

图 5.2.2　单口元件

(a) 衰减器　　(b) 对称接头

图 5.2.3　二口网络之二例

(a) H 面分支　　(b) E 面分支

图 5.2.4　三口网络之二例

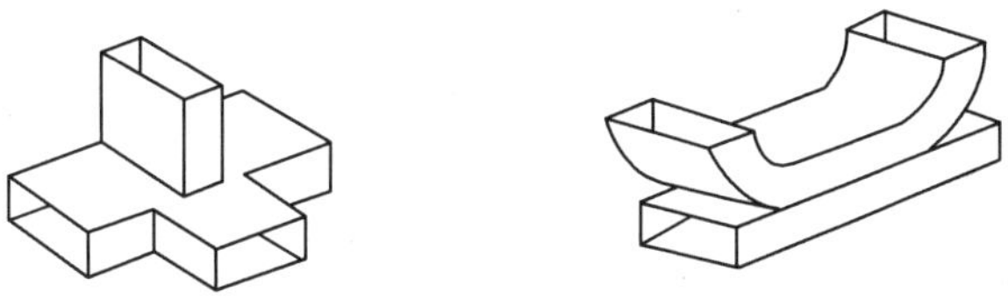

(a) 双 T 接头　　(b) 定向耦合器

图 5.2.5　四口网络之二例

多口网络　属于多口元件的有如单刀多掷微波开关、多路功分器(功率合成器)等等,如图 5.2.6 所示。

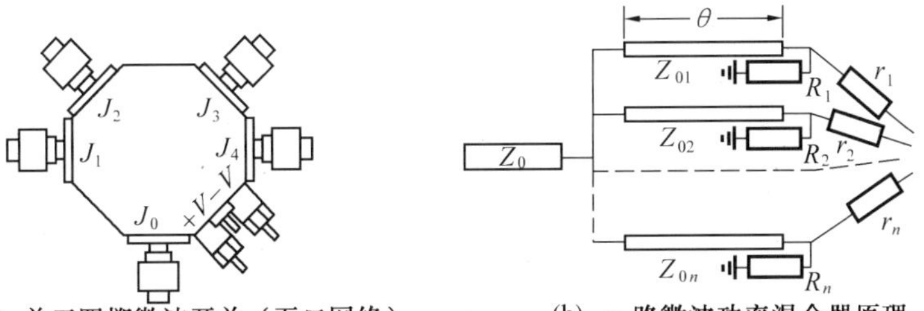

(a) 单刀四掷微波开关(五口网络)　　(b) n 路微波功率混合器原理

图 5.2.6　多口微波网络之二例

5.3 微波网络的各种参量矩阵

微波网络参量是关于端口电压、电流(或输入波、输出波)之间关系的比例系数。这组比例系数完全描绘了网络的对外特性。

什么是网络参量矩阵?根据惟一性定理,在 N 口网络的总数为 $2N$ 个参量中,若给定其中的 N 个,则另外的 N 个就可惟一地确定。因此,由 N 个已知量表示出另外 N 个量的代数方程组,用矩阵形式写出时,系统矩阵是一个由网络参量组成的 N 阶方阵,这些方阵就称为网络参量矩阵。

常用到的微波网络参量有 Z、Y、A、S 和 T 参量。其中前三种参量的有关概念已在低频网络中学习过,它们是以端口的电路量(即电压和电流)定义的。即将引入新参量 S、T 的概念是以端口的场量(即输入波和输出波)定义的。在微波领域里,在这五种参量中最重要、用得最多的是 S 参量。

回顾 Z、Y 及 A 参量,然后详细讨论 S、T 参量,给出各种参量矩阵的定义、特点及它们的相互关系。

以下的讨论假定网络均是线性、无源和互易的。

一、阻抗矩阵(Z 矩阵)

一个 N 口网络,如图 5.3.1 所示。若已知各口的电流,欲求各口电压时,用阻抗(Z)矩阵变换最为方便,即

$$\boldsymbol{V} = \boldsymbol{Z}\boldsymbol{I} \tag{5.3.1}$$

式中 $\boldsymbol{V}$、$\boldsymbol{I}$ 为列阵,$\boldsymbol{Z}$ 为方阵,即

$$\boldsymbol{V} = \begin{bmatrix} V_1 \\ V_2 \\ \vdots \\ V_n \end{bmatrix}, \qquad \boldsymbol{I} = \begin{bmatrix} I_1 \\ I_2 \\ \vdots \\ I_n \end{bmatrix}$$

$$\boldsymbol{Z} = \begin{bmatrix} Z_{11} & Z_{12} & \cdots & Z_{1n} \\ Z_{21} & Z_{22} & \cdots & Z_{2n} \\ \vdots & \vdots & & \vdots \\ Z_{n1} & Z_{n2} & \cdots & Z_{nn} \end{bmatrix}$$

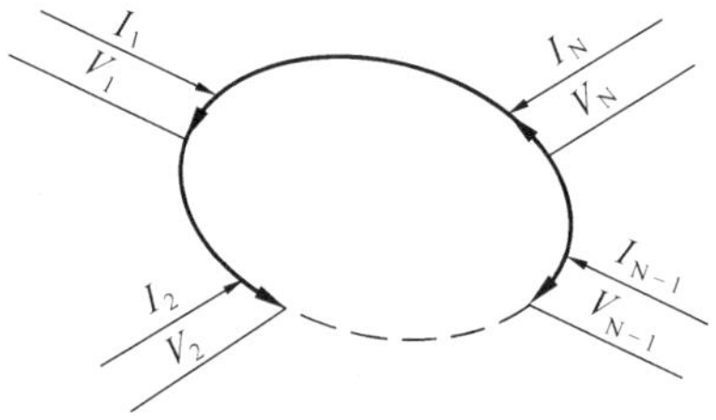

图 5.3.1 网络端口电压和电流

各阻抗参量均有明确的物理意义,如

$$Z_{ii} = \left.\frac{V_i}{I_i}\right|_{I_k = 0(k \neq i)} \tag{5.3.2}$$

表示除 i 口外,其余各口均开路时,i 口的输入阻抗,又称之为 i 口的自阻抗。

$$Z_{ij} = \left.\frac{V_i}{I_j}\right|_{I_k = 0(k \neq j)} \tag{5.3.3}$$

表示除 j 口外,其余各口均开路时,i 口与 j 口之间的转移阻抗,又称之为 i、j 口的互阻抗。

因此,根据 Z 参量的物理意义,可以在相应的端口条件下对各矩阵元进行计算或测量。

在以上各式中各物理量均是“原值”,电压、电流和阻抗分别用大写字母 V、I 和 Z 表示,在微波网络中,为理论分析具有普遍意义,常把各口电压、电流与各自对应的传输线的特性阻抗加以归一化,并用相应的小写字母 v、i 和 z 表示,即

$$\boldsymbol{v} = \boldsymbol{z}\boldsymbol{i} \tag{5.3.4}$$

其中各矩阵元应满足下列关系式

$$\left.\begin{aligned} v_i &= \frac{V_i}{\sqrt{Z_{0i}}} \\ i_i &= I_i\sqrt{Z_{0i}} \\ z_{ii} &= \frac{Z_{ii}}{Z_{0i}} \\ z_{ij} &= \frac{Z_{ij}}{\sqrt{Z_{0i} \cdot Z_{0j}}} \end{aligned}\right\} \tag{5.3.5}$$

式中,Z_{0i}、Z_{0j} 为第 i 口、第 j 口外接传输线的特性阻抗。

在归一化参量中,若 $Z_{0i} = Z_{0j}$,则网络互易性、对称性及无耗特性可以表示为

$$\left.\begin{aligned} &\text{互易网络}: z_{ij} = z_{ji}(i \neq j) \\ &\text{对称网络}: z_{ii} = z_{jj} \\ &\text{无耗网络}: z_{ij} = \pm \mathrm{j}x_{ij}(\text{纯虚数}) \end{aligned}\right\} \tag{5.3.6}$$

实用中,当遇到串联复合网络时,应用 z 参量进行计算最为方便。例如图 5.3.2 是由 2 个单级网络串联成的复合网络。

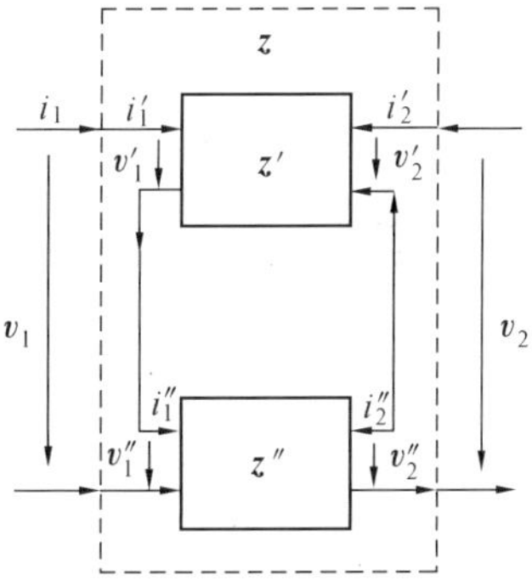

图 5.3.2　网络的串联

由于

$$\boldsymbol{i} = \boldsymbol{i}' = \boldsymbol{i}''$$
$$\boldsymbol{v} = \boldsymbol{v}' + \boldsymbol{v}''$$

故有

$$\boldsymbol{v} = \boldsymbol{z}\boldsymbol{i} = \boldsymbol{z}'\boldsymbol{i}' + \boldsymbol{z}''\boldsymbol{i}'' = [\boldsymbol{z}' + \boldsymbol{z}'']\boldsymbol{i}$$

于是

$$\boldsymbol{z} = \boldsymbol{z}' + \boldsymbol{z}'' \tag{5.3.7}$$

推广到 n 级串联复合网络,当有

$$\boldsymbol{z} = \sum_{i=1}^{n} \boldsymbol{z}^i \tag{5.3.8}$$

上式表明串联复合网络的阻抗矩阵等于各分网络阻抗矩阵之和。

二、导纳矩阵(Y 矩阵)

当已知网络各端口的电压,欲求各端口电流时,用导纳(Y)矩阵作变换是最方便的,即

$$\boldsymbol{I} = \boldsymbol{YV} \tag{5.3.9}$$

同 z 一样,式(5.3.9)中 $\boldsymbol{I}$、$\boldsymbol{V}$ 均为列阵,$\boldsymbol{Y}$ 为方阵,即

$$\boldsymbol{I} = \begin{bmatrix} I_1 \\ I_2 \\ \vdots \\ I_N \end{bmatrix}, \qquad \boldsymbol{V} = \begin{bmatrix} V_1 \\ V_2 \\ \vdots \\ V_N \end{bmatrix}$$

$$\boldsymbol{Y} = \begin{bmatrix} Y_{11} & Y_{12} & \cdots & Y_{1N} \\ Y_{21} & Y_{22} & \cdots & Y_{2N} \\ \vdots & \vdots & & \vdots \\ Y_{N1} & Y_{N2} & \cdots & Y_{NN} \end{bmatrix}$$

各导纳参量 Y_{ij} 均有明确的物理意义,即

$$Y_{ii} = \left.\frac{I_i}{V_i}\right|_{V_k = 0(k \neq i)} \tag{5.3.10}$$

表示除 i 口外,其他各端口均短路时,i 口的输入导纳。

$$Y_{ij} = \left.\frac{I_i}{V_j}\right|_{V_k = 0(k \neq i)} \tag{5.3.11}$$

表示除 j 口外,其他各口均短路时,i 口与 j 口之间的转移导纳。

因此,根据 Y 参量的物理意义,可以在相应的端口条件下对各矩阵元素进行计算和测量。

和 $\boldsymbol{Z}$ 一样,$\boldsymbol{Y}$ 也可化为归一化形式,即

$$\boldsymbol{i} = \boldsymbol{yv} \tag{5.3.12}$$

$$\left.\begin{aligned} i_i &= \frac{I_i}{\sqrt{Y_{0i}}} \\ v_i &= V_i \sqrt{Y_{0i}} \\ y_{ii} &= \frac{Y_{ii}}{Y_{0i}} \\ y_{ij} &= \frac{Y_{ij}}{\sqrt{Y_{0i}Y_{0j}}} \end{aligned}\right\} \tag{5.3.13}$$

式中,Y_{0j}、Y_{0j} 为第 i 口、第 j 口外接传输线的特性导纳。

阻抗矩阵与导纳矩阵之间的关系,可以从式(5.3.4)与式(5.3.12)的对比中得到

$$\boldsymbol{y} = \boldsymbol{z}^{-1} \tag{5.3.14a}$$

或者

$$\boldsymbol{z} = \boldsymbol{y}^{-1} \tag{5.3.14b}$$

同样,网络的性质也可用归一化导纳参量表示为(条件是 $Y_{0i} = Y_{0j}$)

$$\left.\begin{aligned} &\text{互易网络}: y_{ij} = y_{ji}(i \neq j) \\ &\text{对称网络}: y_{ii} = y_{jj} \\ &\text{无耗网络}: y_{ij} = \pm jb_{ij}(\text{纯虚数}) \end{aligned}\right\} \tag{5.3.15}$$

实用中，对于如图5.3.3所示的并联式复合网络，用 $\boldsymbol{y}$ 进行计算最为方便。

图中是两个二口网络并接而成的复合网络，由于

$$\boldsymbol{v} = \boldsymbol{v}' = \boldsymbol{v}''$$

$$\boldsymbol{i} = \boldsymbol{i}' + \boldsymbol{i}''$$

故

$$\boldsymbol{i} = \boldsymbol{y}\boldsymbol{v} = \boldsymbol{y}'\boldsymbol{v}' + \boldsymbol{y}''\boldsymbol{v}'' = (\boldsymbol{y}' + \boldsymbol{y}'')\boldsymbol{v}$$

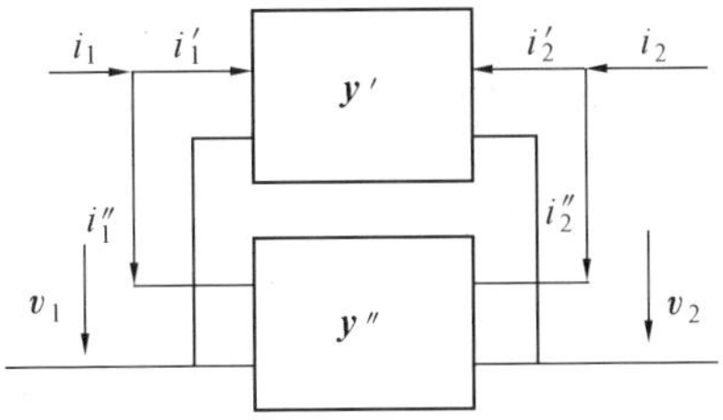

图5.3.3　并联网络

所以

$$\boldsymbol{y} = \boldsymbol{y}' + \boldsymbol{y}'' \tag{5.3.16}$$

推广至 n 个二口网络并联成的复合网络，则有

$$\boldsymbol{y} = \sum_{i=1}^{n} \boldsymbol{y}^i \tag{5.3.17}$$

上式表明，并联复合网络的导纳矩阵等于各分网络的导纳矩阵之和。

三、转移矩阵（A 矩阵）

转移矩阵又称作 $ABCD$ 矩阵或常数矩阵。它只适用于二口网络，其他网络不能用。

通常规定流入网络之电流为正，流出为负。如图5.3.4所示的二口网络，若已知输出端口的电压 V_2 和电流（$-I_2$），欲求输入口的电压、电流时，用 $\boldsymbol{A}$ 矩阵作变换最为方便，即

$$\begin{bmatrix} V_1 \\ I_1 \end{bmatrix} = \boldsymbol{A}\begin{bmatrix} V_2 \\ -I_2 \end{bmatrix} \tag{5.3.18}$$

或者

$$\boldsymbol{A} = \begin{bmatrix} A & B \\ C & D \end{bmatrix} \tag{5.3.19}$$

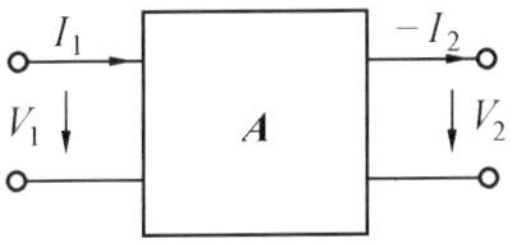

图5.3.4　二口网络 A 参量

归一化的转移矩阵用小写字母表示，为

$$\begin{bmatrix} v_1 \\ i_1 \end{bmatrix} = \begin{bmatrix} a & b \\ c & d \end{bmatrix}\begin{bmatrix} v_2 \\ -i_2 \end{bmatrix} \tag{5.3.20}$$

其中各归一化矩阵元素，为

$$\left.\begin{aligned} a &= A\sqrt{\frac{Z_{02}}{Z_{01}}} \\ b &= \frac{B}{\sqrt{Z_{01}Z_{02}}} \\ c &= C\sqrt{Z_{01}Z_{02}} \\ d &= D\sqrt{\frac{Z_{01}}{Z_{02}}} \end{aligned}\right\} \tag{5.3.21}$$

它们的物理意义，即

$$a = \left.\frac{v_1}{v_2}\right|_{i_2=0} \tag{5.3.22}$$

表示输出口开路时,归一化电压传输系数之倒数;

$$b = \left.\frac{v_1}{-i_2}\right|_{v_2=0} \tag{5.3.23}$$

表示输出口短路,归一化输入电压与归一化输出电流之比(具有阻抗量纲,也称转移阻抗);

$$c = \left.\frac{i_1}{v_2}\right|_{i_2=0} \tag{5.3.24}$$

表示输出口开路时,归一化输入电流与归一化输出电压之比(具有导纳量纲,也称转移导纳);

$$d = \left.\frac{i_1}{-i_2}\right|_{v_2=0} \tag{5.3.25}$$

表示输出口短路时,归一化输入、输出电流 i 之比即为电流传输系数之倒数。

对同一个网络既可用一种参量描述,也可用另一种参量描述,那么这些参量之间一定具有某种关系。下面以二口网络为例,导出 a 参量和z 参量间的关系式。若网络用 z 参量描述,有

$$\begin{bmatrix} v_1 \\ v_2 \end{bmatrix} = \begin{bmatrix} z_{11} & z_{12} \\ z_{21} & z_{22} \end{bmatrix} \begin{bmatrix} i_1 \\ i_2 \end{bmatrix} \tag{5.3.26}$$

写成代数方程组

$$v_1 = z_{11} i_1 + z_{12} i_2$$

$$v_2 = z_{21} i_1 + z_{22} i_2$$

将 v_1、i_1 用 v_2、$-i_2$ 表示,则式(5.3.26) 变为

$$\begin{bmatrix} v_1 \\ i_1 \end{bmatrix} = \begin{bmatrix} \dfrac{z_{11}}{z_{21}} & \dfrac{z_{11}z_{22} - z_{12}z_{21}}{z_{21}} \\ \dfrac{1}{z_{21}} & \dfrac{z_{22}}{z_{21}} \end{bmatrix} \begin{bmatrix} v_2 \\ -i_2 \end{bmatrix} \tag{5.3.27}$$

将此式与式(5.3.20) 比较,得

$$\left.\begin{aligned} a &= \frac{z_{11}}{z_{21}}, b = \frac{z_{11}z_{22} - z_{12}z_{21}}{z_{21}} \\ c &= \frac{1}{z_{21}}, d = \frac{z_{22}}{z_{21}} \end{aligned}\right\} \tag{5.3.28}$$

根据式(5.3.28) 的关系,利用 z 参量特性可容易地证明 $\boldsymbol{A}$ 矩阵的以下性质

互易网络:$|a| = ad - bc = 1$
对称网络:$a = d$
无耗网络:a, d 为实数
b, c 为虚数 (5.3.29)

实用中,用 **A** 解决级联复合网络问题是最为方便的。参阅图 5.3.5 所示的级联复合网络。

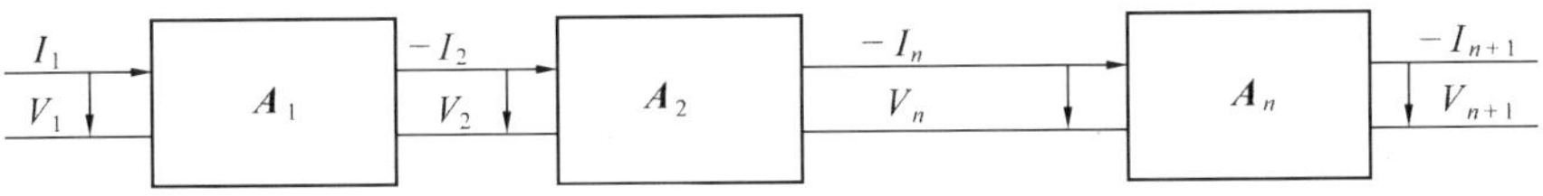

图 5.3.5　级联复合网络

按转移矩阵定义式(5.3.20),逐级将各自的矩阵关系列出

$$\begin{bmatrix} v_1 \\ i_1 \end{bmatrix} = \begin{bmatrix} a_1 & b_1 \\ c_1 & d_1 \end{bmatrix} \begin{bmatrix} v_2 \\ -i_2 \end{bmatrix}$$

$$\begin{bmatrix} v_2 \\ -i_2 \end{bmatrix} = \begin{bmatrix} a_2 & b_2 \\ c_2 & d_2 \end{bmatrix} \begin{bmatrix} v_3 \\ -i_3 \end{bmatrix}$$

$$\cdots\cdots\cdots$$

$$\begin{bmatrix} v_n \\ -i_n \end{bmatrix} = \begin{bmatrix} a_n & b_n \\ c_n & d_n \end{bmatrix} \begin{bmatrix} v_{n+1} \\ -i_{n+1} \end{bmatrix}$$

逐次用后者替换前者按照矩阵相乘的规则,得

$$\begin{bmatrix} v_1 \\ i_1 \end{bmatrix} = \begin{bmatrix} a_1 & b_1 \\ c_1 & d_1 \end{bmatrix} \begin{bmatrix} a_2 & b_2 \\ c_2 & d_2 \end{bmatrix} \cdots \begin{bmatrix} a_n & b_n \\ c_n & d_n \end{bmatrix} \begin{bmatrix} v_{n+1} \\ -i_{n+1} \end{bmatrix} \tag{5.3.30}$$

对于整个复合网络来说,应有

$$\begin{bmatrix} v_1 \\ i_1 \end{bmatrix} = \begin{bmatrix} a & b \\ c & d \end{bmatrix} \begin{bmatrix} v_{n+1} \\ -i_{n+1} \end{bmatrix} \tag{5.3.31}$$

比较式(5.3.30) 与式(5.3.31),得

$$\begin{bmatrix} a & b \\ c & d \end{bmatrix} = \begin{bmatrix} a_1 & b_1 \\ c_1 & d_1 \end{bmatrix} \begin{bmatrix} a_2 & b_2 \\ c_2 & d_2 \end{bmatrix} \cdots \begin{bmatrix} a_n & b_n \\ c_n & d_n \end{bmatrix} \tag{5.3.32}$$

或缩写为

$$\boldsymbol{a} = \boldsymbol{a}_1 \boldsymbol{a}_2 \cdots \boldsymbol{a}_n = \prod_{i=1}^{n} \boldsymbol{a}_i \tag{5.3.33}$$

可见,级联复合网络的转移矩阵为各分网络的转移矩阵之乘积。

四、散射矩阵(*S* 矩阵)

上述 Z、Y、A 三种参量矩阵均是在引入端口电压和电流的前提下得到的。现在直接用网络端口的输入波和输出波的概念,同样可以研究微波网络。

假定网络是无耗的,研究图 5.3.6 所示的二口(四端) 网络。

图 5.3.6(a) 表示,当网络的 1 口输入射波 a_1 时,将产生反射波 b'_1 和 b'_2 透射波。各场量之间存在如下线性关系

$$\begin{aligned} b'_1 &= S_{11} a_1 \\ b'_2 &= S_{21} a_1 \end{aligned} \tag{5.3.34}$$

图(b) 表示,当 2 口有入射波 a_2 时,将产生反射波 b''_2 和透射波 b''_1。各场量之间也存

在线性关系

$$b''_1 = S_{12}a_2$$
$$b''_2 = S_{22}a_2 \qquad (5.3.35)$$

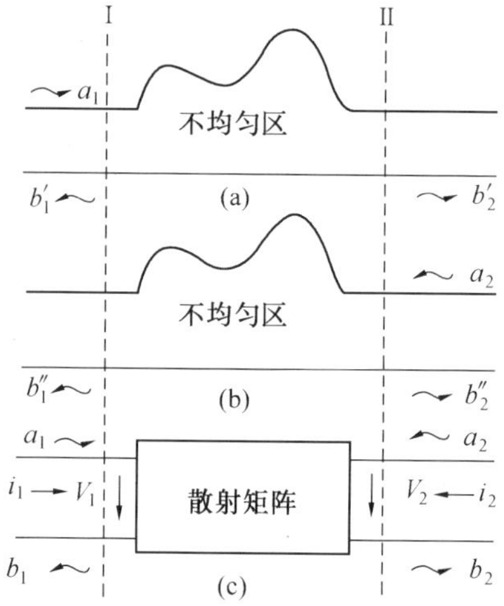

图 5.3.6　用散射矩阵表示四端网络

图(c)表示，当网络 1、2 两个端口同时存在入射波(a_1 和 a_2)时，两端口将产生输出波 b_1 和 b_2。由于系统是线性无耗的，故通过网络的场量可以线性叠加，即

$$\left.\begin{aligned} b_1 &= b'_1 + b''_1 = S_{11}a_1 + S_{12}a_2 \\ b_2 &= b'_2 + b''_2 = S_{21}a_1 + S_{22}a_2 \end{aligned}\right\} \qquad (5.3.36)$$

写成矩阵形式，为

$$\begin{bmatrix} b_1 \\ b_2 \end{bmatrix} = \begin{bmatrix} S_{11} & S_{12} \\ S_{21} & S_{22} \end{bmatrix}\begin{bmatrix} a_1 \\ a_2 \end{bmatrix} \qquad (5.3.37)$$

或缩写成

$$\boldsymbol{b} = \boldsymbol{Sa} \qquad (5.3.38)$$

推广到多口网络，则式(5.3.37)变为

$$\begin{bmatrix} b_1 \\ b_2 \\ \vdots \\ b_n \end{bmatrix} = \begin{bmatrix} S_{11} & S_{12} & \cdots & S_{1n} \\ S_{21} & S_{22} & \cdots & S_{2n} \\ \vdots & \vdots & & \vdots \\ S_{n1} & S_{n2} & \cdots & S_{nn} \end{bmatrix}\begin{bmatrix} a_1 \\ a_2 \\ \vdots \\ a_n \end{bmatrix} \qquad (5.3.39)$$

则

$$\boldsymbol{S} = \begin{bmatrix} S_{11} & S_{12} & \cdots & S_{1n} \\ S_{21} & S_{22} & \cdots & S_{2n} \\ \vdots & \vdots & & \vdots \\ S_{n1} & S_{n2} & \cdots & S_{nn} \end{bmatrix} \qquad (5.3.40)$$

上式中的 a 代表入射波电压(归一值，下同)b 代表反射波电压。

下面说明为什么不再用端口电压、电流而改用入射波电压和反射波电压作为描述网络的物理量的理由。

有了等效电压和电流的概念后，可以把波导跟第二、三两章所讨论过的 TEM 波传输线统一起来考虑，即统一用下列式子表示

$$V = Ae^{-j\theta} + Be^{j\theta} = V^+ + V^- \qquad (5.3.41)$$

$$I = \frac{1}{Z_0}(Ae^{-j\theta} - Be^{j\theta}) = I^+ - I^- \qquad (5.3.42)$$

归一化得

$$v = \frac{V}{\sqrt{Z_0}} = \frac{V^+}{\sqrt{Z_0}} - \frac{V^-}{\sqrt{Z_0}} = v^+ + v^- = a + b \qquad (5.3.43)$$

$$i = \sqrt{Z_0} I = \sqrt{Z_0} I^+ - \sqrt{Z_0} I^- = \frac{Z_0 I^+}{\sqrt{Z_0}} - \frac{Z_0 I^-}{\sqrt{Z_0}} =$$

$$\frac{V^+}{\sqrt{Z_0}} - \frac{V^-}{\sqrt{Z_0}} = v^+ - v^- = a - b \tag{5.3.44}$$

由上二式解得

$$a = \frac{1}{2}(v + i) \tag{5.3.45}$$

$$b = \frac{1}{2}(v - i) \tag{5.3.46}$$

这就是说用入射波电压(a) 和反射波电压(b) 完全可以确定各端口的电压和电流(v 和 i)。因而完全可以用入射波、反射波电压代替端口电压、电流来描述网络的工作状态。

式(5.3.39) 表明,当已知网络入射波电压欲求反射波电压时,用散射矩阵最为方便。

S 中的各散射参量元素均有明确的物理意义。其中

$$S_{ii} = \left.\frac{b_i}{a_i}\right|_{a_k = 0(k \neq i)} \tag{5.3.47}$$

表示当其他各端口均接匹配负载的情况下,i 口的反射系数(自散射参量);

$$S_{ij} = \left.\frac{b_i}{a_j}\right|_{a_k = 0(k \neq j)} \tag{5.3.48}$$

表示当其他各端口均接匹配负载时,由 j 向 i 端口的传输系数(互散射参量)。

由于反射系数和传输系数均可直接测量得到,因此使用散射参量是很方便的,同时,利用散射参量分析和描述微波网络特性,在微波技术中得到广泛应用,故需对它予以特别重视。

现在分析散射矩阵的基本性质。

(1) 在互易网络中,**S** 具有对称性,即 $\boldsymbol{S} = \boldsymbol{S}^{\mathrm{T}}$ 或 $S_{ij} = S_{ji}$。证明如下:

由于

$$\boldsymbol{v} = \boldsymbol{a} + \boldsymbol{b} = \boldsymbol{z}\boldsymbol{i} = \boldsymbol{z}(\boldsymbol{a} - \boldsymbol{b}) = \boldsymbol{z}\boldsymbol{a} - \boldsymbol{z}\boldsymbol{b}$$

故得

$$(\boldsymbol{z} + \boldsymbol{I})\boldsymbol{b} = (\boldsymbol{z} - \boldsymbol{I})\boldsymbol{a}$$

或

$$\boldsymbol{b} = (\boldsymbol{z} + \boldsymbol{I})^{-1}(\boldsymbol{z} - \boldsymbol{I})\boldsymbol{a} \tag{5.3.49}$$

比较式(5.3.38) 与式(5.3.49) 后,有

$$\boldsymbol{S} = (\boldsymbol{z} + \boldsymbol{I})^{-1}(\boldsymbol{z} - \boldsymbol{I}) \tag{5.3.50}$$

上式的转置矩阵为

$$\boldsymbol{S}^{\mathrm{T}} = (\boldsymbol{z} - \boldsymbol{I})^{\mathrm{T}}[(\boldsymbol{z} + \boldsymbol{I})^{\mathrm{T}}]^{-1} \tag{5.3.51}$$

由于括号内的矩阵(不论阻抗矩阵 $\boldsymbol{z}$ 还是单位矩阵 $\boldsymbol{I}$) 都是对称的,故它们等于其转置矩阵,因而式(5.3.51) 变为

$$\boldsymbol{S}^{\mathrm{T}} = (\boldsymbol{z} - \boldsymbol{I})(\boldsymbol{z} + \boldsymbol{I})^{-1} \tag{5.3.52}$$

比较式(5.3.37),可得

$$\boldsymbol{S}^{\mathrm{T}} = \boldsymbol{S} \tag{5.3.53}$$

这就证明了 $\boldsymbol{S}$ 对互易网络来说是对称矩阵。

(2) 对无耗网络，$\boldsymbol{S}$ 具有么正性(酉正性)，即$(\overline{\boldsymbol{S}})^{\mathrm{T}}(S) = \boldsymbol{I}$。证明如下：

我们把复数功率定理写成归一化形式并利用式(5.2.2)，可以有

$$\sum_{i=1}^{n}(\overline{a}_i - \overline{b}_i)(a_i + b_i) = \mathrm{j}2\omega(W_{\mathrm{m}} + W_{\mathrm{c}}) + P_1$$

分离实部和虚部，有

$$\sum_{i=1}^{n}(\overline{a}_i a_i - \overline{b}_i b_i) = P_1 \tag{5.3.54}$$

$$\sum_{i=1}^{n}(\overline{a}_i b_i - a_i \overline{b}_i) = \mathrm{j}2\omega(W_{\mathrm{m}} - W_{\mathrm{e}}) \tag{5.3.55}$$

利用矩阵关系及 $\overline{u}u = |u|^2 = (\overline{u})^{\mathrm{T}}u$ 及 $u = \boldsymbol{I}\cdot u$，则式(5.3.54)可写成

$$(\overline{\boldsymbol{a}})^{\mathrm{T}}\boldsymbol{I} - (\overline{\boldsymbol{S}})^{\mathrm{T}}\boldsymbol{S}\boldsymbol{a} = P_1 \tag{5.3.56}$$

由于网络无耗，$P_1 = 0$，故由式(5.3.56)得

$$(\overline{\boldsymbol{S}})^{\mathrm{T}}\boldsymbol{S} = \boldsymbol{I} \tag{5.3.57}$$

这就证明了 $\boldsymbol{S}$ 具有么正性。

若网络既无耗又互易，则 $\boldsymbol{S}$ 为对称矩阵，即式(5.3.53)成立，于是式(5.3.57)变为

$$\overline{\boldsymbol{S}}\boldsymbol{S} = \boldsymbol{I} \tag{5.3.58}$$

或

$$\boldsymbol{S}\overline{\boldsymbol{S}} = \boldsymbol{I} \tag{5.3.59}$$

式(5.3.59)常被称为 $\boldsymbol{S}$ 的单式性。

(3) 当网络对称时，有

$$\left.\begin{aligned} S_{ii} &= S_{jj}(\text{全对称}) \\ S_{ik} &= S_{jk}(\text{部分对称}) \end{aligned}\right\} \tag{5.3.60}$$

五、传输矩阵($\boldsymbol{T}$ 矩阵)

如图 5.3.7 所示的二口网络，当网络输出端口的场量 a_2 和 b_2 已知，欲求输入端口的场量 a_1、b_1 时，用 $\boldsymbol{T}$ 作变换矩阵最为方便，即

$$\begin{bmatrix} a_1 \\ b_1 \end{bmatrix} = \begin{bmatrix} T_{11} & T_{12} \\ T_{21} & T_{22} \end{bmatrix}\begin{bmatrix} b_2 \\ a_2 \end{bmatrix} \tag{5.3.61}$$

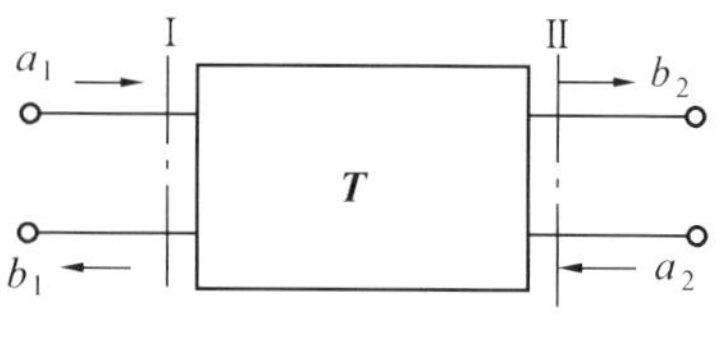

图 5.3.7

把上式改写成代数方式

$$\left.\begin{aligned} a_1 &= T_{11}b_2 + T_{12}a_2 \\ b_1 &= T_{21}b_2 + T_{22}a_2 \end{aligned}\right\} \tag{5.3.62}$$

可看出 $\boldsymbol{T}$ 中各矩阵元素的物理意义：

$$T_{11} = \left.\frac{a_1}{b_2}\right|_{a_2=0} \tag{5.3.63}$$

表示 2 口接匹配负载时，由 1 口到 2 口的传输系数的倒数，即

$$T_{11} = \frac{1}{S_{21}} \tag{5.3.64}$$

$$T_{22} = \left.\frac{b_1}{a_2}\right|_{b_2=0} \tag{5.3.65}$$

表示2端口匹配时由2口至1口的传输系数。请注意,这里的 $T_{22} \neq S_{12}$,因二者端口条件不同,而

$$T_{12} = \left.\frac{a_1}{a_2}\right|_{b_2=0} \quad 及 \quad T_{21} = \left.\frac{b_1}{b_2}\right|_{a_2=0} \tag{5.3.66}$$

这两个元素无明确的物理意义。

根据定义式(5.3.37)和式(5.3.61),可以很容易地导出 **T** 与 **z**、**y**、**a** 和 **S** 之间的相互关系式。例如 **T** 与 **S** 的关系,为

$$\boldsymbol{T} = \begin{bmatrix} \dfrac{1}{S_{12}} & -\dfrac{S_{22}}{S_{21}} \\ \dfrac{S_{11}}{S_{12}} & S_{12} - \dfrac{S_{11}S_{22}}{S_{21}} \end{bmatrix} \qquad \boldsymbol{S} = \begin{bmatrix} \dfrac{T_{21}}{T_{11}} & T_{22} - \dfrac{T_{12}T_{21}}{T_{11}} \\ \dfrac{1}{T_{11}} & -\dfrac{T_{12}}{T_{11}} \end{bmatrix}$$

T 具有如下性质:

$$\left.\begin{array}{l} (1)\ 互易网络: |\boldsymbol{T}| = T_{11}T_{22} - T_{12}T_{21} = 1 \\ (2)\ 对称网络: T_{12} = -T_{21} \\ (3)\ 无耗网络: T_{11} = \overline{T}_{22}, T_{12} = \overline{T}_{21} \end{array}\right\} \tag{5.3.67}$$

上述性质不难从 **S** 的性质得到证明。

与 **a** 类似,在研究级联的二口网络时,用 **T** 也很方便。例如图5.3.8所示的级联二口网络,由于

$$\begin{bmatrix} a_1 \\ b_1 \end{bmatrix} = \boldsymbol{T}_1 \begin{bmatrix} b_2 \\ a_2 \end{bmatrix}, \begin{bmatrix} b_2 \\ a_2 \end{bmatrix} = \boldsymbol{T}_2 \begin{bmatrix} b_3 \\ a_3 \end{bmatrix},$$

$$\cdots\cdots\cdots\cdots$$

$$\begin{bmatrix} b_n \\ a_n \end{bmatrix} = \boldsymbol{T}_n \begin{bmatrix} b_{n+1} \\ a_{n+1} \end{bmatrix}$$

逐级代入,可得

$$\begin{bmatrix} a_1 \\ b_1 \end{bmatrix} = \boldsymbol{T}_1\boldsymbol{T}_2\cdots\boldsymbol{T}_n \begin{bmatrix} b_{n+1} \\ a_{n+1} \end{bmatrix} \tag{5.3.68}$$

而作为整个复合级联网络(图中虚线所框区域)应有

$$\begin{bmatrix} a_1 \\ b_1 \end{bmatrix} = \boldsymbol{T} \begin{bmatrix} b_{n+1} \\ a_{n+1} \end{bmatrix} \tag{5.3.69}$$

比较式(5.3.68)和式(5.3.69),可得

$$\boldsymbol{T} = \boldsymbol{T}_1\boldsymbol{T}_2\cdots\boldsymbol{T}_n = \prod_{i=1}^{n} \boldsymbol{T}_i \tag{5.3.70}$$

上式表明,级联复合网络的 **T** 等于各分网络的 **T** 的乘积。

最后再提请注意：$\boldsymbol{a}$ 和 $\boldsymbol{T}$ 两种参量矩阵只适用于二口网络；$\boldsymbol{z}$、$\boldsymbol{y}$ 和 $\boldsymbol{S}$ 三种参量矩阵则适用于任意端口网络。

根据各参量矩阵的定义并注意到式(5.3.45)和式(5.3.46)所示的 v、i 与 a、b 的关系，还可导出前述5种参量矩阵间的相互关系式，可参考其他教科书，此处不再讨论。

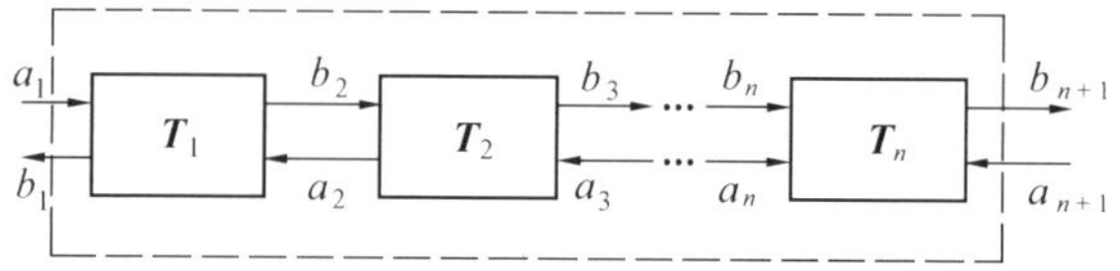

图 5.3.8　级联网络的 $\boldsymbol{T}$

5.4　基本电路单元的参量矩阵

通常，一个较复杂的微波网络是由几个简单网络组成的，这些简单网络称为基本电路单元。知道了基本电路单元的参量，就可以导出复杂网络的参量。

最常用的是二口网络，因此，这里着重讨论二口基本电路单元的参量。最常用到的电路单元有串联阻抗、并联导纳、均匀传输线段和理想变压器，如图 5.4.1 所示。

这些电路单元的参量矩阵，由于电路结构简单，根据参量矩阵的定义和特性可以容易地求出；也可以根据上节中讨论的各参量之间的关系，由一种参量导出另一种来。

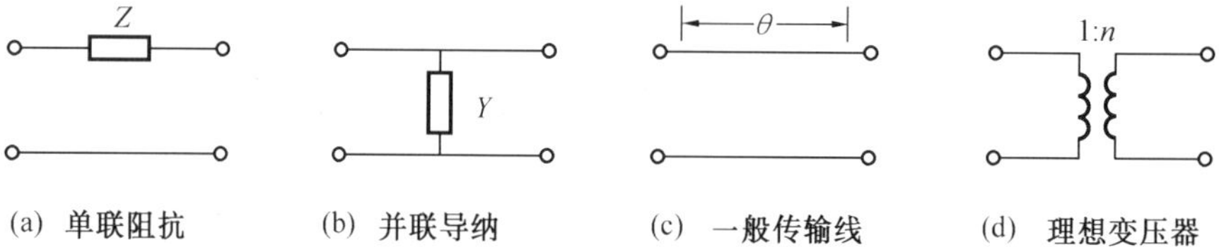

图 5.4.1　常用基本电路单元

下面举例说明。

例 1　求串联阻抗 z 的 $\boldsymbol{a}$。

解　根据定义有

$$a = \left.\frac{v_1}{v_2}\right|_{i_2=0} = 1, \qquad b = \left.\frac{v_1}{-i_2}\right|_{v_2=0} = z$$

由网络对称性，有　$d = a = 1$

由网络互易性，有　$ad - bc = 1$

故

$$c = \frac{ad-1}{b} = 0$$

因此，串联阻抗 z 的 $\boldsymbol{a}$ 为

$$\boldsymbol{a} = \begin{bmatrix} 1 & z \\ 0 & 1 \end{bmatrix} \tag{5.4.1}$$

如果需要，也可根据上节描述的关系写出原值 $\boldsymbol{A}$(见式(5.3.21))：

$$A = \begin{bmatrix} A & B \\ C & D \end{bmatrix} = \begin{bmatrix} a\sqrt{\dfrac{Z_{01}}{Z_{02}}} & b\sqrt{Z_{01}Z_{02}} \\ \dfrac{c}{\sqrt{Z_{01}Z_{02}}} & b\sqrt{\dfrac{Z_{02}}{Z_{01}}} \end{bmatrix} = \begin{bmatrix} \sqrt{\dfrac{Z_{01}}{Z_{02}}} & Z\sqrt{Z_{01}Z_{02}} \\ 0 & \sqrt{\dfrac{Z_{02}}{Z_{01}}} \end{bmatrix} \tag{5.4.2}$$

当 $Z_{01} = Z_{02} = Z_0$ 时 $\quad A = \begin{bmatrix} 1 & zZ_0 \\ 0 & 1 \end{bmatrix}$

例 2 求串联阻抗 z 的 $\boldsymbol{S}$。

解 图 5.4.2 示出了该电路单元两端口上的场量关系及相应的端口条件。

根据定义,S_{11} 是输出口接匹配负载(其归一值为 1,如图中所示)时,输入端的反射系数。因此,它可根据传输理论求得

$$S_{11} = \left.\frac{b_1}{a_1}\right|_{a_2=0} = \frac{(z+1)-1}{(z+1)+1} = \frac{z}{z+2}$$

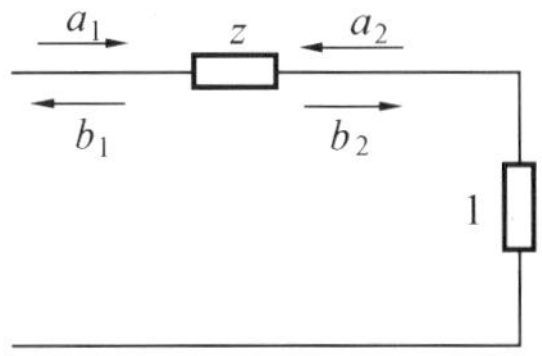

图 5.4.2 串联阻抗单元与参量的求法

因该网络具有对称性,故有

$$S_{22} = S_{11} = \frac{z}{z+2}$$

根据定义,$S_{21} = \left.\dfrac{b_2}{a_1}\right|_{a_2=0}$ 为输出口接匹配负载时,输入口至输出口的传输系数。由于 $a_2 = 0$,故有

$$v_2 = a_2 + b_2 = b_2$$

$$v_1 = a_1 + b_1 = a_1\left(1 + \left.\frac{b_1}{a_1}\right|_{a_2=0}\right) = a_1(1 + S_{11})$$

再根据电路分压原理,有

$$v_2 = \frac{v_1}{1+z} = \frac{1+S_{11}}{1+z}a_1 = b_2$$

所以

$$S_{21} = \left.\frac{b_2}{a_1}\right|_{a_2=0} = \frac{1+S_{11}}{1+z} = \frac{2}{z+2}$$

由网络互易性,有

$$S_{12} = S_{21} = \frac{2}{z+2}$$

最后得

$$\boldsymbol{S} = \frac{1}{z+2}\begin{bmatrix} z & 2 \\ 2 & z \end{bmatrix} \tag{5.4.3}$$

例 3 求并联导纳 y 的 $\boldsymbol{a}$(y 为归一值)。

解 并联导纳单元电路各端口电路量(归一值)如图 5.4.3 所示。

根据定义

$$a = \left.\frac{v_1}{v_2}\right|_{i_2=0} = 1$$

$$b = \left.\frac{v_1}{-i_2}\right|_{v_2=0} = 0$$

$$c = \left.\frac{i_1}{v_2}\right|_{i_2=0} = y$$

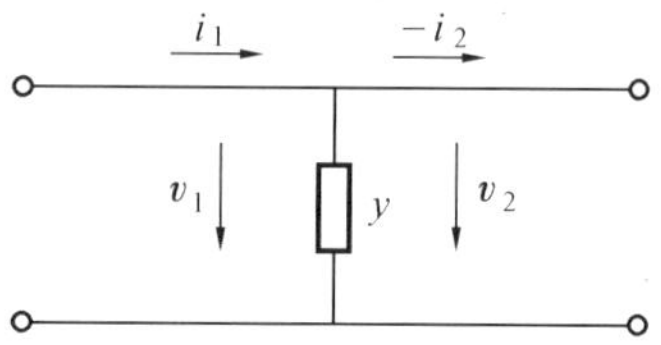

图 5.4.3　并联导纳单元 a 参量的求法

$$d = \left.\frac{i_1}{-i_2}\right|_{v_2=0} = 1$$

故得

$$\boldsymbol{a} = \begin{bmatrix} 1 & 0 \\ y & 1 \end{bmatrix} \tag{5.4.4}$$

如果需要,也可利用式(5.3.21)把归一化 $\boldsymbol{a}$ 换写成原值$\boldsymbol{A}$,但此时需要用网络外接均匀传输线之特性导纳 Y_{01}、Y_{02} 来表示,即式(5.3.21)变为

$$\left.\begin{aligned} A &= a\sqrt{\frac{Y_{02}}{Y_{01}}}, B = \frac{b}{\sqrt{Y_{01}Y_{02}}} \\ C &= c\sqrt{Y_{01}Y_{02}}, D = d\sqrt{\frac{Y_{01}}{Y_{02}}} \end{aligned}\right\} \tag{5.4.5}$$

于是得到并联导纳 Y 的原值$\boldsymbol{A}$ 为

$$\boldsymbol{A} = \begin{bmatrix} a\sqrt{\dfrac{Y_{02}}{Y_{01}}} & \dfrac{b}{\sqrt{Y_{01}Y_{02}}} \\ c\sqrt{Y_{01}Y_{02}} & d\sqrt{\dfrac{Y_{01}}{Y_{02}}} \end{bmatrix} \tag{5.4.6}$$

若外接传输线满足 $Y_{01} = Y_{02} = Y_0$,则有

$$\boldsymbol{A} = \begin{bmatrix} a & \dfrac{b}{Y_0} \\ cY_0 & d \end{bmatrix} \tag{5.4.7}$$

例 4　求电长度为 θ 的均匀传输线段的 $\boldsymbol{S}$。

解　根据定义,S_{11} 是输出口接匹配负载时,输入口的反射系数。按端口条件自然有 $a_2 = 0$,对均匀传输线终端接匹配负载时,输入端反射系数为零,则 $S_{11} = 0$。再根据对称性,有

$$S_{11} = S_{22} = 0 \tag{5.4.8}$$

又根据定义和网络的互易性,有

$$S_{21} = S_{12} = \left.\frac{b_2}{a_1}\right|_{a_2=0}$$

由于 $a_2 = 0$,即传输线上无反射波,即呈行波状态,b_2 和 a_1 的幅度相等,相位相差 θ 角,即 $b_2 = a_1 e^{-j\theta}$,代入上式,得

$$S_{21} = S_{12} = e^{-j\theta} \tag{5.4.9}$$

综合上述得

$$\boldsymbol{S} = \begin{bmatrix} 0 & e^{-j\theta} \\ e^{-j\theta} & 0 \end{bmatrix} \tag{5.4.10}$$

例 5　求变比为 1:n 的理想变压器的 $\boldsymbol{T}$。

解　理想变压器端口处的场量关系，如图 5.4.4 所示。

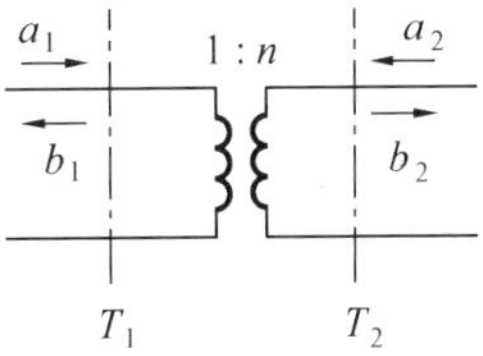

图 5.4.4　理想变压器

对理想变压器而言，有下列关系存在

$$\frac{v_1}{v_2} = \frac{-i_2}{i_1} = \frac{1}{n} \tag{5.4.11}$$

再利用式(5.3.45) 和式(5.3.46) 代入定义式中，可求得

$$T_{11} = \frac{a_1}{b_2}\bigg|_{a_2=0} = \frac{\frac{1}{2}(v_1 + i_1)}{\frac{1}{2}(v_2 - i_2)}\Bigg|_{v_2=-i_2} = \frac{\frac{v_2}{n} + nv_2}{2v_2} = \frac{1+n^2}{2n} \tag{5.4.12}$$

$$T_{22} = \frac{b_1}{a_2}\bigg|_{b_2=0} = \frac{\frac{1}{2}(v_1 - i_1)}{\frac{1}{2}(v_2 + i_2)}\Bigg|_{v_2=i_2} = \frac{\frac{v_2}{n} + nv_2}{2v_2} = \frac{1+n^2}{2n} \tag{5.4.13}$$

$$T_{12} = \frac{a_1}{a_2}\bigg|_{b_2=0} = \frac{\frac{1}{2}(v_1 + i_1)}{\frac{1}{2}(v_2 + i_2)}\Bigg|_{v_2=i_2} = \frac{\frac{v_2}{n} - nv_2}{2v_2} = \frac{1-n^2}{2n} \tag{5.4.14}$$

$$T_{21} = \frac{b_1}{b_2}\bigg|_{a_2=0} = \frac{\frac{1}{2}(v_1 - i_1)}{\frac{1}{2}(v_2 - i_2)}\Bigg|_{v_2=-i_2} = \frac{\frac{v_2}{n} - nv_2}{2v_2} = \frac{1-n^2}{2n} \tag{5.4.15}$$

综合起来，得

$$\boldsymbol{T} = \begin{bmatrix} \frac{1+n^2}{2n} & \frac{1-n^2}{2n} \\ \frac{1-n^2}{2n} & \frac{1+n^2}{2n} \end{bmatrix} \tag{5.4.16}$$

式(5.4.16) 即为变比 1:n 的理想变压器的传输矩阵表达式。

分析上述变压器的网络特性，根据所求得的式(5.4.16)，有

(1) 由于 $T_{11}T_{22} - T_{12}T_{21} = 1$，故判定该网络互易；

(2) 由于 $T_{12} \neq -T_{21}$，故判定该网络不对称；

(3) 由于 $T_{11} = \overline{T}_{22}, T_{12} = \overline{T}_{21}$ 判定该网络无耗。

应用类似办法可求得 4 种基本电路的其他参量矩阵列成表 5.4.1。

表 5.4.1　4 种基本电路的其他参量矩阵

单元矩阵	$\boldsymbol{z}$	$\boldsymbol{y}$	$\boldsymbol{a}$	$\boldsymbol{S}$	$\boldsymbol{T}$
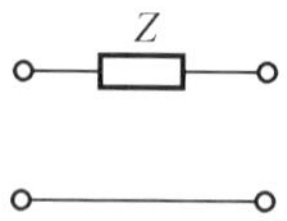	无	$\begin{bmatrix} \frac{1}{z} & -\frac{1}{z} \\ -\frac{1}{z} & \frac{1}{z} \end{bmatrix}$	$\begin{bmatrix} 1 & z \\ 0 & 1 \end{bmatrix}$	$\begin{bmatrix} \frac{z}{2+z} & \frac{2}{2+z} \\ \frac{2}{2+z} & \frac{2}{2+z} \end{bmatrix}$	$\begin{bmatrix} 1+\frac{z}{2} & -\frac{z}{2} \\ \frac{z}{2} & 1-\frac{z}{2} \end{bmatrix}$
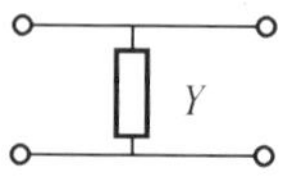	$\begin{bmatrix} \frac{1}{y} & \frac{1}{y} \\ \frac{1}{y} & \frac{1}{y} \end{bmatrix}$	无	$\begin{bmatrix} 1 & 0 \\ y & 1 \end{bmatrix}$	$\begin{bmatrix} \frac{-y}{2+y} & \frac{2}{2+y} \\ \frac{2}{2+y} & \frac{-y}{2+y} \end{bmatrix}$	$\begin{bmatrix} 1+\frac{y}{2} & \frac{y}{2} \\ -\frac{y}{2} & 1-\frac{y}{2} \end{bmatrix}$
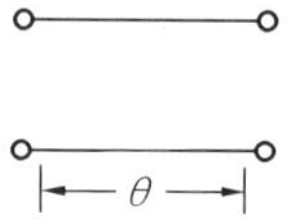	$\begin{bmatrix} -\mathrm{j}\cot\theta & -\mathrm{j}\csc\theta \\ -\mathrm{j}\csc\theta & -\mathrm{j}\cot\theta \end{bmatrix}$	$\begin{bmatrix} -\mathrm{j}\cot\theta & -\mathrm{j}\csc\theta \\ -\mathrm{j}\csc\theta & -\mathrm{j}\cot\theta \end{bmatrix}$	$\begin{bmatrix} \cos\theta & \mathrm{j}\sin\theta \\ \mathrm{j}\sin\theta & \cos\theta \end{bmatrix}$	$\begin{bmatrix} 0 & \mathrm{e}^{-\mathrm{j}\theta} \\ \mathrm{e}^{-\mathrm{j}\theta} & 0 \end{bmatrix}$	$\begin{bmatrix} \mathrm{e}^{\mathrm{j}\theta} & 0 \\ 0 & \mathrm{e}^{\mathrm{j}\theta} \end{bmatrix}$
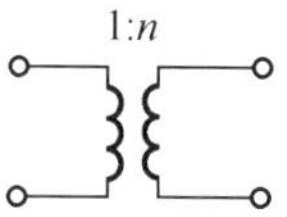	无	无	$\begin{bmatrix} \frac{1}{n} & 0 \\ 0 & n \end{bmatrix}$	$\begin{bmatrix} \frac{1-n^2}{1+n^2} & \frac{2n}{1+n^2} \\ \frac{2n}{1+n^2} & \frac{n^2-1}{1+n^2} \end{bmatrix}$	$\begin{bmatrix} \frac{1+n^2}{2n} & \frac{1-n^2}{2n} \\ \frac{1-n^2}{2n} & \frac{1+n^2}{2n} \end{bmatrix}$

5.5　网络的工作特性参量

微波元件在微波系统中的作用常用“工作特性参量”表示，有时也称为它们对网络的“外特性参量”。本节将要介绍的外特性参量与前面介绍过的网络参量有密切关系。当微波元件的结构或等效电路给定时，网络参量也就确定了。在此基础上可以求出微波元件的外特性参量，从而定量地分析元件在系统中所起的作用，这个过程就是微波网络的分析过程。反之，若先给定微波网络的对外特性参量，要求确定网络参量，从而确定微波元件的结构尺寸，这个过程就是微波网络的综合设计过程。因此，不论是分析还是综合，都需要搞清楚网络的外特性参量与网络参量间的相互关系。

本节讨论的二口网络的外特性参量共有 4 个，它们是电压传输系数、插入衰减、插入相移和插入驻波比。下面分别进行讨论。

一、电压传输系数 T

研究图 5.5.1 所示的二口网络。

电压传输系数是指输出口接匹配负载时，输出口反射波电压 b_2 与输入端口入射波电压 a_1 之比值，记以 T，即

$$T = \frac{b_2}{a_1}\bigg|_{a_2=0} \tag{5.5.1}$$

根据 S 参量的定义，不难看出上述定义就是 S_{21} 的定义，因此

$$T = S_{21} \qquad (5.5.2)$$

根据 S 参量与 a 参量的关系 T 也可用 a 参量表示为

$$T = \frac{2}{a + b + c + d} \qquad (5.5.3)$$

图 5.5.1　二口网络

这里提请注意，输出端口接匹配负载这是一必要的端口条件。如果不加这一限制条件，那么电压传输系数不是一个确定的量，它将随终端负载变化而变化，不可能再表征网络的对外特性。

二、插入衰减

定义　当网络终端接匹配负载时，输入口的输入功率 P_i 与负载吸收功率（即输出端口的反射波功率）P_1 之比称为网络的插入衰减，记以 A，即

$$A = \left.\frac{P_i}{P_1}\right|_{a_2=0} = \left.\frac{|a_1|^2}{|b_2|^2}\right|_{a_2=0} \qquad (5.5.4)$$

显然，上式等于电压传输系数 T 的模的倒数平方，故

$$A = \frac{1}{|T|^2} = \frac{1}{|S_{21}|^2} = \frac{|a + b + c + d|^2}{4} \qquad (5.5.5)$$

若用分贝值表示网络的插入衰减，则用符号 L 表示，即

$$L = 10\lg A(\mathrm{dB}) \qquad (5.5.6)$$

在没有放大作用的微波元件中，$P_i \geqslant P_1$，故 $A \geqslant 1$。即入射波功率除输送到负载那一部分上，还有一部分被反射回去，再有一部分作为元件内部损耗。

为了看清网络插入衰减的物理过程，我们把式(5.5.5) 改写为

$$A = \frac{1}{|S_{21}|^2} = \frac{1 - |S_{11}|^2}{|S_{21}|^2} \cdot \frac{1}{1 - |S_{11}|^2} = A_a \cdot A_r \qquad (5.5.7)$$

上式含有两个因子，其中

$$A_a = \frac{1 - |S_{11}|^2}{|S_{21}|^2} = \frac{1 - \left|\dfrac{b_1}{a_1}\right|^2}{\left|\dfrac{b_2}{a_1}\right|^2} = \frac{|a_1|^2 - |b_1|^2}{|b_2|^2} \qquad (5.5.8)$$

$$A_r = \frac{1}{1 - |S_{11}|^2} = \frac{|a_1|^2}{|a_1|^2 - |b_1|^2} \qquad (5.5.9)$$

这就是说，插入衰减是由两个因素造成的，第一部分 A_a 代表网络实际输入功率（输入端输入功率减去反射波功率 $|a_1|^2 - |b_1|^2$）与终端负载吸收功率（$|b_2|^2$）之比，对无耗互易网络来说，$A_\alpha = 1$，故它表征由网络内部损耗引起的衰减，称为吸收衰减。第二部分 A_r 代表网络入射波功率（$|a_1|^2$）与实际输入功率（$|a_1|^2 - |b_1|^2$）之比。这部分衰减显然是由于输入端口不匹配（即 $|b_1 \neq 0|$）引起的，即输入端口存在反射造成的，故 A_r 被称为网络的反射衰减。显然当输入口匹配时，$|S_{11}| = 0, A_r = 1$，即无反射衰减。

由此可见，对于一个网络，如果其输入口和输出口均匹配，即有 $A = A_a$。这就是说，此

时网络的插入衰减是由网络的吸收衰减构成的，并且它代表该微波元件的衰减量。

对于阻抗变换器和移相器一类的微波元件，总希望有尽可能小的插入衰减；对于常用的衰减器，总希望有一定的吸收衰减，而反射衰减要尽量小，以免引起对信号源工作状态的影响；对于滤波器，则正是利用其反射衰减的频率选择将不需要的频率滤掉，当然无频率选择性的吸收衰减应尽量小。

三、插入相移

定义　当网络输出口接匹配负载时，输出口反射波电压 b_2 与输入口入射波电压 a_1 的相位差称为网络的插入相移，记以 θ。

令入射波电压和反射波电压分别为

$$a_1 = |a_1| e^{j\varphi_1}$$

$$b_2 = |b_2| e^{j\varphi_2}$$

代入式(5.5.1)中，得

$$T = \frac{b_2}{a_1} = \frac{|b_2|}{|a_1|} e^{j(\varphi_2 - \varphi_1)} \tag{5.5.10}$$

根据定义，有

$$\theta = \varphi_2 - \varphi_1 = \arg T = \arg S_{21} \tag{5.5.11}$$

由式可见，当 $\theta < 0$，表示 b_2 滞后 a_1，反之，如 $\theta > 0$，表示 b_2 超前于 a_1。插入相移 θ 等于散射参量 S_{21} 的相角，也就是电压传输系数 T 的相角。当不同频率的微波信号通过网络时，它们的插入相移随频率的不同而不同。为了使通过网络的信号波形不致有相位失真，对网络的插入相移应有一定的要求。

插入相移 θ 是移相器的重要工作特性参量，也是滤波器的一个工作特性参量。对大多数微波网络而言，应尽量避免因它们的介入而引起整个系统的相位紊乱。

四、插入驻波比

定义　当网络输出口接匹配负载时，从输入口测得的驻波比，称为网络的插入驻波比，记以 ρ。

根据输入口驻波比与其反射系数的关系，有

$$\rho = \frac{1 + |\Gamma_1|}{1 - |\Gamma_1|}$$

当网络输出口接匹配负载时，Γ_1 即为 S_{11}，因此

$$\rho = \frac{1 + |S_{11}|}{1 - |S_{11}|} \tag{5.5.12}$$

或者

$$|S_{11}| = \frac{\rho - 1}{\rho + 1} \tag{5.5.13}$$

对于无耗、互易网络，根据 $\boldsymbol{S}$ 单式性，有

$$|S_{11}|^2 + |S_{21}|^2 = 1$$

则

$$|S_{21}|^2 = 1 - |S_{11}|^2$$

由此找到用插入驻波比表示插入衰减的关系式

$$A = \frac{1}{|S_{21}|^2} = \frac{1}{1 - |S_{11}|^2} = \frac{1}{1 - \left(\frac{\rho - 1}{\rho + 1}\right)^2} = \frac{(\rho + 1)^2}{4\rho} \tag{5.5.14}$$

上式表明,无耗、互易二口网络的插入衰减和插入驻波比并不是两个彼此独立的工作特性参量,而是一一对应的。从物理概念来说,由于网络无耗,没有吸收衰减,因此插入衰减就是反射衰减,即 $A = A_r$。而 A_r 仅取决于 $|S_{11}|$,$|S_{11}|$ 又与插入驻波比 ρ 一一对应,因而插入衰减 A 与插入驻波比 ρ 一一对应。

插入驻波比是微波元件的主要工作特性参量,应尽量降低,否则既影响信号源的工作稳定性,又降低了终端负载吸收的功率。由式(5.5.14)可以看出,只有当 $\rho = 1$ 时,才有 $A = 1$(即 $L = 0$ dB),网络才能将信号功率无损耗地传输给终端负载。

5.6 二、三、四口网络的基本特性

在学习了微波网络的参量矩阵及其基本性质以后,我们可以利用它们来研究实际微波网络的特性。假设所研究的微波网络都是线性、无耗、互易网络,实际上只要网络中不存在铁氧体一类的材料都可以这样认为。

在讨论各种网络基本特性之前,再次重申有关"匹配"的两个基本概念,万万不能混淆。一个是"端口接匹配负载",一个是"端口匹配"。

所谓"端口接匹配负载"指的是网络某端口外接均匀传输线是匹配状态的,即该端口(比如 i 口)的物理量必有 $a_i = 0$。

所谓"端口匹配"指的是网络端口参考面上无反射波,即必有 $b = 0$。这里又分两种:① 网络第 i 口匹配,指的是其他各口均接匹配负载时,该口的反射系数为零,即 $S_{ii} = 0$;② 网络完全匹配,是指所有端口都达到匹配,即 $S_{jj} = 0(j = 1,2,\cdots,N)$。

一、二口网络的基本特性

对于一个互易二口网络,有三个独立的网络参量,用 $\boldsymbol{S}$ 表示,为

$$\boldsymbol{S} = \begin{bmatrix} S_{11} & S_{12} \\ S_{12} & S_{22} \end{bmatrix}$$

二口网络具有两个基本特性,我们可用 $\boldsymbol{S}$ 的基本性质加以证明。

特性 1:可以存在完全匹配的二口网络,条件是网络的二口均外接匹配负载和某一端口匹配。

由无耗、互易网络 $\boldsymbol{S}$ 的单式性,有

$$|S_{11}|^2 + |S_{12}|^2 = 1 \tag{5.6.1}$$

$$|S_{12}|^2 + |S_{22}|^2 = 1 \tag{5.6.2}$$

二式相减可得

$$|S_{11}| = |S_{22}| \tag{5.6.3}$$

上式表明,当对口接匹配负载时,两个口的反射系数模总是相等的。

现假定网络 1 口是匹配的,即

$$S_{11} = 0 \tag{5.6.4}$$

则

$$|S_{11}| = |S_{22}| = 0$$

因而

$$S_{22} = 0 \tag{5.6.5}$$

就是说,当1口匹配时,2口也自动匹配,反之亦同。可见,确实可以存在完全匹配的二口网络。

特性 2:匹配的二口网络,必然是全传输(全耦合)的。

由式(5.6.1)或式(5.6.2)可见,当 $S_{11} = 0$或 $S_{22} = 0$时,$|S_{12}|^2 = 1$,故$|S_{12}| = 1$,即

$$T = 1 \tag{5.6.6}$$

二、三口网络的基本特性

三口网络也有两个基本特性。

特性 1:不存在完全匹配的三口网络。

这一特性,利用 $\boldsymbol{S}$ 的性质,通过反证法很容易证明。即假定三口网络是完全匹配的,则有 $S_{11} = S_{22} = S_{33} = 0$,于是

$$\boldsymbol{S} = \begin{bmatrix} 0 & S_{12} & S_{13} \\ S_{12} & 0 & S_{23} \\ S_{13} & S_{23} & 0 \end{bmatrix}$$

由 $\boldsymbol{S}$ 的单式性有

$$|S_{12}|^2 + |S_{13}|^2 = 1 \tag{5.6.7}$$

$$|S_{12}|^2 + |S_{23}|^2 = 1 \tag{5.6.8}$$

$$|S_{13}|^2 + |S_{23}|^2 = 1 \tag{5.6.9}$$

$$\overline{S}_{13}S_{23} = 0 \tag{5.6.10}$$

式(5.6.10)要求 $S_{13} = 0$或 $S_{23} = 0$。若 $S_{13} = 0$,则代入前三式,得

$$|S_{12}| = 1$$

$$|S_{12}|^2 + |S_{23}|^2 = 1$$

$$|S_{23}|^2 = 1$$

显然,这三个公式是矛盾的,因此,S_{13} 不能为零。同理可证 S_{23} 也不能为零。这样就否定了三口网络完全匹配的假定,即反证了三口网络是不可能达到全匹配的。

推论:若要三口网络的某两口匹配(例如1、2口匹配),则必须第三口与网络完全隔离(即 $S_{31} = S_{32} = 0$)。

此时的散射参量矩阵为

$$\boldsymbol{S} = \begin{bmatrix} 0 & S_{12} & S_{13} \\ S_{12} & 0 & S_{23} \\ S_{13} & S_{23} & S_{33} \end{bmatrix}$$

根据 **S** 的单式性,有

$$|S_{12}|^2 + |S_{13}|^2 = 1 \tag{5.6.11}$$

$$|S_{12}|^2 + |S_{23}|^2 = 1 \tag{5.6.12}$$

$$\overline{S}_{13} S_{23} = 0 \tag{5.6.13}$$

由式(5.6.11) 和式(5.6.12) 得

$$|S_{13}| = |S_{23}| \tag{5.6.14}$$

联立式(5.6.13) 和式(5.6.14),得

$$|S_{13}| = |S_{23}| = 0$$

由网络互易性,有

$$|S_{23}| = |S_{32}| = 0$$

即有

$$S_{31} = S_{32} = 0 \tag{5.6.15}$$

可见,此时网络的 3 口与 1、2 口是完全隔离的。

特性 2:在三口网络的某一口中接入可变短路器,当它调到适当位置时,可以使其他两口完全隔离。

为了证明上述特性,列出网络的 z 参量方程

$$v_1 = z_{11} i_1 + z_{12} i_2 + z_{13} i_3 \tag{5.6.16}$$

$$v_2 = z_{12} i_1 + z_{22} i_2 + z_{23} i_3 \tag{5.6.17}$$

$$v_3 = z_{13} i_1 + z_{23} i_2 + z_{33} i_3 \tag{5.6.18}$$

因网络互易,故有 $z_{21} = z_{12}, z_{31} = z_{13}, z_{32} = z_{23}$。假定在第 3 口接短路器,相当于接一阻抗 z_3,故有

$$v_3 = -z_3 i_3 \tag{5.6.19}$$

上式中的负号,是因为我们规定进入网络的电流为正,所以表示流向负载的电流自然就加一负号。由式(5.6.18) 和式(5.6.19) 解出 i_3,再代入式(5.6.16) 和式(5.6.17),就可以得到一组等效二口网络方程

$$\begin{bmatrix} v_1 \\ v_2 \end{bmatrix} = \begin{bmatrix} z_{11} - \dfrac{z_{13}^2}{z_{33} + z_3} & z_{12} - \dfrac{z_{13} z_{23}}{z_{33} + z_3} \\ z_{12} - \dfrac{z_{13} z_{23}}{z_{33} + z_3} & z_{22} - \dfrac{z_{23}^2}{z_{33} + z_3} \end{bmatrix} \begin{bmatrix} i_1 \\ i_2 \end{bmatrix} \tag{5.6.20}$$

显然,该等效二口网络完全隔离的条件是

$$z'_{12} = z_{12} - \frac{z_{13} z_{23}}{z_{33} + z_3} = 0$$

即

$$z_{12} = \frac{z_{13}z_{23}}{z_{33} + z_3} \tag{5.6.21}$$

因上式中各网络参量是纯虚数(网络无耗),所以作为可变短路器的输入阻抗 z_3,可取 $-\mathrm{j}\infty$ 到 $+\mathrm{j}\infty$ 之间的任何纯虚数,这样,上述条件总是能够满足的。这就证明了三口网络的第二个基本特性,在1、2两口相互隔离的情况下,可以从式(5.6.21)和式(5.6.20)中的对角线元素导出这两个端口的输入阻抗,为

$$z_{1i} = z_{11} - \frac{z_{12}z_{13}}{z_{23}} \tag{5.6.22}$$

$$z_{2i} = z_{22} - \frac{z_{12}z_{23}}{z_{13}} \tag{5.6.23}$$

推论:若三口网络对某口(例如3口)对称时,则在该口接一可变短路器,总可找到一适当短路位置,使其他二口全传输而无反射。

可以把对称性条件写成为

$$z_{11} = z_{22}, z_{13} = z_{23} \tag{5.6.24}$$

把式(5.6.24)代入式(5.6.20)中,可得

$$z' = \begin{bmatrix} z_{11} - \dfrac{z_{13}^2}{z_{33} + z_3} & z_{12} - \dfrac{z_{13}^2}{z_{33} + z_3} \\ z_{12} - \dfrac{z_{13}^2}{z_{33} + z_3} & z_{11} - \dfrac{z_{13}^2}{z_{33} + z_3} \end{bmatrix} \tag{5.6.25}$$

现在,1、2口间可以等效为一段均匀传输线,其 z 参量为

$$z = \begin{bmatrix} -\mathrm{j}\cot\theta & \dfrac{1}{\mathrm{j}\sin\theta} \\ \dfrac{1}{\mathrm{j}\sin\theta} & -\mathrm{j}\cot\theta \end{bmatrix} \tag{5.6.26}$$

使 $z = z'$,即可得到 z_3 应满足的条件,为

$$-\mathrm{j}\cot\theta = z_{11} - \frac{z_{13}^2}{z_{33} + z_3}$$

$$\frac{1}{\mathrm{j}\sin\theta} = z_{12} - \frac{z_{13}^2}{z_{33} + z_3}$$

把上二式平方,然后相减,利用三角函数性质可得

$$1 = \left(z_{11} - \frac{z_{13}^2}{z_{33} + z_3}\right)^2 - \left(z_{12} - \frac{z_{13}^2}{z_{33} + z_3}\right)^2 \tag{5.6.27}$$

式(5.6.27)就是三口网络为使1、2两口成全传输状态(即1、2口构成一等效传输线段),而在3口接的 z_3 应满足的条件。事实上,由于 z_3 可在 $\pm\mathrm{j}\infty$ 之间选择,因而总是有可能满足这一条件的。

三、四口网络的基本特性

实用中,四口网络的种类也是很多的,这里以定向耦合器为例来讨论四口网络的基本特性。

为此,我们首先从网络观点出发叙述一下定向耦合器的基本特点。定向耦合器是这样一种四口网络,当3、4口接以匹配负载时,1、2口是匹配的(即 $S_{11} = S_{22} = 0$),而且1、3口之间及2、4口之间是互相隔离的(即 $S_{13} = S_{31} = 0, S_{24} = S_{42} = 0$)。

特性1:可以存在完全匹配的四口网络。

和二口网络一样,这一特性是说可以允许完全匹配的四口网络存在,但并不是说每一给定的四口网络都是全匹配的。

下面将证明,若四口中有两口是匹配而且又相互隔离,那么该网络必定是一个全匹配的四口网络。

设1、2是既匹配又隔离的两个口,则网络的 $\boldsymbol{S}$ 为

$$\boldsymbol{S} = \begin{bmatrix} 0 & 0 & S_{13} & S_{14} \\ 0 & 0 & S_{23} & S_{24} \\ S_{13} & S_{23} & S_{33} & S_{34} \\ S_{14} & S_{24} & S_{34} & S_{44} \end{bmatrix}$$

根据 $\boldsymbol{S}$ 单式性,有

$$|S_{13}|^2 + |S_{14}|^2 = 1$$

$$|S_{22}|^2 + |S_{24}|^2 = 1$$

$$|S_{13}|^2 + |S_{23}|^2 + |S_{33}|^2 + |S_{34}|^2 = 1$$

$$|S_{14}|^2 + |S_{24}|^2 + |S_{34}|^2 + |S_{44}|^2 = 1$$

将上列后二式相加并用前二式代入,得到

$$|S_{33}|^2 + |S_{44}|^2 + 2|S_{34}|^2 = 0$$

上式三项均为正,欲使上式成立,只有

$$|S_{33}| = |S_{44}| = |S_{34}| = 0$$

于是有

$$S_{33} = S_{44} = 0 \tag{5.6.28}$$

$$S_{34} = 0 \tag{5.6.29}$$

式(5.6.28)表明网络3、4口匹配,式(5.6.29)表明3、4口也是隔离的。从而证明了确实存在全匹配的四口网络。此时 $\boldsymbol{S}$ 可写成

$$\boldsymbol{S} = \begin{bmatrix} 0 & 0 & S_{13} & S_{14} \\ 0 & 0 & S_{23} & S_{24} \\ S_{13} & S_{23} & 0 & 0 \\ S_{14} & S_{24} & 0 & 0 \end{bmatrix} \tag{5.6.30}$$

特性2:完全匹配的四口网络与定向耦合器是完全等价的。完全等价包含两重含义:定向耦合器一定是完全匹配的四口网络;全匹配的四口网络一定是一个定向耦合器。

要证明这一特性,我们分两步进行。首先证明定向耦合器一定是一个全匹配网络。

根据前述的定向耦合器的基本特性可知:若一个网络代表定向耦合器,则必有 $S_{11} = S_{22} = S_{13} = S_{24} = 0$,于是其 $\boldsymbol{S}$ 可写成

$$
\boldsymbol{S}=\begin{bmatrix} 0 & S_{12} & 0 & S_{14} \\ S_{12} & 0 & S_{23} & 0 \\ 0 & S_{23} & S_{33} & S_{34} \\ S_{14} & 0 & S_{34} & S_{44} \end{bmatrix} \tag{5.6.31}
$$

再由 $\boldsymbol{S}$ 的单式性有

$$
|S_{12}|^2+|S_{14}|^2=1 \tag{5.6.32}
$$

$$
|S_{12}|^2+|S_{23}|^2=1 \tag{5.6.33}
$$

$$
S_{14}\overline{S}_{44}=0 \tag{5.6.34}
$$

$$
S_{23}\overline{S}_{33}=0 \tag{5.6.35}
$$

由式(5.6.32)与式(5.6.33)相减,得

$$
|S_{14}|=|S_{23}|
$$

由式(5.6.34)可知

$$
|S_{14}||S_{44}|=0
$$

其中 $|S_{14}|\neq 0$,否则无耦合作用,因此只有

$$
|S_{44}|=0
$$

即

$$
S_{44}=0 \tag{5.6.36}
$$

同理可证

$$
S_{33}=0 \tag{5.6.37}
$$

这就证明了定向耦合器确是一全匹配的四口网络。

下面证明,全匹配的四口网络一定是定向耦合器。

因网络全匹配,故有

$$
\boldsymbol{S}=\begin{bmatrix} 0 & S_{12} & S_{13} & S_{14} \\ S_{12} & 0 & S_{23} & S_{24} \\ S_{13} & S_{23} & 0 & S_{34} \\ S_{14} & S_{24} & S_{34} & 0 \end{bmatrix} \tag{5.6.38}
$$

根据 $\boldsymbol{S}$ 的单式性,有

$$
|S_{12}|^2+|S_{13}|^2+|S_{14}|^2=1 \tag{a}
$$

$$
|S_{12}|^2+|S_{23}|^2+|S_{24}|^2=1 \tag{b}
$$

$$
|S_{13}|^2+|S_{23}|^2+|S_{34}|^2=1 \tag{c}
$$

$$
|S_{14}|^2+|S_{24}|^2+|S_{34}|^2=1 \tag{d}
$$

$$
S_{12}\overline{S}_{23}+S_{14}\overline{S}_{34}=0 \tag{e}
$$

$$
S_{14}\overline{S}_{12}+S_{34}\overline{S}_{23}=0 \tag{f}
$$

式(a) - (b),(c) - (d),得

$$
|S_{13}|^2+|S_{14}|^2-|S_{23}|^2-|S_{24}|^2=0 \tag{g}
$$

$$
|S_{13}|^2+|S_{23}|^2-|S_{14}|^2-|S_{24}|^2=0 \tag{h}
$$

式(g) + (h),得

$$|S_{13}|^2 - |S_{24}|^2 = 0$$

即

$$|S_{13}| = |S_{24}| \tag{5.6.39}$$

把式(5.6.39)代入式(g)得

$$|S_{14}| = |S_{23}| \tag{5.6.40}$$

二上式表明,定向耦合器1、3口之间的耦合等于2、4口之间的耦合;1、4口之间的耦合等于2、3口之间的耦合。因而,若波从1口输入,那么耦合到3口的相对功率就等于当被从2口输入时耦合到4口的相对功率。

为确定散射矩阵各元素的相位,必须选择各端口参考面的位置。当选择2、3、4口的参考面以适当位置时,可使 S_{12}、S_{34} 为正实数,使 S_{14} 为纯虚数,于是

$$S_{12} = S_{34} = \alpha(\text{正实数})$$

$$S_{14} = \mathrm{j}\beta(\text{纯虚数})$$

将上二式代入式(e)中,得

$$\alpha \bar{S}_{23} + \mathrm{j}\alpha\beta = 0$$

由此可得

$$\bar{S}_{23} = -\mathrm{j}\beta$$

则

$$S_{23} = \mathrm{j}\beta$$

于是新网络的 **S** 为

$$\boldsymbol{S} = \begin{bmatrix} 0 & \alpha & S_{13} & \mathrm{j}\beta \\ \alpha & 0 & \mathrm{j}\beta & S_{24} \\ S_{13} & \mathrm{j}\beta & 0 & \alpha \\ \mathrm{j}\beta & S_{24} & \alpha & 0 \end{bmatrix} \tag{5.6.41}$$

由单式性得[取(1、2)、(1、4)元素]

$$\left.\begin{aligned} -\mathrm{j}\beta S_{13} + \mathrm{j}\beta \bar{S}_{24} &= 0 \\ \alpha \bar{S}_{24} + \alpha S_{13} &= 0 \end{aligned}\right\} \tag{5.6.42}$$

对这个齐次方程组,由于其系数行列式

$$\Delta = \mathrm{j}\alpha\beta + \mathrm{j}\alpha\beta = 2\mathrm{j}\alpha\beta \neq 0$$

即 α、β 均不为零,所以只能有 $S_{13} = S_{24} = 0$,显然它是一个定向耦合器。

另一方面,若 $|S_{13}| = |S_{24}| \neq 0$,则需 $\alpha = 0$ 或者 $\beta = 0$。若 $\alpha = 0$,则 $S_{12} = S_{34} = 0$,这也是一个定向耦合器;若 $\beta = 0$,则 $S_{14} = S_{23} = 0$,此时也是一个定向耦合器。

这样,就证明了全匹配的四口网络与定向耦合器是完全等价的。

5.7 网络参数的测量

一、Z 参数的简单测量

如前所述,互易二口网络仅有三个独立参量。因此,欲完全确定一个二口网络,只需要

进行三次相互独立的测量即可。可以应用类似低频电路测量的方法进行，即令输出端口的负载呈开路、短路及匹配等三种状态，这就是所谓的"三点法"。

我们知道"短路"及"开路"可以在输出端口使用可移动的短路活塞装置来达到，如图 5.7.1(a)、(b) 所示；"匹配负载"可以在输出端口放吸收物质来实现，如图 5.7.1(c) 所示。

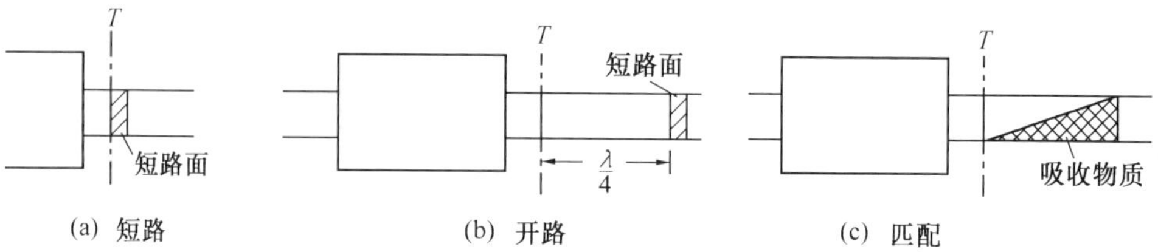

图 5.7.1　三种终端情况（T 为参考平面）

二口网络的电路量用 Z 参量表示，为

$$v_1 = Z_{11} i_1 + Z_{12} i_2$$

$$v_2 = Z_{12} i_1 + Z_{22} i_2$$

我们采用下列表示符号

	输出阻抗归一值 Z_l	输入阻抗归一值 Z_{in}
短路	$z_l = 0$	z_{sc}
开路	$z_l = \infty$	z_{oc}
匹配	$z_l = 1$	z_{oo}

来解上面方程，并设 $z_{in} = v_1/i_1, z_l = -v_2/i_2$，则有

$$Z_{in} = Z_{11} - \frac{Z_{12}^2}{z_l + Z_{22}}$$

将 $z_l = 0$、∞、1 及相应的 $z_{in} = z_{sc}$、z_{oc}、z_{oo} 代入上式，则得 Z 参数的归一值，为

$$\left.\begin{aligned} Z_{11} &= z_{oc} \\ Z_{22} &= \frac{z_{oc} - z_{oo}}{z_{oc} - z_{sc}} \\ Z_{12}^2 &= \frac{(z_{oo} - z_{oc})(z_{sc} - z_{oo})}{z_{oc} - z_{sc}} \end{aligned}\right\} \tag{5.7.1}$$

若二口网络是对称的，则

$$\left.\begin{aligned} Z_{11} &= z_{22} = z_{oc} \\ Z_{12}^2 &= z_{oc}(z_{oc} - z_{sc}) \end{aligned}\right\} \tag{5.7.2}$$

由式(5.7.1)和式(5.7.2)可知，当 z_{oc}、z_{sc} 和 z_{oo} 由测得知后，Z 参数即可确定。如果网络对称（互易性仍保持不变），因其只有两个独立参量，故只需作两次独立测量（即令负载为短路及开路）即可。

二、S 参数的简单测量

散射参数 S 也可以用三点法进行测量,但它不是测量输入阻抗,而是测量反射系数。它是通过对输出口负载的反射系数 Γ_1 和输入口反射系数 Γ_i 的三次独立测量实现的。

互易的二口网络的 S 参量网络方程为

$$b_1 = S_{11}a_1 + S_{12}a_2$$

$$b_2 = S_{12}a_1 + S_{22}a_2$$

用 $\Gamma_{in} = \dfrac{b_1}{a_1}$、$\Gamma_1 = \dfrac{a_2}{b_2}$ 代入上二式并消去 a_1、a_2,可找到 Γ_{in} 与 S 参量及 Γ_1 的关系

$$\Gamma_{in} = S_{11} + \frac{S_{12}^2\Gamma_1}{1 - S_{22}\Gamma_1} \tag{5.7.3}$$

此处,Γ_{in} 是 T_1 参考面上的反射系数,Γ_1 是 T_2 参考面上的反射系数。由上式可见,若在三种不同的负载下,测出三组 Γ_1、Γ_{in},即可定出三个独立的散射参量。

设三次独立测量结果如下表。

负载状态 $\bar{z}_1$	短　路	开　路	匹　配
输出口反射系数 Γ_{in}	-1	1	0
实际测得 Γ_{in}	Γ_{sc}	Γ_{oc}	Γ_{oo}

将上述测量结果代入式(5.7.3)中,得

$$\left.\begin{aligned} S_{11} &= \Gamma_{oo} \\ S_{22} &= \frac{2\Gamma_{oo} - \Gamma_{sc} - \Gamma_{oc}}{\Gamma_{sc} - \Gamma_{oc}} \\ S_{12}^2 &= \frac{2(\Gamma_{sc} - \Gamma_{oo})(\Gamma_{oc} - \Gamma_{oo})}{\Gamma_{sc} - \Gamma_{oc}} \end{aligned}\right\} \tag{5.7.4}$$

如果该二口网络是对称的,则仅需做两次独立测量(即令终端短路、开路),然后由下面公式计算独立的散射参量

$$\left.\begin{aligned} S_{11} &= S_{22} = \frac{\Gamma_{oc} + \Gamma_{sc}}{2 - \Gamma_{sc} + \Gamma_{oc}} \\ S_{12}^2 &= \frac{2(\Gamma_{oc} - \Gamma_{sc})(1 - \Gamma_{sc})(1 + \Gamma_{oc})}{(2 - \Gamma_{sc} + \Gamma_{oc})^2} \end{aligned}\right\} \tag{5.7.5}$$

利用三点法测定参数的实验,确实简单实用。不过有两点需要注意,首先,由于 z_{12} 和 S_{12} 取正负号都满足测出的 z_{in} 值和 Γ_{in} 值,因此仅凭三点法尚不足以最后定出 z_{12} 和 S_{12}。为了最后确定 z_{12} 和 S_{12} 的实际符号,需要辅以输入、输出口相对相位的测量,或者用理论分析方法定出它们的实际符号。其次,该法虽然简单,但在三次测量中,只要有一次测量产生误差,则计算参量都会引入误差。所以需要积累大量的实验数据来确定,而不能只作三次。确定参数时也不能取大量的实验数据进行平均,必须有一套辅助测量系统,利用其他方法测量并独立地计算出参数,从而用它和大量实验数据进行比较来确定。

本章小结

1.微波网络法是等效电路法，把不均匀区（微波元件）等效为一个网络，把均匀传输线等效为长线，其对外特性用一组网络参量表示。因此微波网络理论可以研究任何一个复杂的微波系统。

2.根据网络外接传输线的路数，可定义微波网络的端口。有单口、二口、三口、四口和多口网络。各种微波网络参量均可通过实测和简单计算得到。

3.微波网络研究的问题包括网络分析和网络综合，前者是给出一定的电路结构，分析其网络参量及各种工作特性。后者则是根据所给的工作特性要求，优化设计出合乎要求的电路结构。

4.学习微波网络理论时要注意其分析方法与低频网络理论的相同点和不同点。

5. 微波网络常用的网络参量共有五种两大类，一类是当端口信号为电压、电流时，称为电路参量，它包括阻抗参量（Z 参量）、导纳参量（Y 参量）和转移参量（A 参量）；另一类是，当端口信号量为场强复振幅的归一化值 a 和 b 时，称为波参量，它包括散射参量（S 参量）和传输参量（T 参量）。

6.微波网络的分类

(1) 线性与非线性网络

若微波网络参考面上的模式电压与模式电流呈线性关系，则描写网络特性的网络方程为线性代数方程。这种微波网络称为线性网络。

(2) 可逆和不可逆网络

若网络内只含有各向同性媒质，则网络参考面上的场量呈可逆状态，这种网络称为可逆网络，反之称为不可逆网络。可逆与不可逆网络又可称为互易网络和非互易网络。

(3) 无耗和有耗网络

若网络内部为无耗媒质，且导体是理想导体，即网络的输入功率等于网络的输出功率。这种网络称为无耗网络，反之称为有耗网络。

(4) 对称和非对称网络

如果微波元件的结构具有对称性，则与它相对应的微波网络称为对称网络。反之称为非对称网络。

7.微波网络的特性

(1) 对于无耗网络，网络的全部阻抗参量与导纳参量均为纯虚数，即有

$$Z_{ij} = \mathrm{j}X_{ij} \qquad Y_{ij} = \mathrm{j}B_{ij} \qquad (i,j = 1,2,3,\cdots, n) \tag{1}$$

(2) 对于可逆网络，则有下列互易特性

$$Z_{ij} = Z_{ji} \qquad Y_{ij} = Y_{ji} \qquad (i \neq j\ ,\ i,j = 1,2,3,\cdots, n) \tag{2}$$

(3) 对于对称网络，则有

$$Z_{ii} = Z_{jj} \qquad Y_{ii} = Y_{jj}(i \neq j) \tag{3}$$

8.微波元件的性能可用网络的工作特性参量来表示，有时也称为它们对网络的“外特性参量”。外特性参量与网络参量有密切关系，可以互相转换。网络的外特性参量分别为：

电压传输系数 $T = \left.\frac{b_2}{a_1}\right|_{a_2=0} = S_{21} = \frac{2}{a+b+c+d}$

插入衰减 $A = \frac{1}{|T|^2} = \frac{1}{|S_{21}|^2} = \frac{|a+b+c+d|^2}{4}$

用分贝值表示 $L = 10\lg A(\text{dB})$

插入相移 $\theta = \varphi_2 - \varphi_1 = \arg T = \arg S_{21}$

插入驻波比 $\rho = \frac{1+|S_{11}|}{1-|S_{11}|}$

思考题

5.1 用网络的观点研究微波系统问题的优点是什么?

5.2 为何定义"等效阻抗"概念?

5.3 试说明"某端口匹配"和"某端口接匹配负载"这两个概念是否相同?为什么?

5.4 试说明网络的插入衰减和工作衰减是如何定义的?它们有什么不同?又有什么关系?

5.5 转移矩阵都适用于什么范围?

5.6 微波网络的主要工作特性参量有哪些?与网络参量有何关系?

5.7 为什么说网络方法是研究微波电路的重要手段?

5.8 微波网络理论与传输线理论的关系?

5.9 本章中针对"均匀波导系统与长线的等效"(5.2节)所进行的讨论的目的和意义是什么?

习题

5.1 试导出用 $\boldsymbol{S}$ 参量表示的互易二口网络的 $\boldsymbol{T}$。

5.2 试证明互易二口网络的 $\boldsymbol{a}$ 的特点:$|\boldsymbol{a}| = 1$;$\boldsymbol{T}$ 的特点:$|\boldsymbol{T}| = 1$。

5.3 试证明无耗互易二口网络的 $\boldsymbol{T}$ 的特点:$\boldsymbol{T}_{11} = \overline{\boldsymbol{T}}_{22}$,$\boldsymbol{T}_{12} = \overline{\boldsymbol{T}}_{21}$。

5.4 求图示电路的归一化转移矩阵。

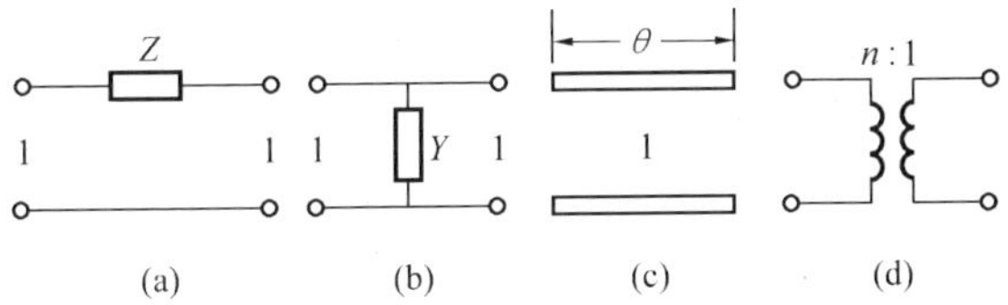

图习题 5.4

5.5 求图示电路的归一化阻抗矩阵。

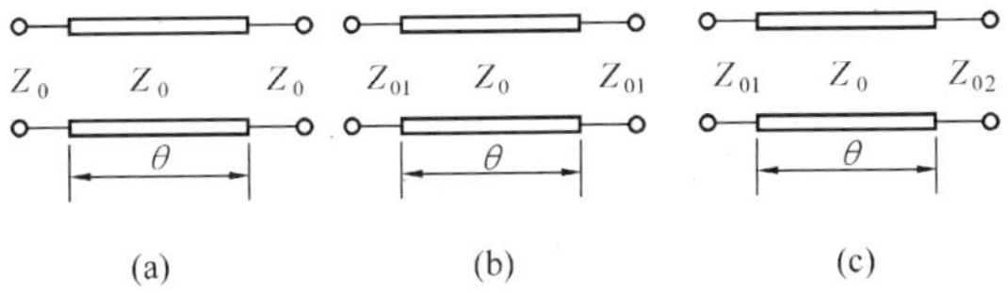

图习题 5.5

5.6 试导出用 $\boldsymbol{S}$ 参量表示的二口网络的阻抗矩阵。

5.7 若一线性互易无耗二口网络终端接匹配负载时，证明输入端反射系数模值 $|\Gamma_1|$ 与传输参量 T_{11} 的模之间的关系满足下列关系式：

$$|\Gamma_1| = \sqrt{(|T_{11}|^2 - 1)/|T_{11}|^2}$$

5.8 证明一线性对称无耗互易二口网络的散射参量的相角 φ_{11}、φ_{12}、φ_{22} 满足下列关系式：

$$2\varphi_{12} = \varphi_{11} + \varphi_{22} + \pi$$

5.9 如图所示，一互易二口网络从参考面 Ⅰ、Ⅱ 向负载方向视入的反射系数分别为 Γ_1、Γ_2，试证：

(1) $\Gamma_1 = S_{11} + \dfrac{S_{12}^2\Gamma_2}{1 - S_{22}\Gamma_2}$；

(2) 如果参考面 Ⅱ 为短路、开路和匹配，分别测得 Γ_1 为 Γ_{1s}、Γ_{1o} 和 Γ_{1c}，则

$$S_{11} = \Gamma_{1c}, S_{22} = \frac{2\Gamma_{1c} - \Gamma_{1s} - \Gamma_{1o}}{\Gamma_{1s} - \Gamma_{1o}}$$

$$S_{11}S_{22} - S_{12}^2 = \frac{\Gamma_{1c}(\Gamma_{1s} + \Gamma_{1o}) - 2\Gamma_{1s}\Gamma_{1o}}{\Gamma_{1s} - \Gamma_{1o}}$$

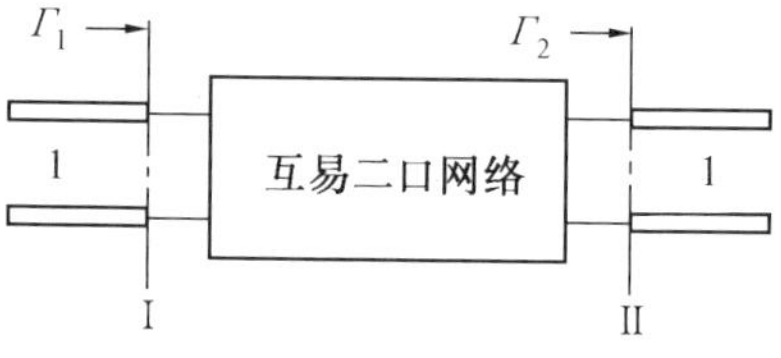

图习题 5.9

5.10 如图所示，在均匀波导中相距 l 放置两组金属膜片，若波导中仅传输 H_{10} 波，试绘出其等效电路并计算该网络之插入衰减和插入相移(设两膜片相对电纳值相等)。

5.11 如果某个网络的散射矩阵具有下列形式

$$\boldsymbol{S} = \begin{bmatrix} S_{11} & S_{12} & S_{13} \\ S_{12} & S_{11} & S_{23} \\ S_{13} & S_{23} & 0 \end{bmatrix}$$

从这一表达式中得出关于此网络的一些什么特性？

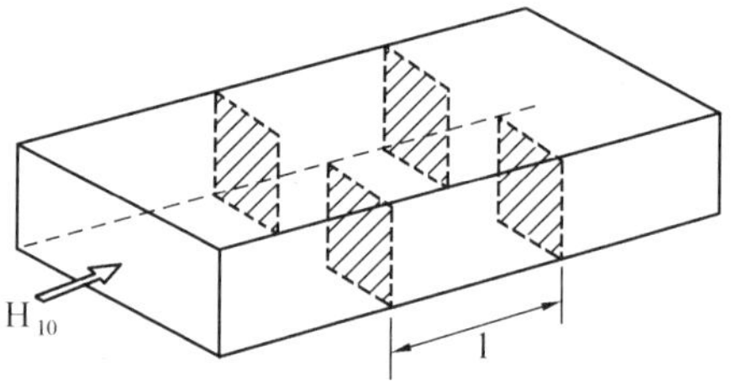

图习题 5.10

5.12 综合所学，列表给出二口网络分别在互易、对称、无耗情况下的 $\boldsymbol{Z}$、$\boldsymbol{Y}$、$\boldsymbol{A}$、$\boldsymbol{S}$ 和 $\boldsymbol{T}$ 等五种参量矩阵的性质。

5.13 试按定义式导出变比为 1∶n 得理想变压器的 $\boldsymbol{S}$，并由结果说明该二口网络是否对称？是否互易？

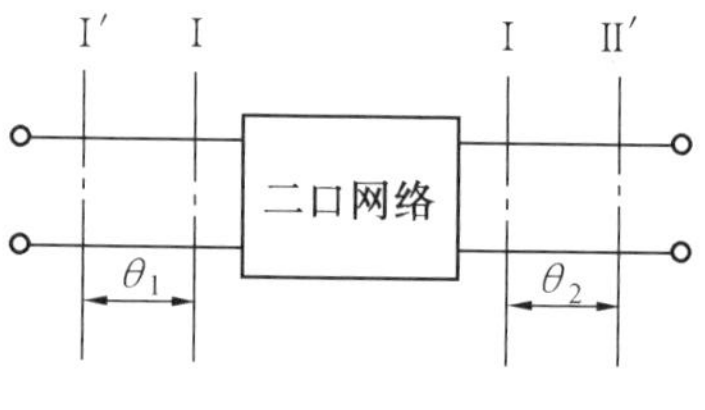

图习题 5.14

5.14 如图所示，一个二口网络，当参考面为 Ⅰ、Ⅱ 时，传输参量为 T_{11}、T_{12}、T_{21}、T_{22}，当参考面外移至 Ⅰ、Ⅱ 时，传输参量变为 T'_{11}、T'_{12}、T'_{21}、T'_{22}，试建立这两组参量的关系。其

中 θ_1、θ_2 分别为参考面移动的电长度。

5.15 今有一个二口互易对称无耗元件，终端接匹配负载，测得元件输入端的反射系数 $\Gamma_1 = 0.8e^{j\frac{\pi}{2}}$，试求：

(1) S_{11}、S_{12}、S_{22}；

(2) 插入衰减 A、插入驻波比 ρ、插入相移 θ。

5.16 有一微波滤波器，结构对称，内充线性可逆无耗媒质，终端接匹配负载。测得输入端的反射系数为 $\Gamma_1 = 0.8e^{j\frac{\pi}{2}}$，求滤波器的散射参量 S_{11}、S_{12}、S_{21} 的振幅和相位。

5.17 求出上题中滤波器的插入衰减和插入相移。

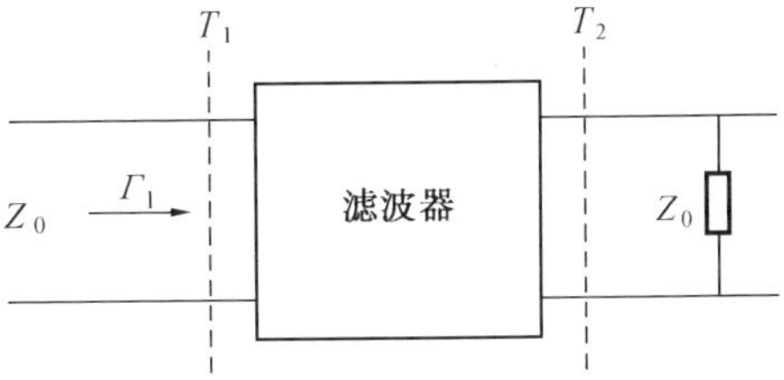

图习题 5.16

5.18 如图所示，一个微波元件接入横截面尺寸为 22 × 10 mm² 的均匀波导中，终端接短路活塞，当活塞距参考面 Ⅱ 为 l_1、l_2、l_3 时，在参考面 Ⅰ 上测得反射系数分别为：

$$l_1 = \lambda_g/8, \Gamma'_1 = 0.8e^{j\frac{\pi}{3}};$$

$$l_2 = \lambda_g/4, \Gamma''_1 = 0.6e^{j\frac{\pi}{4}};$$

$$l_3 = 3\lambda_g/8, \Gamma'_1 = 0.4e^{j\frac{\pi}{6}}。试求：$$

(1) 该元件的散射参量；

(2) 该元件的传输参量；

(3) 该元件的插入衰减。

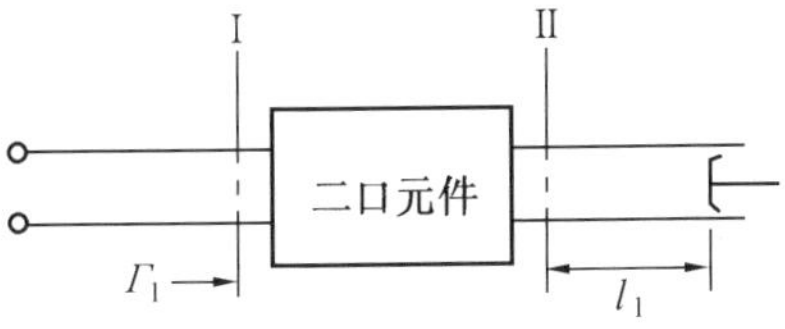

图习题 5.18

5.19 如图所示，有两段传输线接口，设两段线的特性阻抗 Z_{01} 和 Z_{02}，证明其散射参量为：

$$S_{11} = \frac{Z_{02} - Z_{01}}{Z_{02} + Z_{01}}; S_{12} = \frac{2\sqrt{Z_{01}Z_{02}}}{Z_{02} + Z_{01}}$$

$$S_{21} = \frac{2\sqrt{Z_{02}Z_{01}}}{Z_{02} + Z_{01}}; S_{22} = -S_{11}。$$

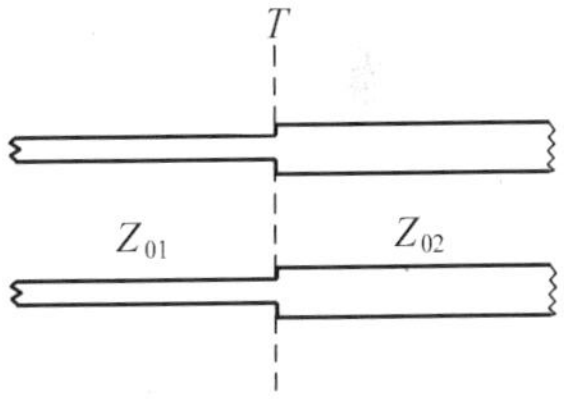

图习题 5.19

5.20 有一无耗四口网络，各口均接匹配负载，已知其散射矩阵为：

$$\boldsymbol{S} = \frac{1}{\sqrt{2}}\begin{bmatrix} 0 & 1 & 0 & j \\ 1 & 0 & j & 0 \\ 0 & j & 0 & 1 \\ j & 0 & 1 & 0 \end{bmatrix}$$，若 1 口的输入功率为 P_1，求：

(1) 各口的输出功率；

(2) 以 1 口输入场为基准，各口输出场相位关系如何？

5.21 有一四口网络，所得矩阵为

$$
\boldsymbol{S}=\frac{1}{\sqrt{2}}\begin{bmatrix} 0 & e^{j\alpha} & e^{j\alpha} & 0 \\ e^{j\alpha} & 0 & 0 & e^{j\beta} \\ e^{j\alpha} & 0 & 0 & e^{-j\beta} \\ 0 & e^{j\beta} & e^{-j\beta} & 0 \end{bmatrix}
$$

试说明该网络之特点。

5.22 叙述已知 $\boldsymbol{S}$ 的特性，并将 $\boldsymbol{S}$ 变为 z。

5.23 今有一对称、互易、无耗三口网络，试求在各端口最佳匹配条件下的最小驻波比。

第6章　微波元件

6.1　引　言

在微波系统中，实现对微波信号的定向传输、衰减、隔离、滤波、相位控制、波型与极化变换、阻抗变换与调配等功能作用的，统称为微波元(器)件。

微波元件的型式和种类很多，其中有些与低频元件的作用相似。如在波导横截面中插入金属膜片或销钉，起类似低频中的电感、电容的作用；沿波导轴线放置适当长度的吸收片，可以起消耗电磁能量的作用，相当于低频中的衰减器；在E面或H面使波导分支，可以起类似于低频中的串联、并联作用，等等。将若干波导元件组合起来，可以得到各种重要组件。如在波导中将膜片或销钉放在适当位置，可以构成谐振腔；由适当组合的谐振腔，可以得到不同要求的微波滤波器等等。

但是，有不少微波元件在低频电路中是没有的。如滤除寄生波的滤除器、波型变换器、极化变换器等。

由于微波属于分布参数系统，因此绝大多数微波元件的分析和设计问题，严格地讲是一个完整的电磁场边值问题。由于边界条件比较复杂，利用场的方法进行分析，涉及到复杂的电磁理论和应用数学问题，因此是十分繁难的。只有少数几何形状比较简单的元件才能利用该方法进行严格的求解。目前，最切实际的方法是以场的物理概念作指导，采用网络的方法，场、路结合进行分析和综合，最后将所得结果用场结构元件去模拟。

微波系统是由许多元件和均匀传输线组成的，应力求做到在连接处没有反射，即处于阻抗匹配状态。由于微波元件种类繁多，本章只能选择其中最基本的作以论述。

6.2　终端负载

终端负载是一种单口元件。常用的终端负载有两类，一类是匹配负载，一类是可变短路器。这些终端装置广泛地用于实验室，以测量微波元件的阻抗和散射参量。匹配负载是用来全部吸收入射波功率，保证传输系统的终端不产生反射的终端装置，它相当于终接特性阻抗的线。可变短路器是一种可调整的电抗性负载，是用来把入射波功率全部反射的终端装置。反射波的相位随短路器位置的变化而变化，因而，改变短路器的位置，相当于改变终端负载的电抗。

波导型匹配负载是嵌入波导中的有耗材料做成的一块渐变的尖劈或片，如图6.2.1所示。渐变片可以是1片也可以用多片。因为材料是有耗的，所以入射波功率被它吸收了。同时由于波是逐渐地进入有耗材料做成的尖劈中而避免了反射，因此，这种终端负载可以认为是一段有损耗的渐变传输线。实践表明,劈尖做得愈长,匹配性能愈好,驻波系数最好可达到 1.01 以下。一般劈长取为 2~3 波导波长,吸收体的形状和长度一般是由实验确定的。

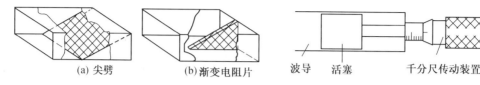

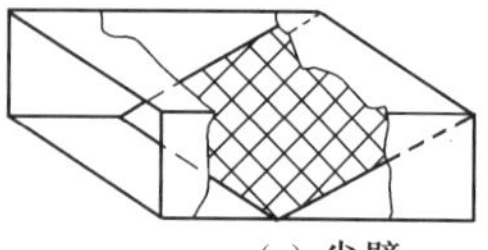

图 6.2.1　波导匹配负载

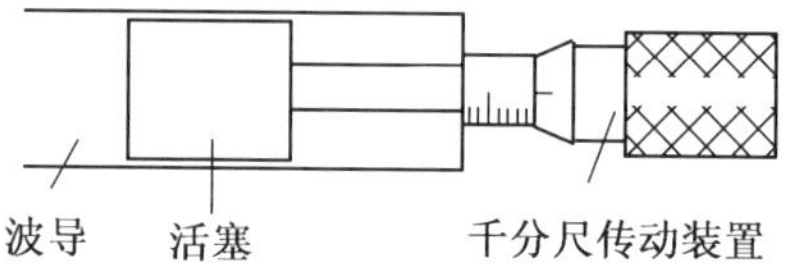

图 6.2.2　一种简单的波导短路器

可变短路器。用于波导中的可调短路器的最简形式是用铜或其他良导体做成的活塞,它与波导内壁是密接的,如图 6.2.2 所示。利用千分尺的传动,可改变活塞的位置。但是,这种简单的装置在电气性能上不是很满意的。因为在活壁之间不规律的接触,使有效的电短路位置无规则地偏离活塞前面的实际短路位置。同时,由于短路的不完善,通过活塞可能引起一些功率泄漏,其结果使 $|\Gamma|<1$。采用下面介绍的扼流式活塞,可以解决这些问题。

扼流式活塞是变换器的应用实例之一。活塞做成如图 6.2.3(a)所示的形式,此活塞的宽度是均匀的且比波导内壁宽度稍小,但是,活塞的高度并不一样,活塞比波导高度 b 小 $2b_1$(b_1 为活塞与波导的间隙,应尽可能地小),第二段是机械连杆,在保证活塞连杆强度的条件下,使 b_2 尽可能地大,两段的长度均为 $\lambda_g/4$;最后一段是底座,做成与波导滑动配合。这两段活塞相当于两个 $\lambda_g/4$ 变换器,它们的等效阻抗分别令为 Z_{01} 和 Z_{02},显然这两段阻抗分别与 b_1 和 b_2 成正比。其等效电路如图 6.2.3(b)所示。

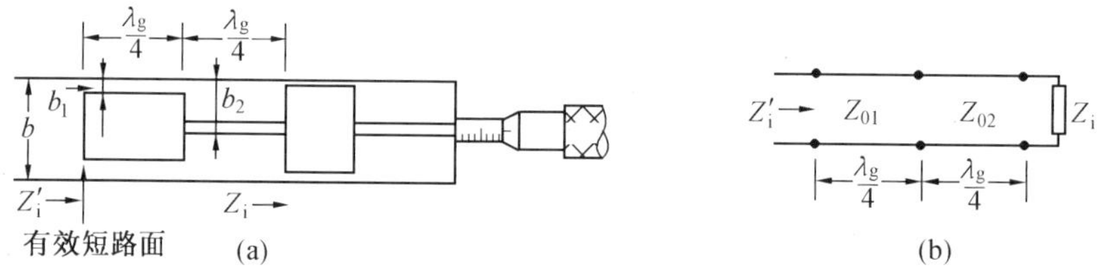

图 6.2.3　扼流式可调短路活塞及其等效电路

由图(b)可算出输入端的阻抗,为

$$Z'_i=\left(\frac{Z_{01}}{Z_{02}}\right)^2 Z_i \tag{6.2.1}$$

故有

$$Z'_i=\left(\frac{b_1}{b_2}\right)^2 Z_i \tag{6.2.2}$$

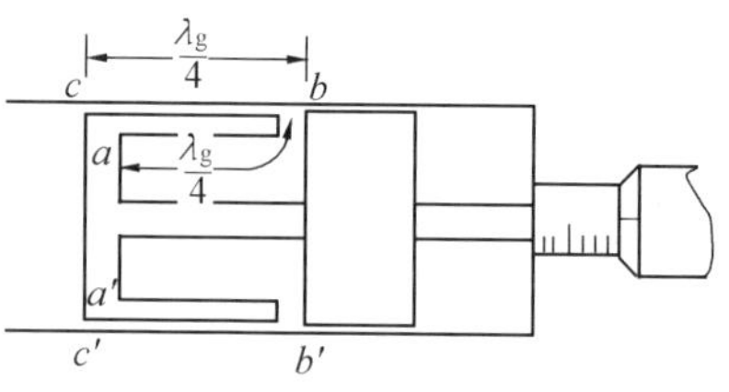

图 6.2.4　折叠式扼流型短路活塞

由上式可见,$Z'_i \ll Z_i$(因 $b_2 \gg b_1$)就是说采用扼流式活塞比直接接触式活塞,在性能上有很大改善。比如,若 $b_2=10b_1$,则电性能将提高 100 倍。

另一种折叠式扼流活塞也是经常使用的,这种装置的结构如图 6.2.4 所示。

由于 aa' 面有金属短路面,内侧故经 $\lambda/4$ 到达 bb' 面成为理想开路,再经 $\lambda/4$ 到达 cc'

面即成为理想短路面。这种类型的短路活塞具有良好的性能。

利用这种折叠 $\lambda/4$ 变换原理，还可以做成连接两段波导的扼流接头，以及制作天馈系统中的旋转关节等等。

6.3 电抗元件

下面介绍微波元件中起电抗作用的波导元件。这些常用的电抗元件有膜片、谐振窗、销钉、T 形接头等。

一、膜片

根据膜片在波导中放置方法的不同，又分为容性膜片和感性膜片两种。

1. 容性膜片 在波导横截面上放置平行宽边的金属薄片，这就是容性膜片，如图 6.3.1 所示。

膜片的窗口尺寸为 $a \times b' \times d$，膜片厚度 d 非常薄。膜片的上下位置可以是对称，也可以是不对称的。其位置的对称与否只能影响电容的大小而不会影响电抗性质。从物理概念上看，由于缝隙上下之间距离的缩短（$b' < b$）引起了缝隙间电场的集中，这相当于在该处并联了一个电容，其等效电路如图 6.3.2(a)所示。

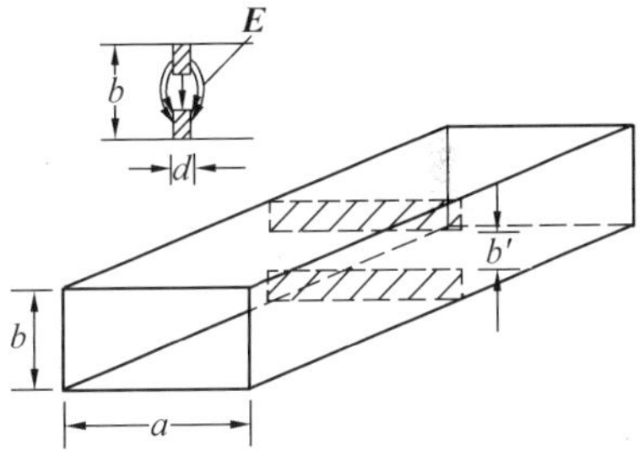

图 6.3.1 容性膜片

我们知道，H_{10}波的等效阻抗，为

$$Z_e = \frac{b}{a}\frac{120\pi}{\sqrt{1-\left(\frac{\lambda}{2a}\right)^2}}$$

膜片缝隙可看成长度为 d 口径为 $a \times b'$ 的短波导，其等效阻抗，为

$$Z'_e = \frac{b'}{a}\frac{120\pi}{\sqrt{1-\left(\frac{\lambda}{2a}\right)^2}}$$

对比上二式，显然 $Z'_e < Z_e$。

同时，从无耗传输线理论知道，在等效电路中 ab 处的输入导纳可用下面关系式表示

$$Y_{in} = \frac{1}{Z'_e}\frac{Z'_e + jZ_e\tan\beta' d}{Z_e + jZ'_e\tan\beta' d} \tag{6.3.1}$$

式中，$\beta' = 2\pi/\lambda'_g$ 是短波导中的相位常数。因 $d/\lambda'_g \ll 1$，故 $\tan\beta' d \approx \beta' d$。于是，式(6.3.1)简化为

$$Y_{in} = \frac{1}{Z_e} + j\frac{\beta' d}{Z'_e}\left[1-\left(\frac{Z'_e}{Z_e}\right)^2\right] = G + jB \tag{6.3.2}$$

其中

$$B = \frac{\beta' d}{Z'_e}\left[1-\left(\frac{Z'_e}{Z_e}\right)^2\right] \tag{6.3.3}$$

因为 $Z'_e < Z_e$，故 $B > 0$。这就证明了这种膜片是属于电容性的。

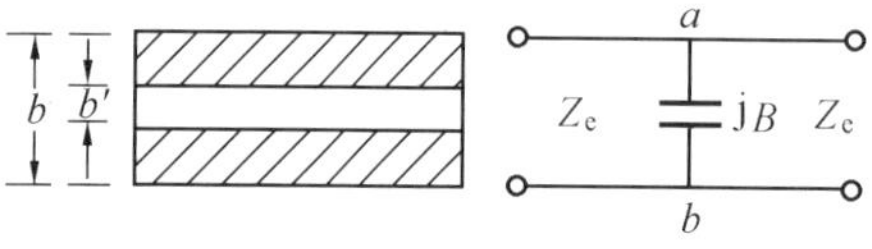

(a)容性膜片及其等效电路

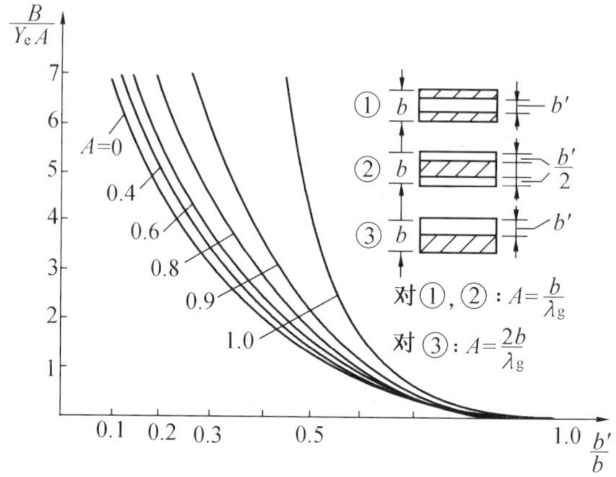

(b)容性膜片电纳曲线

图 6.3.2　波导中容性膜片

2.感性膜片　在波导横截面上沿左右窄边放置对称或不对称的金属膜片,这就构成了感性膜片,如图 6.3.3 所示。由图可见,在膜片缝隙处磁力线相对集中,因而相当于在该处并联一感性电纳。

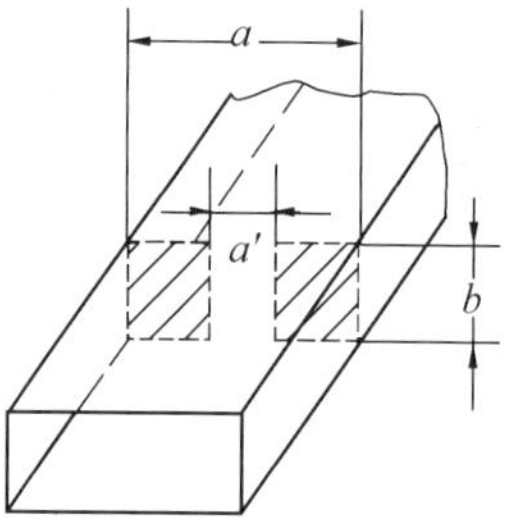

(a)

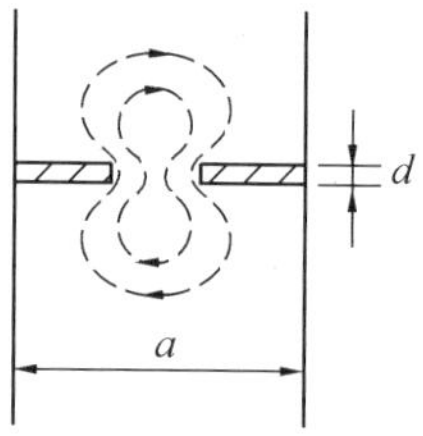

(b)

图 6.3.3　电感性膜片

感性膜片的等效电路示于图 6.3.4(a)中。

$$Z'_e = \frac{b}{a'} \frac{120\pi}{\sqrt{1-\left(\frac{\lambda}{2a'}\right)^2}} \tag{6.3.4}$$

由于 $a' < a$,故 $Z'_e > Z_e$,代入式(6.3.3)得知 $B < 0$,即为感性电纳,故称它为感性膜片。

上述两种膜的电气参量与膜片形状尺寸的关系已绘成曲线如图 6.3.2(b)和 6.3.4(b)所示,可在一般微波设计手册中查到。

制作和安装膜片的工艺要求比较高,膜片与波导的接触也很重要,因为接触不良将使膜片得到一定的电阻,这就不是单纯的电抗元件了。

二、谐振窗

常用的谐振窗窗口形状有矩形、圆形、椭圆形及哑铃形等几种,如图 6.3.5 所示。

通过对电容、电感膜片的分析,可以把小窗想像为感性和容性膜片的组合,因而谐振窗的等效电路可以近似地看作为接在传输线中的并联谐振回路。实用中谐振窗口常用介

(a) 感性膜片及其等效电路

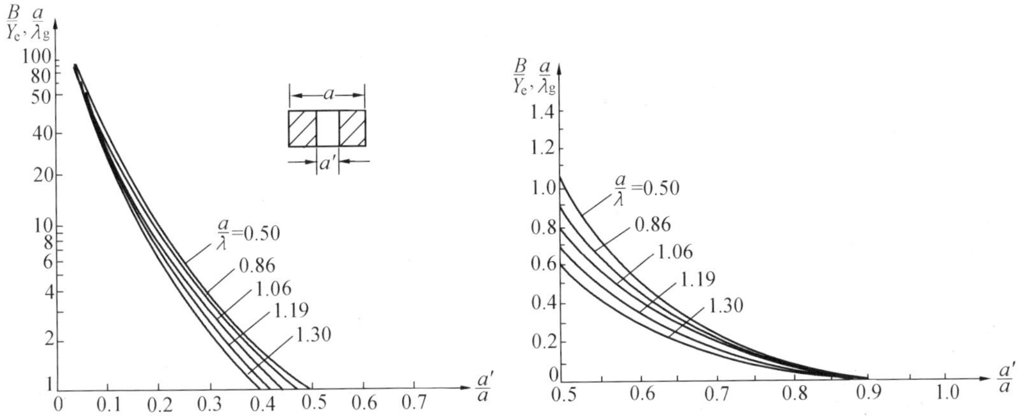

(b)对称电感膜片的电纳曲线

图 6.3.4　对称电感膜片

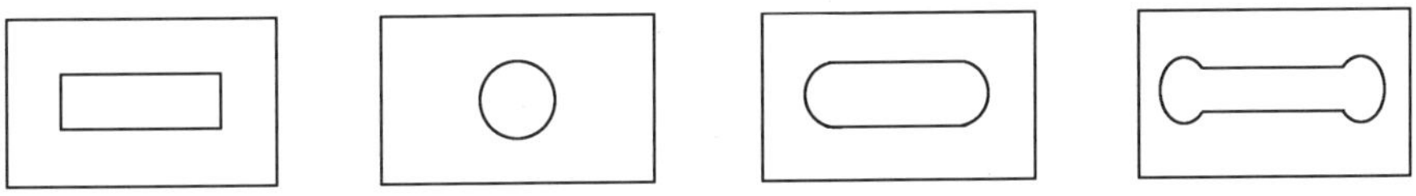

(a)矩形窗　(b)圆形窗　(c)椭圆窗　(d)哑铃窗

图 6.3.5　谐振窗形式

质(如玻璃等)封闭。谐振窗的等效电路,如图 6.3.6 所示。

下面具体研究谐振窗的性质。为简便计,这里选用空气填充的矩形波导中的不带介质的矩形窗口,如图 6.3.7 所示。

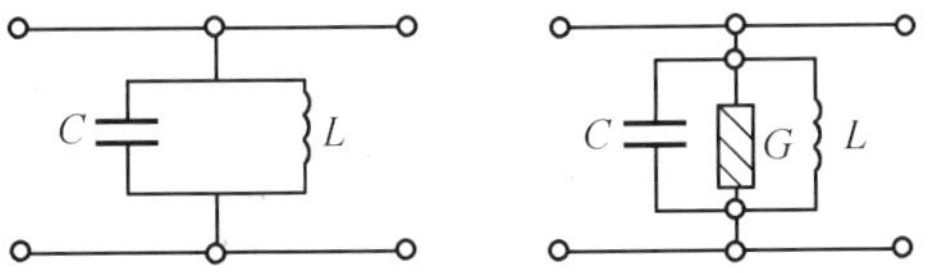

图 6.3.6　矩形谐振窗的等效电路

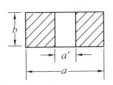

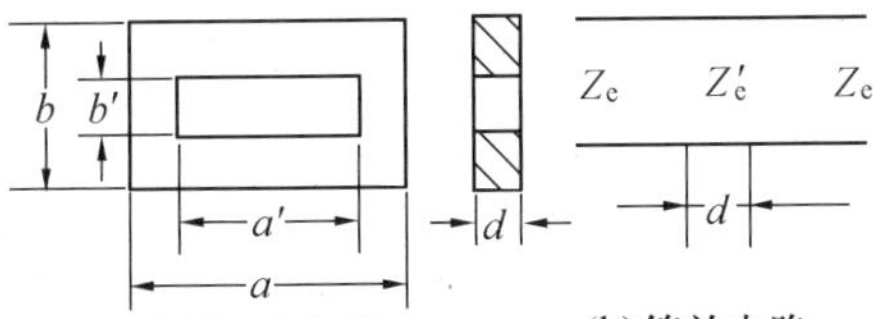

(a)矩形小窗　(b)等效电路

图 6.3.7　矩形无介质小窗及其等效电路

当矩形波导中装入矩形窗口以后,要使其在小窗截面处不产生反射,其基本条件是波导段与窗口的等效阻抗相等。令窗口尺寸为 $a' \times b'$,则有

$$Z_e = Z'_e$$

即

$$\frac{b}{\sqrt{a^2 - \frac{\lambda^2}{4}}} = \frac{b'}{\sqrt{a'^2 - \frac{\lambda^2}{4}}} \tag{6.3.5}$$

从上式可见，在固定波长情况下，满足这一关系式的窗口尺寸 a'、b' 有很多组值。但窗口 a' 的最小值应为 $a' \geqslant \lambda/2$，否则上式将失去意义，因当 $a' = \lambda/2$ 时，$b' = 0$。

现在具体确定能够满足式(6.3.5)的 a' 与 b' 所应服从的规律。取图 6.3.8 的坐标关系，有

$$a' = 2x, b' = 2y$$

将其代入式(6.3.5)中，得

$$\frac{16}{\lambda^2}x^2 - \frac{4(4a^2 - \lambda^2)}{b^2\lambda^2}y^2 = 1 \tag{6.3.6}$$

这是熟知的双曲线方程。因此，只要窗口尺寸满足上述关系，小窗就没有反射。显然，窗口的最小尺寸是 $a' = \lambda/2, b' = 0$；最大尺寸 $a' = a, b' = b$。其规律如图 6.3.9 所示。

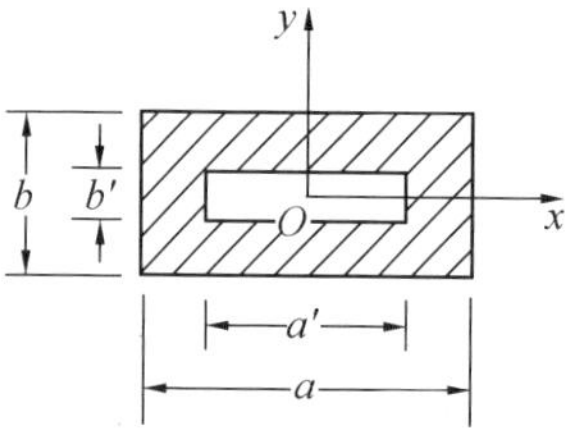

图 6.3.8 谐振窗的坐标选择

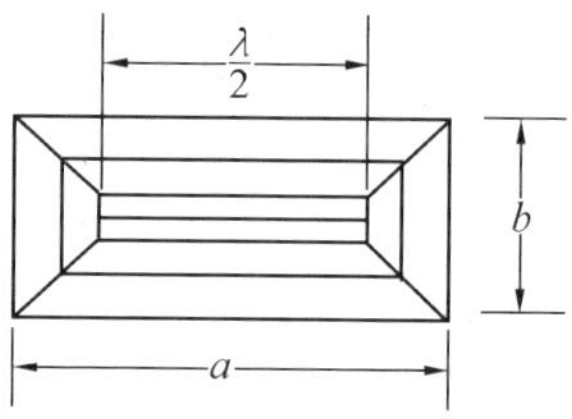

图 6.3.9 小窗尺寸分布规律

实践表明，不仅矩形窗口具有谐振特性，而且其他形状的小窗也具有谐振的性质。

谐振窗引入波导系统会使在窗口的宽边中间产生电场的过分集中，从而引起高频击穿。这种高频击穿被广泛地用在雷达技术——天线收发开关中，作为高频谐振窗，如图 6.3.10 所示。

图中，在两个窗口之间先抽成真空，再充以惰性气体。当较大的发射功率从波导中通过时，在输入窗口中发生高频放电，致使导电层封闭了小窗，窗口成了一个短路的金属面。结果，波将被反射回去，如图 6.3.10(a)所示，当功率较小，则不足以发生气体击穿时，电磁能量可无反射地通过窗口传输过去，如图(b)所示。

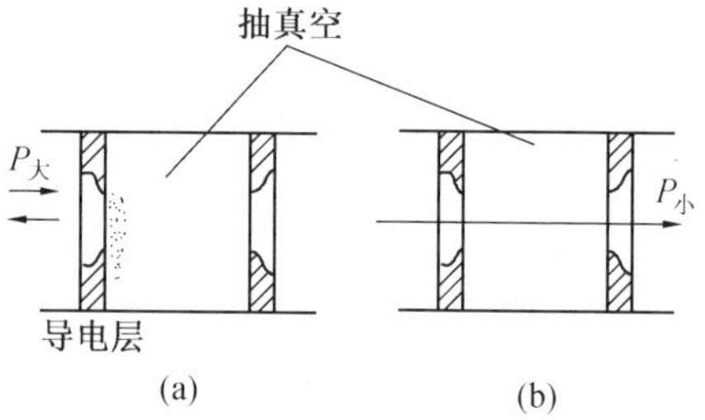

图 6.3.10 谐振窗——放电间隙

三、销 钉

当在矩形波导宽边中央位置插入销钉(或螺钉)时，主要电场将在该处集中。改变其插入深度，即可改变它在波导中所呈现的并联电纳的性质和大小。波导中的销钉及其等效电路示于图 6.3.11 中。

当销钉插入深度 $l < \lambda/4$ 时，由于销钉顶部电场集中，并联电纳呈现容性($B > 0$)。随 l 不断增加，容性电纳也不断增加；当 $l \approx \lambda/4$ 时，$B \to \infty$ 呈现串联谐振特性；当 $l > \lambda/4$ 时，并联电纳呈感性($B < 0$)。图 6.3.12 示出了当销钉直径 d 一定的情况下，l/b 与 B/Y_e 的实验曲线。

为保证销钉与波导宽边有良好的电接触，在结构上采用如图 6.3.13 所示的结构。这

种 $\lambda/4$ 折叠式扼流结构的工作原理，已在上节讨论过，它可保证在 aa' 处有良好的电接触。

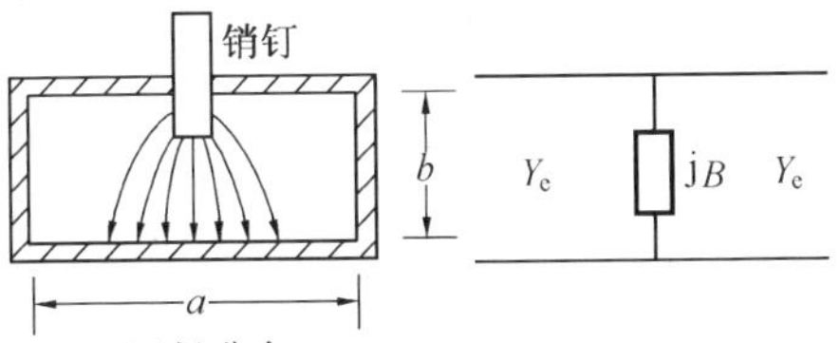

(a)场分布　　(b)等效电路

图 6.3.11　波导宽壁置销钉

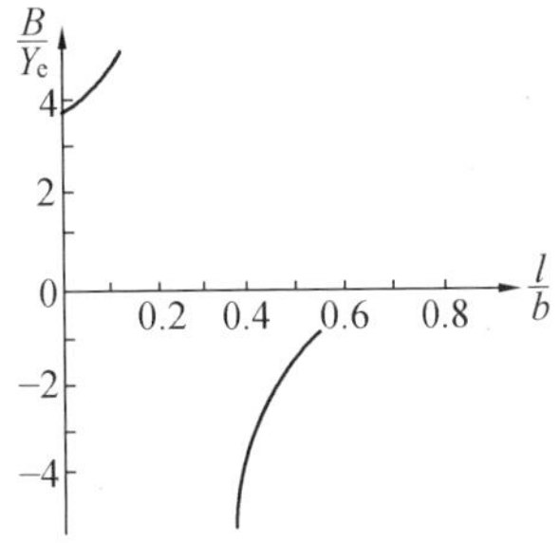

图 6.3.12　销钉相对电纳实验曲线

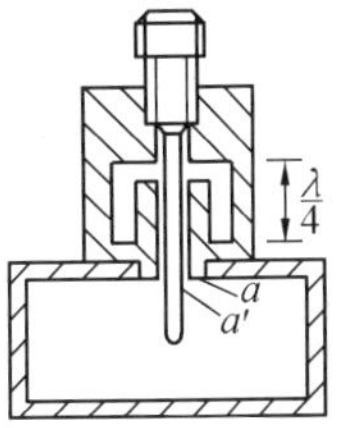

图 6.3.13　波导销钉的扼流结构

四、波导分支

在实际工作中，常需要把功率一分为二，这就需要波导分支元件。最常用的有 E 面分支和 H 面分支两种。

1.E 面分支

E 面分支又称 E-T 接头。分支在波导宽边上，与 H_{10}波的电场分量 E_y 相平行，如图 6.3.14所示。令主波导两臂为“1”和“2”，分支臂为“4”。

在接口处的场分布是异常复杂的，为简化起见，我们忽视了分支区域的高次模式，即认为分支仅有 H_{10}波存在。下面用场的分布定性分析 E 面分支的特性，如图 6.3.15所示。

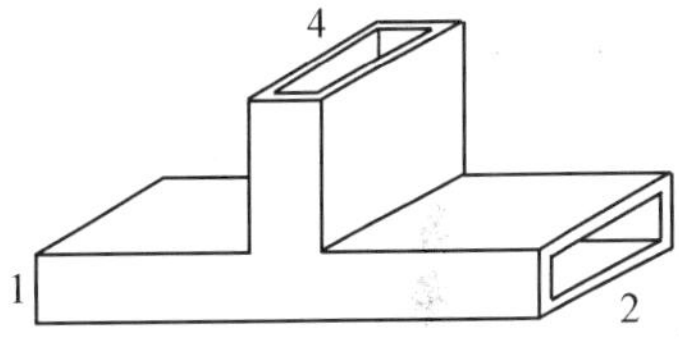

图 6.3.14　波导 E 面分支

由图可见，1、2 臂对 4 臂是几何对称的。由电场的分布特点可以看出：

当波从 4 臂输入时，1、2 臂等幅反相输出，即有 $S_{14} = -S_{24}$。如图(a)所示。

当波从 1、2 两臂等幅反相输入时，4 臂应有“和”输出，如图(b)所示。

当波从 1、2 两臂等幅同相输入时，4 臂有“差”输出，当 1、2 两臂状态完全相同时，4 臂应为零输出，即无输出，如图(c)所示。

当波从 1 臂输入时，则由 2、4 臂均有输出，它们的相位关系，见图(d)所示。

我们注意到，当 4 臂输入时，其电场相对于对称面 T 来说具有反称性质，因此，它在 1、2 两臂中激励起等幅反相波是很自然的。

由于 E 面分支是由波导宽边分出来的，而从矩形波导中 H_{10}波的电流分布来看，主波导和分支波导中的主电流恰好是连续的，因此其等效电路可简化成如图 6.3.16 所示的串联形式。

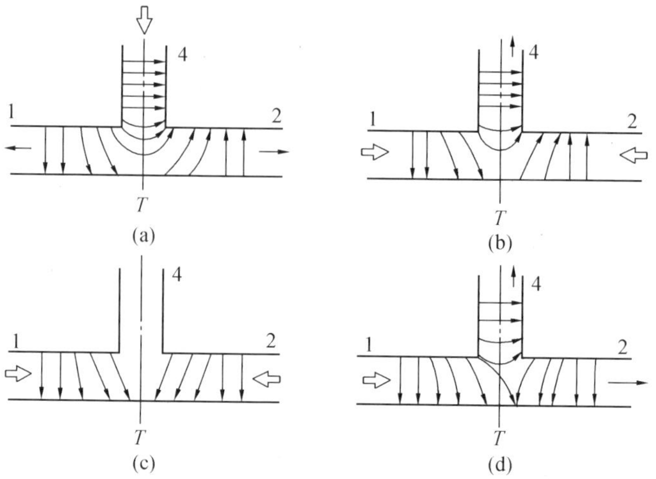

图 6.3.15　E 面分支各臂的输入、输出情况

如果在分支臂“4”中加一个可变短路器，改变活塞位置，就能得到不同大小的串联电抗，如图 6.3.16所示。

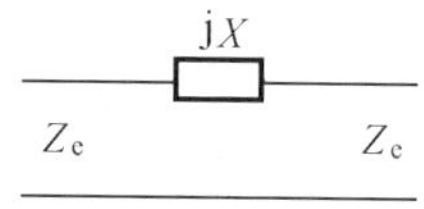

图 6.3.16　E 面分支简化等效电路

根据以上有关 E 面分支的特点，可以写出其散射矩阵

$$\boldsymbol{S}=\begin{bmatrix} S_{11} & S_{12} & S_{14} \\ S_{12} & S_{11} & -S_{14} \\ S_{14} & -S_{14} & S_{44} \end{bmatrix} \tag{6.3.7}$$

2. H 面分支

H 面分支又称 H-T 接头。分支波导是接在主波导的窄壁上，与 H_{10}波的磁场平面相平行，如图 6.3.17(a)所示。

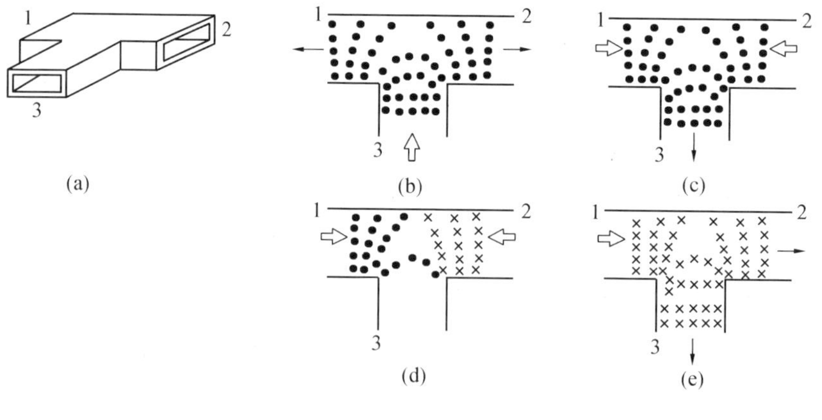

图 6.3.17　H 面分支及其各端口输入、输出情况

令主波导的两个臂为“1”和“2”，令分支臂为“3”。同样，忽略分支处高次模的影响，定性分析 H 面分支的特性。

H 面分支结构也具有某种对称性，即 1、2 两臂相对于 3 臂是几何对称的。而当 3 臂输入波时,其电场相对于对称面 T 而言具有对称性质,根据奇偶禁戒法则,它在 1、2 臂只能激励起偶对称波,即等幅同相波。再加上分支元件又是无耗和互易的,故 H 面分支有如下特性:

当波由 3 臂输入时,1、2 两臂有等幅同相输出,如图 6.3.17(b)所示,即有 $S_{13}=S_{23}$。

当波由 1、2 两臂等幅同相输入时,则在 3 臂有"和"输出,如图(c)所示。

当波由 1、2 两臂等幅反相输入时,则在 3 臂有"差"输出;若 1、2 臂状态完全相同时 3 臂应无输出,如图(d)所示。

当波由 1 臂输入时,则在 2、3 臂有等幅同相输出(关于等幅问题将在以后讨论的匹配双 T 中得到证实),如图(e)所示。于是有 $S_{21}=S_{31}(=S_{12}=S_{13})$。

根据上述分析,H 面分支的散射矩阵为

$$\boldsymbol{S}=\begin{bmatrix} S_{11} & S_{12} & S_{13} \\ S_{12} & S_{11} & S_{13} \\ S_{13} & S_{12} & S_{33} \end{bmatrix} \qquad (6.3.8)$$

H 面分支的简化等效电路相当于一个具有并联分支的传输线。若在 H 臂(即 3 臂)上安置一活塞,调节其位置,即可改变并接电纳的大小,构成一个可变电抗元件,如图 6.3.18 所示。

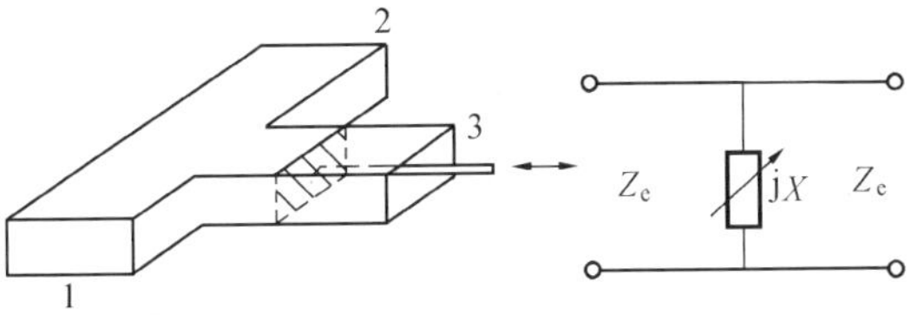

(a) H–T 分支短路段　(b) H–T 分支等效电路

图 6.3.18　H－T 分支短路及其等效电路

6.4 衰减器

衰减器是用来限制或控制系统中功率电平的。衰减器又分固定和可变的两种。只要求提供固定衰减量时使用固定衰减器;需要随意改变系统中功率电平时使用可变衰减器。

一、吸收式衰减器

在波导内装置吸收片,使与吸收片平行的电场被吸收或部分吸收,以达到控制系统功率电平的目的,这种衰减装置称为吸收式衰减器,如图 6.4.1 所示。

图(a)中吸收片做成两端呈尖劈形的薄片,固定安装在波导内,构成固定衰减器。

图(b)为可变衰减器的结构。

图(c)为刀形衰减器,是可变衰减器的一种。它的吸收片呈刀形,从矩形波导宽边中央上的无辐射窄缝中插入波导内。

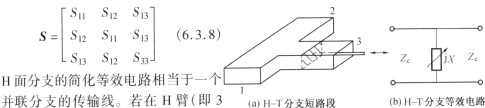

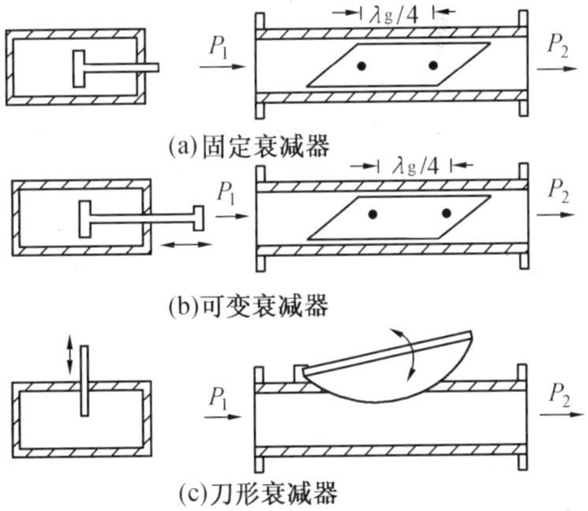

图 6.4.1　吸收式衰减器

由上图可见,吸收片不论做成尖劈形还是刀形都是为使波导内的等效阻抗逐渐变化,以减少反射。同时,吸收片的支撑杆应尽量细和具有一定强度。通常用两根相距 $\lambda_g/4$ 的小杆支撑。图(b)所示尖劈形可变衰减器,通过吸收片调节在波导中的位置,使衰减量可在 0~35 dB 范围内变化,其主要缺点是有一定起始衰减。图(c)所示的刀形可变衰减器,其衰减量可在 0~50 dB 内变化,有的最大衰减量可达 80 dB,当刀片全部抽出,衰减为零,故这种衰减器无起始衰减。

二、回旋式衰减器

回旋式衰减器又称极化衰减器,图 6.4.2(a)为其结构示意图。其主体是一段 H_{11} 波圆波导,沿中心轴线放置一片可与圆波导一起旋转的吸收片,圆波导的两端各通过方-圆过渡波导与输入和输出 H_{10} 波的矩形波导相连,在前后两个过渡段中放置一片平行于矩形波导宽边的固定吸收片。工作时两边的 1、3 部分保持不动,中间的圆波导段 2 则可绕轴手动旋转。

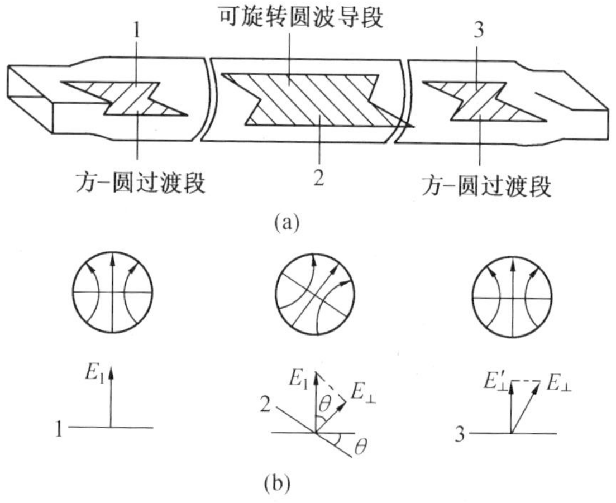

图 6.4.2　回旋式衰减器

这也属于吸收式衰减器,其衰减量由吸收片 2 的旋转角度 θ 所确定。其工作原理是,当 H_{10} 波由输入端进入后,由于入射波场强 E_1 与吸收片 1 垂直,故不被吸收地入圆波导段。当吸收片 2 相对于水平面旋转一个角度 θ 时,E_1 与吸收片 2 的平面既不平行也不垂直,其夹角也为 θ。于是相对于吸收片 2,电场 E_1 可分解为垂直和平行两个分量:$E_\perp = E_1\cos\theta$ 及 $E_{/\!/} = E_1\sin\theta$。其中 $E_{/\!/}$ 被吸收,$E_\perp$ 则可无衰减地通过圆波导段而达到输出端的方圆过渡段。在这里,片 3 平面与 $E_\perp$ 又成 $90°-\theta$ 角,$E_\perp$ 又分解为垂直和平行两个分量,其中的水平分量 $E'_{/\!/} = E_\perp\sin\theta = E_1\sin^2\theta$ 被片 3 吸收掉;垂直分量 $E'_\perp = E_\perp\cos\theta = E_1\cos^2\theta$ 则不受片 3 的影响,即无衰减地通过圆过渡段,而从矩形波导中输出,因此有

$$E_2 = E'_\perp = E_1\cos^2\theta \tag{6.4.1}$$

衰减器的衰减量定义为输入功率与输出功率之比的分贝数。由于功率正比于电场强度的平方,故有

$$A = 10\lg\frac{P_1}{P_2} = 10\lg\frac{|E_1^2|}{|E_2^2|} = 20\lg\frac{|E_1|}{|E_2|} \tag{6.4.2}$$

将式(6.4.1)代入上式得

$$A = -40\lg|\cos\theta|\ (\text{dB}) \tag{6.4.3}$$

这就是回旋式衰减器衰减量的计算公式。由此可见,该类型衰减器的衰减量只与中间圆波导段回旋的角度有关,而角的测量可以测得很精确,通常是用光学装置读取。同时,当 θ 从 0°~90°变化时,理论上衰减量可从 0~∞dB 变化。

6.5 移相器

移相器是能改变电磁相位的装置。它的应用十分广泛，相控阵雷达天线有多达成千上万个单元，每个单元都要用一个移相器；要改变电磁波的极化方式时需要移相器；在检测系统中也常用到移相器。

移相器可分为固定和可变两类，有机械控制(有惯性)和电子控制(无惯性)之分。移相器有各种各样的结构。本节只讨论介质移相器。

介质移相器根据介质片的移动方式，可分为横向移动式和纵向移动式两种。本节只讨论横向移动式。

在矩形波导中平行于电场放置介质片，利用传动机构，介质片可沿波导宽边横向移动，这就是横向移动式移相器，如图 6.5.1 所示。如果介质片位置固定就得到固定移相器，否则就是可变移相器。

与图 6.4.1 所示的吸收式衰减器的结构型式完全一样，所不同的是：介质片上不再涂损耗性材料，介质片采用低损耗的介质材料，如聚四氟乙烯、聚苯乙烯和高频陶瓷等，因此称为介质片移相器。介质片愈向波导中间移动，相移量也愈大。调节介质片的位置，即可调节相移量的大小，这样就构成了一个移相器，相移量可从读数装置上读出。

如果介质片高等于波导窄边 b，厚度 t 很薄，则由微扰理论可求得其相移常数增量，为

$$\Delta\beta = \beta - \beta_0 = 2\pi(\varepsilon_r - 1)\left(\frac{t}{a}\right)\frac{\lambda_{g0}}{\lambda_0^2}\sin^2\left(\frac{\pi}{a}x\right) \tag{6.5.1}$$

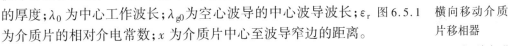

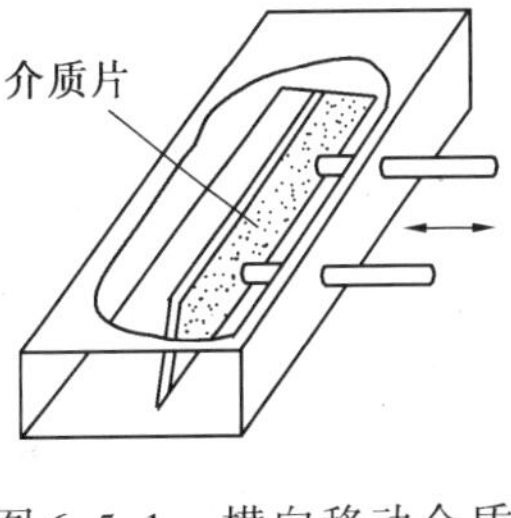

图 6.5.1　横向移动介质片移相器

式中，$\beta_0 = 2\pi/\lambda_{g0}$为空心波导的相移常数；$\beta = 2\pi/\lambda_g$ 为含介质片波导的相移常数；a 为空心波导的横截面宽边尺寸；t 为介质片的厚度；λ_0 为中心工作波长；λ_{g0}为空心波导的中心波导波长；ε_r 为介质片的相对介电常数；x 为介质片中心至波导窄边的距离。

由式(6.5.1)可见，当介质片由波导窄边($x = t/2$)移至波导中央($x = a/2$)时，移相器的相移量为

$$\phi = \Delta\beta l = 2\pi(\varepsilon_r - 1)\frac{t}{a}\frac{\lambda_{g0}}{\lambda_0^2}\left[1 - \sin\left(\frac{\pi t}{2a}\right)\right]l(\text{rad}) \tag{6.5.2}$$

或者写成

$$\phi = 360°(\varepsilon_r - 1)\frac{t}{a}\frac{\lambda_{g0}}{\lambda_0^2}l\cos^2\left(\frac{\pi t}{2a}\right)(°) \tag{6.5.3}$$

式中，l 为介质片的有效长度。

在结构上，介质的两端做成渐变形，以减小反射；支撑杆相距 $\lambda_{g0}/4$，使由支杆引起的反射相互抵消。

这种移相器的缺点是相移量 $\phi = \Delta\beta l$ 与片的移动距离 x 不成线性关系，而且由于移相片有一定的厚度($t \neq 0$)，故这种移相器有一定的起始相移；另一个缺点是不够精密，很难做到精确刻度。就是说这种移相器只能起到改变相移的作用，不能用做精确的相位计量。

6.6 阻抗变换器

当微波传输线与负载互相连接时,或不同特性阻抗传输线间相连接时,为了使负载获得最大的功率,为了提高传输线的功率容量、提高传输线的传输效率、提高微波测量精度等目的,都要求在连接处无反射存在,也就是达到阻抗匹配。阻抗变换器就是为完成此目的而设计的微波元件。

阻抗变换器一般是由一段或几段不同特性阻抗的传输线所构成。设计中要解决的主要问题是如何正确地选择参量,使得能在给定的频带内,达到所要求的匹配程度。

研究图 6.6.1 所示的单节 $\lambda/4$ 阻抗变换器,图(a)为同轴型的,图(b)为波导型的,图(c)是它们的等效电路(简化型)。

令主传输线、中间匹配段和后段传输线的特性阻抗(或等效阻抗)分别为 Z_1、Z 和 Z_2,则呈现在主传输线上的等效负载阻抗 Z_e 为

$$Z_e = Z\frac{Z_2 + jZ\tan(\beta l)}{Z + jZ_2\tan(\beta l)} = Z\frac{Z_2 + jZ\tan\frac{\pi}{2}}{Z + jZ_2\tan\frac{\pi}{2}} = \frac{Z^2}{Z_2} \tag{6.6.1}$$

欲匹配,必须使 $Z_e = Z_1$,代入上式,有

$$Z = \sqrt{Z_1 Z_2} \tag{6.6.2}$$

就是说,阻抗为 Z 的 $\lambda/4$ 中间线段将把 Z_2 变成了 Z_1,即起到匝数比为 $\sqrt{Z_1/Z_2}$ 的理想变压器的作用。应注意的是完全匹配只是在变换器长度为 $\lambda/4$ 的单一频率上才能获得。

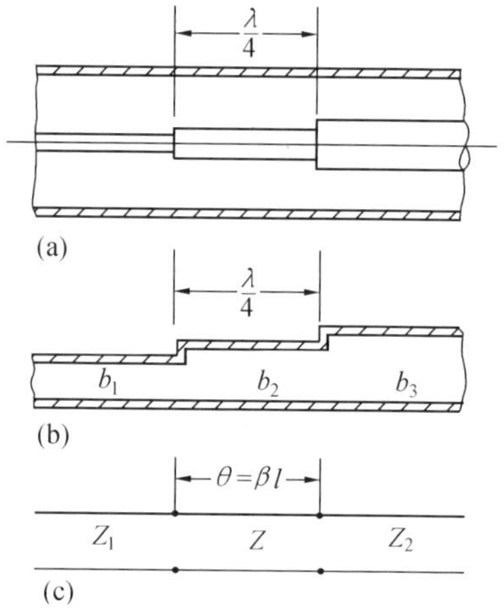

图 6.6.1　单节 $\lambda/4$ 阻抗变换器

下面研究阻抗变换器的频带特性。令 θ 是频率为 f 时该变换器的电长度,即 $\theta = \beta(f)l$。这里相移常数 β 是频率的函数。在任一频率下,呈现在该变换器上的输入阻抗为

$$Z_i = Z\frac{Z_2 + jZ\tan\theta}{Z + jZ_2\tan\theta} \tag{6.6.3}$$

因此,主线上的反射系数,为

$$\Gamma = \frac{Z_i - Z_1}{Z_i + Z_1} = \frac{Z(Z_2 - Z_1) + j(Z^2 - Z_1 Z_2)\tan\theta}{Z(Z_2 + Z_1) + j(Z^2 - Z_1 Z_2)\tan\theta} = \frac{Z_2 - Z_1}{Z_1 + Z_2 + j2\sqrt{Z_1 Z_2}\tan\theta} \tag{6.6.4}$$

后一形式是利用关系式(6.6.2)得到的。由此可算得 Γ 的数值,即

$$|\Gamma| = \frac{Z_2 - Z_1}{[(Z_2 + Z_1)^2 + 4Z_1 Z_2\tan\theta]^{1/2}} = \frac{1}{\left[1 + \left(\frac{2\sqrt{Z_1 Z_2}}{Z_2 - Z_1}\sec\theta\right)^2\right]^{1/2}} \tag{6.6.5}$$

当 $f \approx f_0, \theta \approx \pi/2$ 时，上式近似为

$$|\Gamma| = \frac{|Z_2 - Z_1|}{2\sqrt{Z_1 Z_2}} |\cos\theta| \tag{6.6.6}$$

图 6.6.2 绘出了 $|\Gamma|$ 对 θ 的曲线。它本质上是对频率 f 的曲线。因为输入阻抗 Z_i 随频率 f 做周期性变化，故 $|\Gamma|$ 对 θ 或 f 也做周期性的变化，即变换器的电长度每变化一个 π，阻抗重复一次原来的数值。若令 $|\Gamma_m|$ 为反射系数所能容许的最大值，则由此变换器提供的有效带宽对应于图中的 $\Delta\theta$ 范围。

由式(6.6.5)令 $|\Gamma| = |\Gamma_m|$，就可求出有效通带边缘上的 θ 值，即

$$\theta_m = \arccos\left|\frac{2|\Gamma_m|\sqrt{Z_1 Z_2}}{(Z_2 - Z_1)\sqrt{1 - |\Gamma_m|^2}}\right| \tag{6.6.7}$$

因为在 $\theta = \pi/2$ 的两边 $|\Gamma|$ 的数值增加急剧，故有效带宽 $\Delta\theta$ 是很窄的。

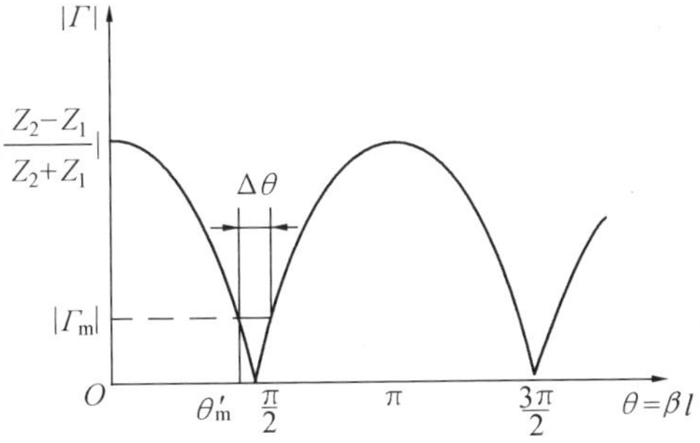

图 6.6.2　单节 $\lambda/4$ 变换器的带宽特性

对于 TEM 波(如同轴型)，$\theta = \beta l = (f/f_0) \cdot (\pi/2)$，式中的 f_0 是对应于 $\theta = \pi/2$ 时的频率。此时，带宽为

$$\Delta f = 2(f_0 - f_m) = 2\left(f_0 - \frac{2f_0}{\pi}\theta_m\right)$$

将式(6.6.7)代入，可求得其相对带宽为

$$\frac{\Delta f}{f_0} = 2 - \frac{4}{\pi}\arccos\left|\frac{2|\Gamma_m|\sqrt{Z_1 Z_2}}{(Z_2 - Z_1)\sqrt{1 - |\Gamma_m|^2}}\right| \tag{6.6.8}$$

这里，取式(6.6.7)的解 $\theta_m < \pi/2$。

在许多情况下，虽然由单节变换器提供的带宽可能就足够了，但也有许多情况要求更宽的带宽，这就需要应用多节变换器以获得尽可能宽的带宽。

必须注意，在前面的讨论中假定阻抗 Z_1、Z_2 及 Z 是与频率无关的。对 TEM 波传输线来说，这是良好的近似；但对波导而言，其波阻抗是频率的函数，这就使分析变得相当复杂。此外，在不同线段的接头处，由于横截面几何尺寸的改变将激励起电抗性的场，关于这一"接头效应"在讨论中也被忽略。因此，所得出的理论对于非理想情况，只能作定性的说明。

6.7　定向耦合器

定向耦合器又称为方向耦合器，它是一个四端口(八端)微波元件，在微波技术中有着广泛的应用。例如，在微波测量中，利用定向耦合器可以获得一部分能量，当接上波长计或指示器时，可以测量工作波长，监视微波源的输出功率、频率的变化；在雷达中，用定向耦合器将主线中的部分能量提取出来送至回波箱，以供雷达整机的调试和测量用。

定向耦合器的种类很多，按传输线的类型可分为波导型、同轴型及微带型等几种。

一、主要技术指标

现考察图 6.7.1 所示的定向耦合器示意图。

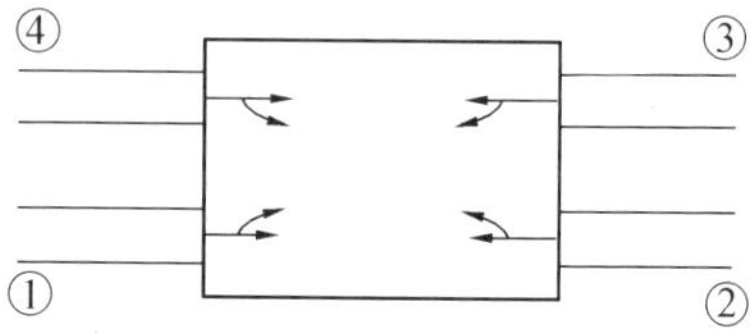

图 6.7.1 定向耦合器示意图

①～②为主通道，③～④为副通道，主副通道之间有“耦合机构”相通。假定功率由①路输入，令其为 $P_{入}$，则②路有直通输出 $P_{直}$，③路有耦合输出 $P_{耦}$，④路称为隔离臂，它的输出功率为 $P_{隔}$，理想情况下此路应无输出，即 $P_{隔}=0$。

定向耦合器的主要技术指标如下所述。

(1)过渡衰减 K_t，即

$$K_t = 10\lg \frac{P_{入}}{P_{耦}}(\text{dB}) \tag{6.7.1}$$

由定义可知，当入射功率一定时，耦合输出功率愈小，则耦合器的过渡衰减愈大，反之愈小。反过来说，如果一耦合器的过渡衰减大，则它在耦合臂的输出就小。

现假定主、副通道具有相同的截面口径，因而它们的横截面积和等效阻抗均相等。于是

$$K_t = 10\lg \frac{P_{入}}{P_{耦}} = 10\lg \frac{|a_1|^2}{|b_3|^2} = 20\lg \left|\frac{a_1}{b_3}\right| = 20\lg \frac{1}{|S_{13}|} \tag{6.7.2}$$

式中，$S_{13}=S_{31}$，即已用到网络的互易性，它代表波由 1 口向 3 口的传输系数。

(2)隔离度 K_I

定向耦合器的隔离度定义为输入功率 $P_{入}$ 与隔离臂输出功率 $P_{隔}$ 之比的分贝数，记以 K_I，即

$$K_I = 10\lg \frac{P_{入}}{P_{隔}} = 10\lg \frac{|a_1|^2}{|b_4|^2} = 20\lg \left|\frac{a_1}{b_4}\right| = 20\lg \frac{1}{|S_{14}|} \tag{6.7.3}$$

式中 $S_{14}=S_{41}$ 为网络的互易性，S_{14} 代表波由 1 口向 4 口的传输系数。

(3)方向性 K_D

方向性的定义是副通道中耦合臂和隔离臂输出功率之比的分贝数，记以 K_D，即

$$K_D = 10\lg \frac{P_{耦}}{P_{隔}}(\text{dB}) \tag{6.7.4}$$

我们将上式变化一下，即可将方向性与散射参量联系起来。即

$$K_D = 10\lg \frac{P_{耦}/P_{入}}{P_{隔}/P_{入}} = 10\lg \frac{P_{耦}}{P_{入}} - 10\lg \frac{P_{隔}}{P_{入}} = 20\lg|S_{13}| - 20\lg|S_{14}| = 20\lg\left|\frac{S_{13}}{S_{14}}\right| \tag{6.7.5}$$

由式(6.7.2)、式(6.7.3)和式(6.7.5)可见

$$K_D = K_I - K_t \tag{6.7.6}$$

由定义知道，耦合到副通道中隔离臂的功率愈小，则方向性愈高。通常希望定向耦合器的方向性愈高愈好，而过渡衰减 K_t 则根据不同的技术要求而异。理想定向耦合器的方向性 K_D 和隔离度 K_I 均为无穷大(因 $P_{隔}=0$)，但实际上由于设计、制造的不理想等因素

的影响,其方向性不会等于无穷大。一般地说,如果方向性达到 40 dB,这种定向耦合器就算比较高级的了。

上述三个指标,并非都是独立的,其中只有两个是相互独立的,这由式(6.7.6)看得很清楚。

除上述主要指标外,实用中还要求各臂的电压驻波比尽可能地小,同时应有足够的频带宽度。

二、定向耦合器的应用

在微波领域里,定向耦合器的应用是十分广泛的,下面介绍测量功率的用途。

用定向耦合器测量功率的方块图如图 6.7.2 所示。

它是通过由主传输线的微波功率经由定向耦合器至功率指示器进行工作。这种装置适用于大功率的测量,它不仅可以将大功率变成小功率,而且又不影响整个系统的正常工作状态。为了求得微波输入功率,必须知道定向耦合器的过渡衰减 K_t。根据定义有

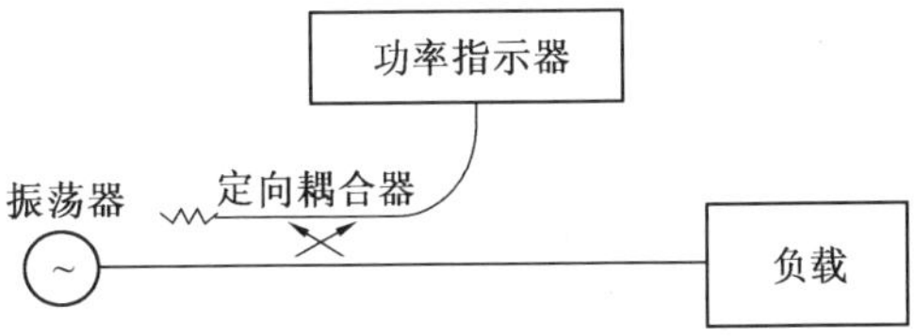

图 6.7.2　用定向耦合器测量功率的方框图

$$K_t = 10\lg\frac{P_{入}}{P_{耦}}$$

于是

$$P_{入} = P_{耦}10^{\frac{K_t}{10}} \tag{6.7.7}$$

式中,$P_{耦}$ 是定向耦合器耦合输出功率,也就是被功率计测得的功率。这样由式(6.7.7)就可计算出发射机的输出功率,即系统的输入功率 $P_{入}$。当然这要求系统尽量达到匹配状态,否则将产生测量误差。

6.8　桥式分路元件

桥式分路元件也属于四口网络。其等效电路示于图 6.8.1 中。

理想桥式分路元件的主要特点是:1、2 两路是彼此隔离的,3、4 两路也是彼此隔离的。

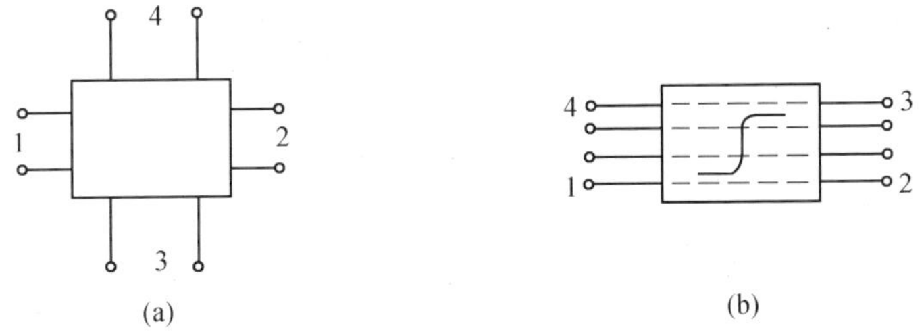

图 6.8.1　桥式分路元件等效电路

桥式分路元件的主要技术指标如下:

(1) 功率隔离比,定义为彼此隔离的两路,其输入功率和输出功率之比的分贝数。因此,理想的桥式分路元件的功率隔离比应为无限大。

(2) 平衡输出比,定义为耦合输出的两种功率之比。因此,理想桥式分路元件平衡输出比等于 1。

此外,输入驻波比和工作带宽也是重要的技术参数,当然通常总是希望输入驻波比愈小愈好,工作带宽愈宽愈好。

桥式分路元件按其结构可分为环形桥路、双 T 接头及魔 T 等几种,下面分述之。

一、环形桥路(混合环)

环形桥路又称混合环。早期混合环是由矩形波导及其 2 个 E 面分支构成的,由于体积庞大已被微带或带状线环形桥路所取代。图 6.8.2 是微带混合环的示意图,其平均周长为 $3\lambda_g/2$,四路接头的中心间距均为 $\lambda_g/4$。设环路各段归一化特性导纳分别为 $\bar{a}$、$\bar{b}$、$\bar{c}$,四个分支特性导纳均为 Y_0。

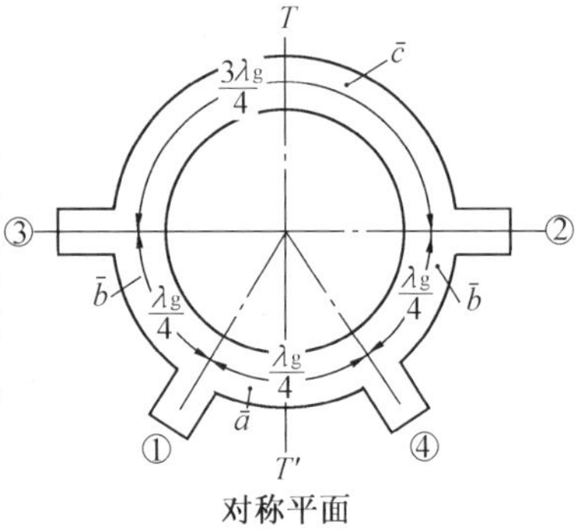

图 6.8.2　微带环形桥路

1. 工作原理

当波由 ① 路输入,②、③、④ 路均接匹配负载时,输入功率将等分为两部分,分别由 ③、④ 两路输出,而 ② 路无输出,①、② 两种彼此隔离。这一特性可以用叠加原理说明,因为从 ① 到 ② 有两种路径,一条长为 $\lambda_g/2$,另一条为 λ_g,两条路径差为 $\lambda_g/2$,故到达 ② 路的两种波相位相差 π,相互抵消。适当选择环路各段特性导纳可使 ② 路无输出,输入功率等分地由 ③、④ 两路输出。可见混合环实质上也是一只 3 分贝定向耦合器。

2. 分析方法

假定信号由 ① 路输入,且 $a_1 = 1\angle 0°$,其余各路均接匹配负载,即 $a_2 = a_3 = a_4 = 0$。如果把 a_1 和 a_4 写成下列形式

$$a_1 = 1\angle 0° = \frac{1}{2}\angle 0° + \frac{1}{2}\angle 0° = a_{1,e} + a_{1,o}$$

$$a_4 = 0 = \frac{1}{2}\angle 0° - \frac{1}{2}\angle 0° = a_{4,e} + a_{4,o}$$

各口的反射波电压用 $b_i(i = 1,2,\cdots)$ 表示,用下角标“e”和“o”分别表示偶模波和奇模波,这样就可以画出用奇、偶模激励时混合环上各种输出情况,如图 6.8.3 所示。

在偶模工作时,由图 6.8.3(a) 可知,环的对称面 TT' 处于电压波腹点,因而等效为开路面。这样混合环可分解成两个相同的二口网络,每个二口网络用等效双线表示,如图 6.8.4(a) 所示。图中 $\mathrm{j}\bar{a}Y_o$ 及 $-\mathrm{j}\bar{c}Y_o$ 分别为长度等于 $\lambda_g/8$ 及 $3\lambda_g/8$ 开路线的输入导纳,各自与主线并联。

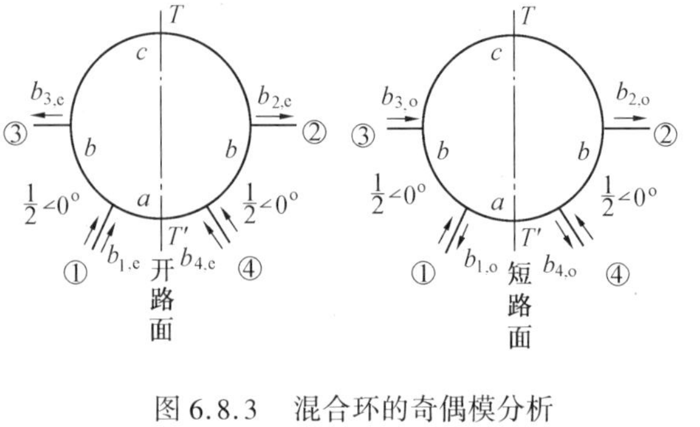

图 6.8.3　混合环的奇偶模分析

在奇模工作时,开路面变成短路

面，混合环分解成两个二口网络后，其中一个的等效电路如图 6.8.4(b) 所示。图中 $-\mathrm{j}\bar{a}Y_o$ 及 $\mathrm{j}\bar{c}Y_o$ 分别为长度等于 $\lambda_g/8$ 及 $3\lambda_g/8$ 短路线的输入导纳。

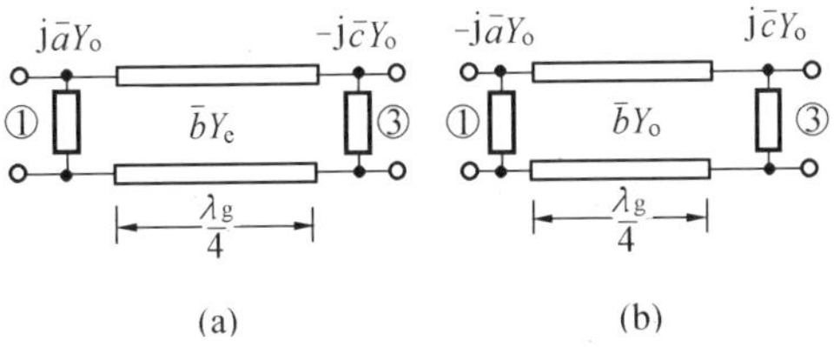

图 6.8.4　混合环的奇、偶模等效电路

令 Γ_e、T_e 分别代表偶模二口网络的电压反射系数和电压传输系数，Γ_0、T_0 分别代表奇模二口网络的电压反射系数和电压传输系数，则根据叠加原理求得各路反射波电压为

$$b_1 = b_{1,e} + b_{1,o} = \frac{1}{2}(\Gamma_e + \Gamma_o) \tag{6.8.1}$$

$$b_2 = b_{2,e} + b_{2,o} = \frac{1}{2}(\Gamma_e + \Gamma_o) \tag{6.8.2}$$

$$b_3 = b_{3,e} + b_{3,o} = \frac{1}{2}(\Gamma_e + \Gamma_o) \tag{6.8.3}$$

$$b_4 = b_{4,e} + b_{4,o} = \frac{1}{2}(\Gamma_e + \Gamma_o) \tag{6.8.4}$$

一个理想环形桥路应具备下列三个条件：

(1)② 路无输出，$b_2 = 0$，则

$$T_e = T_o \tag{6.8.5}$$

(2)① 路无反射，$b_1 = 0$，则

$$\Gamma_e = -\Gamma_o \tag{6.8.6}$$

(3)③、④ 两路输出电压等幅同相，$b_3 = b_4$，则

$$T_e + T_o = \Gamma_e - \Gamma_o \tag{6.8.7}$$

将式(6.8.5)、式(6.8.6) 代入上式，得

$$T_e = \Gamma_e \tag{6.8.8}$$

第五章微波网络基础已导出二口网络的对外特性参量 Γ 和 T，它们可用网络的归一化常数参量(转移参量) 表达，即

$$\Gamma = S_{11} = \frac{a + b - c - d}{a + b + c + d} \tag{6.8.9}$$

$$T = S_{12} = \frac{2\sqrt{R}}{a + b + c + d} \tag{6.8.10}$$

式中，$R = Z_{02}/Z_{01}$ 为阻抗变化。

图 6.8.4 所示两等效电路均是三级级联网络，它们的常数参量不难求出，求出后代入上列各式，最后即可解出混合环各段归一化特性导纳值如下

$$\bar{a} = \bar{b} = \bar{c} = \frac{1}{\sqrt{2}} \tag{6.8.11}$$

根据上式设计的混合环，在中心频率上指标是很理想的，但一旦频率变化，输入驻波比、隔离度及输出平衡度等指标均将显著变劣。为改善环的频带特性，常需采取一些措施以加宽频带提高环的性能。

二、双 T 接头

双 T 接头的外形图如图 6.8.5 所示。它可以被认为是由 E－T 和 H－T 接头在公共对称面上组合而成的。规定双 T 接头的四个端口的符号为:主线的二口令为“1”、“2”,H 分支令为“3”,E 分支令为“4”。

下面用 E 面和 H 面分支的特点来分析双 T 接头的特性。

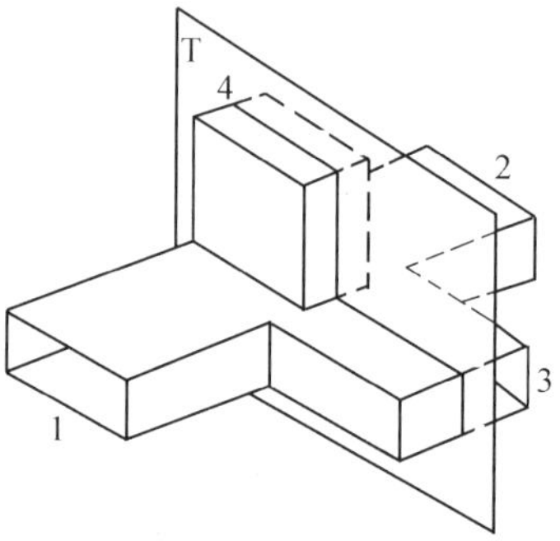

图 6.8.5　双 T 及其对称面

1. 当 1、2 口接以匹配负载时,则由 3 口输入的功率将平均分配到 1、2 口。并且由二口输出的是等幅同相波,即 $S_{13}=S_{23}$。

2. 当 1、2 口接以匹配负载时,则由 4 口输入的功率将平均分配到 1、2 口。但由二口输出的是等幅反相波,即 $S_{14}=-S_{24}$。

3. 当 3、4 口接匹配负载,由 1、2 口等幅同相输入波时,3 口有最大输出(和输出),4 口无输出(或差输出),即 $S_{34}=0$。

4. 当 3、4 口接匹配负载,由 1、2 口等幅反相输入波时,4 口有最大输出(和输出),3 口无输出(或差输出),即 $S_{43}=0$。

双 T 的对称面 T 是通过 E 臂和 H 臂两分支的平面。根据双 T 接头的这种结构对称性有:$S_{11}=S_{22}$;又根据互易性有:$S_{21}=S_{12}$,$S_{13}=S_{31}$,$S_{34}=S_{43}$,$S_{14}=S_{41}$。于是双 T 接头的 $\boldsymbol{S}$ 为

$$\boldsymbol{S}=\begin{bmatrix} S_{11} & S_{12} & S_{13} & S_{14} \\ S_{12} & S_{11} & S_{13} & -S_{14} \\ S_{13} & S_{13} & S_{33} & 0 \\ S_{14} & -S_{14} & 0 & S_{44} \end{bmatrix} \tag{6.8.12}$$

三、魔 T

由微波网络理论可知,欲使双 T 接头构成一个定向耦合器,必须使之完全匹配。在普通双 T 接头中,即使当其他口接匹配负载,从 3 口和 4 口输入的波也存在反射。这是因为在接头处存在结构突变的缘故。为消除反射,可以在接头内部加入一些电抗元件,产生一个附加反射,使之与原来的反射抵消,从而实现匹配。调配的元件可以是各种各样的,但它们的加入不应该破坏原来双 T 的结构对称性。

图 6.8.6(a) 示出其中的一种匹配方式。为消除 3 口的反射波,在 1、2 和 4 口接以匹配负载,在接头内部对称面上加入一根销钉,选取合适的直径、插入位置和长度,就可以使 3 口总反射为零。这是因为销钉平行 3 口的电场方向,会引起显著的附加反射,但由于销钉是垂直于 4 口的电场,故它对 4 口入射波不引起显著影响。为了让 4 口匹配,可在 1、2 和 3 口接以匹配负载,在接头内接入一片对称于对称面的水平膜片。因为它平行于 4 口的电

场，会引起显著的附加反射而起到匹配作用。但由于它垂直于3口的电场，故对3口不产生影响。这种匹配方法虽可以用实验方法逐一调整，但其匹配频带较窄，性能不够理想。

另一种匹配方式如图 6.8.6(b) 所示。在接头内部对称面位置上放一金属锥体，其顶部有一个金属销钉。它的匹配原理是：不论对3口还是对4口的入射波，圆锥截面都将产生连续反射，以消除接头突变的反射，从而起着匹配的作用。顶上的销钉是进一步加强对 3 口入射波的附加反射而设置的。该匹配物的尺寸及放置位置等数据，目前仍都通过实验来确定，理论上尚未解决。

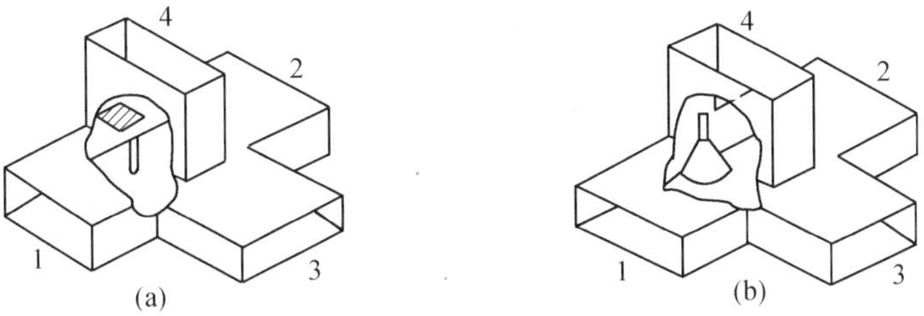

图 6.8.6　魔 T(匹配双 T)

这种在双 T 接头中加匹配装置后得到的元件称为魔 T，又称双匹配双 T 接头。它有非常有趣而可贵的特性。

根据四口网络的特性，由于 3、4 口是既匹配又彼此隔离的两个口，因此可以断定该双 T 接头是完全匹配的，因而也一定是一个定向耦合器。

下面从魔 T 的 $\boldsymbol{S}$ 出发，进一步说明其特性。由于魔 T 保持了双 T 接头的对称性，因而双 T 的一些基本特性也仍保持着。由于魔 T 中的匹配装置，使 3、4 两口得到匹配，即有 $S_{33}=0$，$S_{44}=0$，于是魔 T 的散射矩阵由式(6.8.12) 变成

$$\boldsymbol{S}=\begin{bmatrix} S_{11} & S_{12} & S_{13} & S_{14} \\ S_{12} & S_{11} & S_{13} & -S_{14} \\ S_{13} & S_{13} & 0 & 0 \\ S_{14} & -S_{14} & 0 & 0 \end{bmatrix} \tag{6.8.13}$$

由 $\boldsymbol{S}$ 的单式性，取出第(3,3)、(4,4) 及第(1,1) 号元素，可得

$$|S_{13}|^2+|S_{13}|^2=1 \tag{6.8.14}$$

$$|S_{14}|^2+|S_{14}|^2=1 \tag{6.8.15}$$

$$|S_{11}|^2+|S_{12}|^2+|S_{13}|^2+|S_{14}|^2=1 \tag{6.8.16}$$

由式(6.8.14) 及式(6.8.15) 可得

$$|S_{13}|^2=|S_{14}|^2=\frac{1}{2} \tag{6.8.17}$$

或

$$|S_{13}|=|S_{14}|=\frac{1}{\sqrt{2}} \tag{6.8.18}$$

将式(6.8.17) 代入式(6.8.16) 中，得

$$|S_{11}|^2+|S_{12}|^2=0$$

上式左方两平方项均为非负，欲使上式成立，必使

$$|S_{11}| = 0 \text{及} |S_{12}| = 0$$

故有

$$S_{11} = S_{22} = 0 \tag{6.8.19}$$

$$S_{12} = S_{21} = 0 \tag{6.8.20}$$

于是魔 T 的 **S** 进一步化简为

$$\boldsymbol{S} = \begin{bmatrix} 0 & 0 & S_{13} & S_{13} \\ 0 & 0 & S_{13} & -S_{13} \\ S_{13} & S_{13} & 0 & 0 \\ S_{13} & -S_{13} & 0 & 0 \end{bmatrix} \tag{6.8.21}$$

由双 T 特性可知

$$\arg S_{13} = \arg S_{23} = \arg S_{14} = -\arg S_{24} \tag{6.8.22}$$

将式(6.8.18) 和(6.8.22) 代入式(6.8.21) 可得

$$\boldsymbol{S} = \frac{\arg S_{13}}{\sqrt{2}} \begin{bmatrix} 0 & 0 & 1 & 1 \\ 0 & 0 & 1 & -1 \\ 1 & 1 & 0 & 0 \\ 1 & -1 & 0 & 0 \end{bmatrix} \tag{6.8.23}$$

通过适当选取参考位置,可使 S_{13} 为实数,即其相角 $\theta_{13} = 0$,因而 $\mathrm{agr} S_{13} = 1$。于是魔 T 的散射矩阵可表示为

$$\boldsymbol{S} = \frac{\sqrt{2}}{2} \begin{bmatrix} 0 & 0 & 1 & 1 \\ 0 & 0 & 1 & -1 \\ 1 & 1 & 0 & 0 \\ 1 & -1 & 0 & 0 \end{bmatrix} \tag{6.8.24}$$

从上面得到魔 T 的表达式中不难得到它的如下三个特性:

(1) 平分性　由式(6.8.17) 知,魔 T 相邻两口有 3 分贝的耦合量,即由 1 口输入由 3、4 口等分输出;由 3 口输入由 1、2 口等分输出等等。设入射波功率为 1,则耦合输出功率为 1/2(即 $|S_{13}|^2 = 1/2$),因此耦合量为

$$C = 10\lg \frac{1}{\frac{1}{2}} = 10\lg 2 = 3(\mathrm{dB})$$

(2) 全匹配性　$S_{11} = S_{22} = S_{33} = S_{44} = 0$,就是说魔 T 是一个完全匹配的四口网络。

(3) 对口隔离性　即 $S_{12} = S_{21} = S_{34} = S_{43} = 0$。

总之,魔 T 是一个完全匹配的、对口相互隔离、邻口有 3 分贝耦合的定向耦合器。

四、应用举例

魔 T 在微波领域里有着广泛的应用。下面举几个例子加以说明。

1. 阻抗电桥

微波阻抗电桥是为测量微波阻抗而设置的,其装置结构如图 6.8.7 所示。

信号由魔 T 的 3 路输入,1 路接标准负载,其阻抗值可以调节。2 路接被测负载,4 路接

指示器。应保证 1、2 两路至负载距离相等。

其工作原理是:当波由 3 路输入后,将向 1、2 路传送等幅同相波,如果调整标准负载使之与被测阻抗相等,则由这两个负载反射回来的波亦保持等幅同相,由魔 T 的特性知道,这两路波将不进入 4 路,因而 4 路的指示为零。当然,如果二负载不同,则指示器上将有指示,这样再调整标准负载,直至使指示为零,则标准负载上的读数就是被测负载的阻抗值。

2. 微波平衡混频器

在超外差接收机中,应用平衡混频器来抵消中频放大器输入端的本振噪声,其典型装置如图 6.8.8 所示。

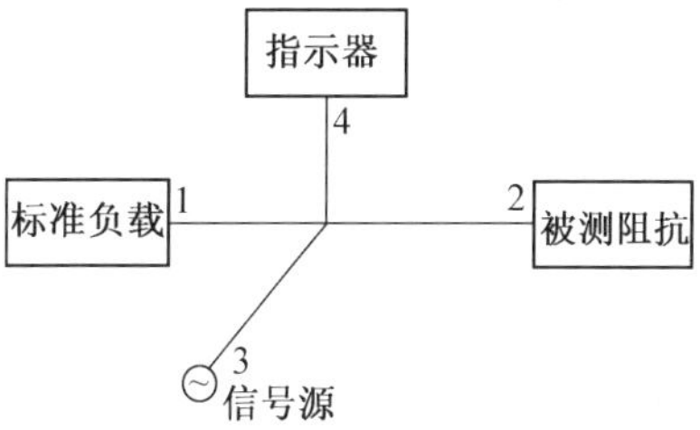

图 6.8.7　微波阻抗电桥

在魔 T 的 1、2 两臂各放一个微波晶体二极管,本振信号由 3 臂输入并将以等幅同相到达二极管处。信号由 4 臂输入并将以等幅反相到达二极管处。由本振和信号源二频率在两个非线性二极管中混频所产生的二个中频信号(即差频信号)应是反相的。但是,本振噪声在这两个二极管中应是同相的。把二极管输出送至平衡的中频输入端(即图中所示的推挽结构),可以看出本振噪声将被抵消,而中频信号却是同相相加。

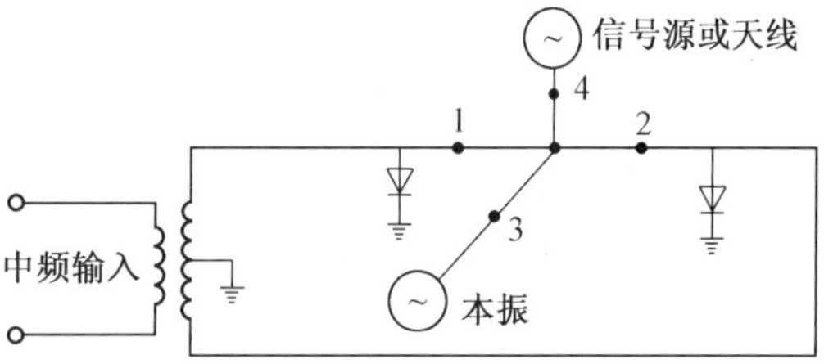

图 6.8.8　微波平衡混频器

我们希望本振与天线或信号源严格隔离,而利用魔 T 的 3、4 口彼此隔离特性完全可达此目的。

3. 平衡天线收发开关

在接收和发射共用一个天线的系统中,需要一个收、发转接装置,这就是天线收发开关。天线收发开关品种很多,这里仅介绍由两个魔 T 组成的平衡式天线收发开关,其结构示意图如图 6.8.9 所示。图中在两条通路上各置一个高频放电器,放电器可由两个谐振窗中间充以惰性气体组成。这种放电器有这样的功能,当有大功率通过时,气体被电离并有离子密附在谐振窗口上,使窗口对大功率波形成一个短路金属面而被反射回去,不能穿过;当小功率(天线接收到的微弱信号)通过时,气体不被电离,放电器形同虚设,电磁波可自由地通过而不被反射。两个保护放电器在空间需错开 $\lambda_g/4$。

下面介绍平衡天线收发开关的工作原理。

发射时,接在魔 T(I)3 臂上的发射机输出大功率的电磁波,被等幅同相地分送至 1、2 两路,到达放电器后被反射回来,到达对称面时,这两路回波因实际路程差 $\lambda_g/2$,故成为等幅反相波,因而可由 4 臂输出经天线发射出去。

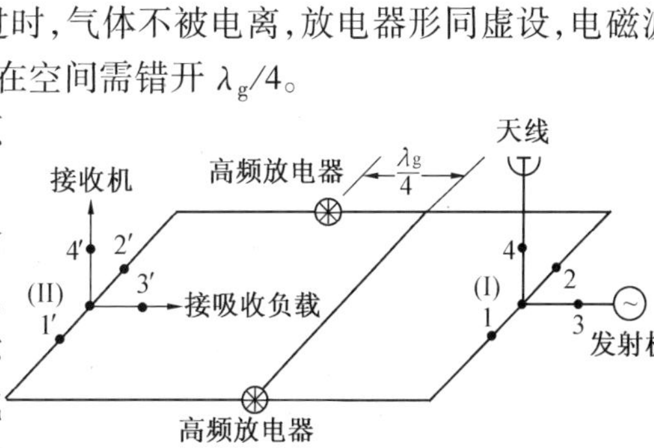

图 6.8.9　平衡式天线收发开关

接收时,由天线接收到的回波信号经由 4 臂向 1、2 两路送出等幅反相波,因功率小故可顺利通过放电器而到达魔 T(Ⅱ)。由于这两路波仍保持等幅反相关系,故可由 4′ 臂输出送至接收机,这就完成了接收任务。

魔 T(Ⅱ) 的 3′ 臂外接一个吸收负载,目的为了吸收泄漏功率。因发射时,若经放电器反射不完全,有泄漏时,这两路是等幅同相波,只能进入 3′ 臂被负载吸收。

综上可见,该系统包含两个魔 T,利用魔 T 对口隔离特性,魔 T(Ⅰ) 可以保证发射机不受回波干扰,使工作稳定,魔 T(Ⅱ) 则可以保护接收机,免遭大功率的损害。

本章小结

1.微波元件的分析和设计是以场的物理概念作指导,采用网络的方法,场、路结合进行分析和综合。

2.对各种微波连接元件力求做到在连接处没有反射,处于阻抗匹配状态。

3.终端负载是一种单口元件。常用的终端负载有两类,一类是匹配负载,一类是可变短路器。

4.对用于波导中的可调短路器有良好的电接触,扼流型活塞是解决电接触的良好途径。

5.常用的电抗元件有膜片、谐振窗、销钉、T 形接头等,它们在微波系统中起电抗作用。膜片又分为容性膜片和感性膜片两种。当在矩形波导宽边中央位置插入销钉深度 $l < \lambda/4$ 时,并联电纳呈现容性($B > 0$)。当 $l \approx \lambda/4$ 时,$B \to \infty$ 呈现串联谐振特性;当 $l > \lambda/4$ 时,并联电纳呈感性($B < 0$)。

6.波导分支元件有 E 面分支和 H 面分支两种。

E 面分支的散射矩阵 $\boldsymbol{S} = \begin{bmatrix} S_{11} & S_{12} & S_{14} \\ S_{12} & S_{11} & -S_{14} \\ S_{14} & -S_{14} & S_{44} \end{bmatrix}$

H 面分支的散射矩阵 $\boldsymbol{S} = \begin{bmatrix} S_{11} & S_{12} & S_{13} \\ S_{12} & S_{11} & S_{13} \\ S_{13} & S_{13} & S_{33} \end{bmatrix}$

7.衰减器是用来限制或控制系统中功率电平的,分固定和可变的两种。

8.移相器分为固定和可变两类,还分为机械控制(有惯性)和电子控制(无惯性)两种形式。

9.阻抗变换器一般是由一段或几段特性阻抗不同的传输线所构成,它主要解决不同传输线连接中实现阻抗匹配作用。

10.定向耦合器是四口网络元件,具有定向传输特性。主要技术指标有耦合度、隔离度和方向性。

11.双 T 接头中加匹配装置后得到的元件称为魔 T,又称双匹配双 T 接头。它具有的特性:(1) 平分性;(2) 完全匹配性;(3) 对口隔离性;(4) 相邻口有 3 分贝耦合的定向耦合器。魔 T 的 $\boldsymbol{S}$ 为

$$S = \begin{bmatrix} 0 & 0 & S_{13} & S_{13} \\ 0 & 0 & S_{13} & -S_{13} \\ S_{13} & S_{13} & 0 & 0 \\ S_{13} & -S_{13} & 0 & 0 \end{bmatrix}$$

思考题

6.1 试述回旋式衰减器工作原理,导出衰减量表达式,并绘出 $A-\theta$ 曲线图,说明该类衰减器的特点。

6.2 试述旋转式移相器的工作原理,并说明其特点。

6.3 试分别叙述矩形波导中的接触式和抗流式接头的特点。

6.4 试从物理概念上定性地说明:阶梯式阻抗变换器为何能使传输线得到较好的匹配。

6.5 在矩形波导中,两个带有抗流槽的法兰盘是否可以对接使用?

6.6 微波元件中的不连续性的作用和影响是什么?

6.7 利用矩形波导可以构成什么性质的滤波器?

6.8 如图所示为微波加热器(或微波炉)的一种抗流门的示意图,它能有效地防止加热器内的微波功率从门缝中漏出。试分析其工作原理,并对照图 6.2.3 和图 6.2.4 的等效电路说明该扼流结构是如何防止微波功率向外泄露的,在图中标出相对应的 *abcd*… 各点。

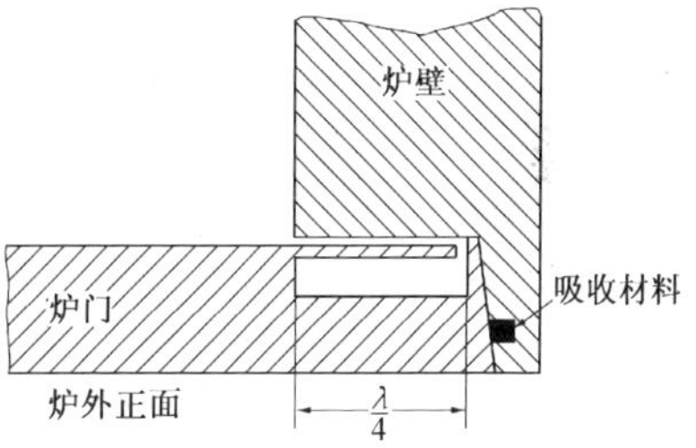

图思考题6.8　箱式微波加热器的抗流门剖面图

习　题

6.1 已知终端匹配的波导,在其宽边中央插入一个螺钉,在该处测得反射系数为 0.4,求该螺钉的归一化电纳值 b。

6.2 已知波导宽边 $a = 72.14$ mm,工作波长 $\lambda = 10$ cm,若用厚度 $t = 2$ mm 的膜片进行匹配,并且膜片的相对电纳为 -0.6,求膜片的尺寸。

6.3 如图所示,在均匀波导中相距 $\lambda_g/4$ 放置两组金属膜片,试给出其等效电路并计算当 H_{10} 波通过膜片网络后的插入衰减和插入相移(假定两组膜片相对电纳值大小相等)。

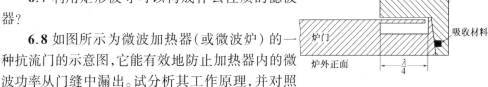

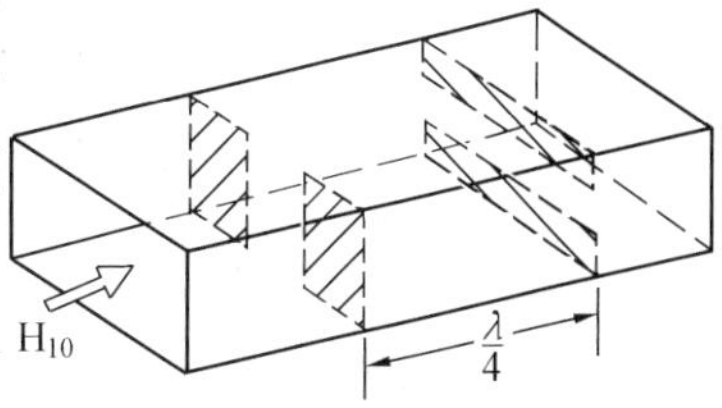

图习题 6.3

6.4 如图所示,在矩形波导两个宽边相对位置上插入销钉,插入深度均为 10 mm,若波导内仅传输频率为 6 GHz 的 H_{10} 波时,试绘出其等效电路并计算当终端接匹配负载时,这对销钉所产生的反射系数、引起的相移、插入衰减和电压传输系数。若 $b = 1$ 时,上述各量将等于多少？

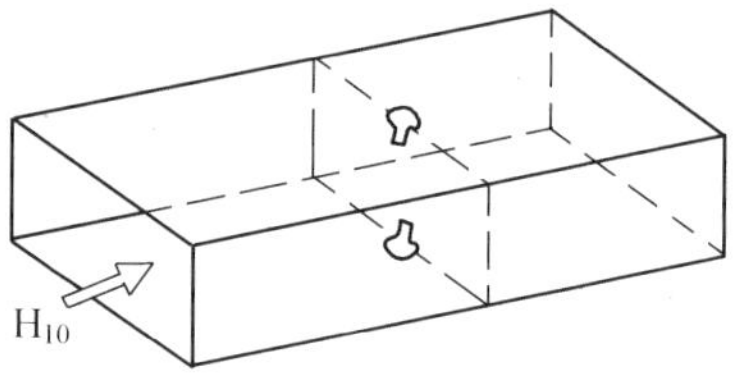

图习题 6.4

6.5 如图所示为一矩形波导 H 面 U 形拐角。由两只 90° 拐角组成，其间距为 θ。若终端接匹配负载，求此装置的输入端反射系数膜值。（提示：每一拐角均可化成由 jx 和 jb 构成的 T 形简化等效电路。这里令 $b = 1, x = 2$。）

6.6 如图所示，在一魔 T 的主波导两臂中相距两个参考面 T_1 和 T_2 行程相差 $\lambda_g/4$ 的位置上各放置一个短路器，信号由 3 口输入，4 口接匹配负载，试求 4 臂相对 3 臂的输出电压（大小及相位）并说明其物理含义。

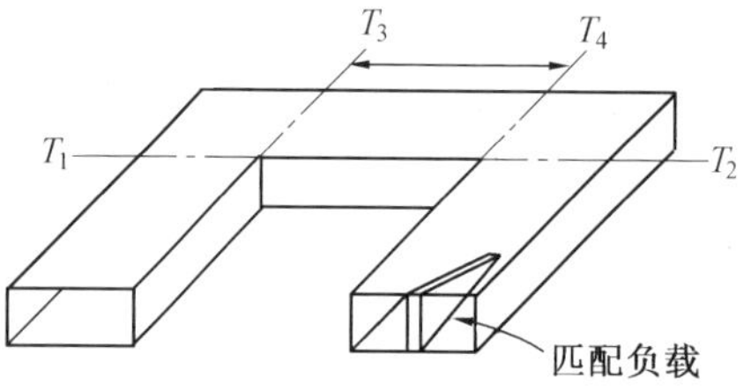

图习题 6.5

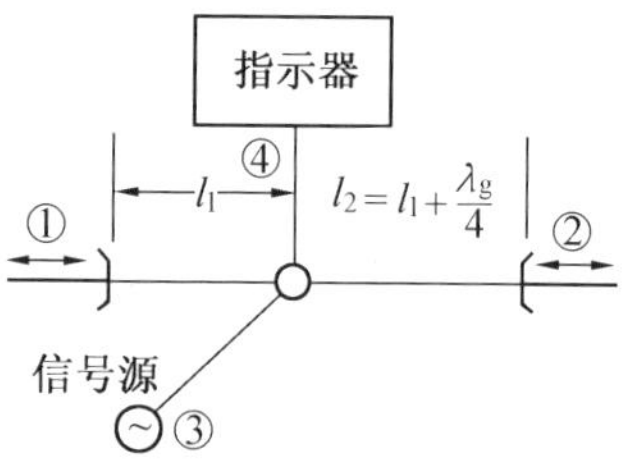

图习题 6.6

6.7 如图所示，为一四口网络，2、3 口接一可变短路器，设它们至参考面 T 的距离均为 l，经螺钉调配后，得到该网络的散射矩阵为

$$\boldsymbol{S} = \frac{1}{\sqrt{2}}\begin{bmatrix} 0 & 1 & j & 0 \\ 1 & 0 & 0 & j \\ j & 0 & 0 & 1 \\ 0 & j & 1 & 0 \end{bmatrix}$$

试求：(1) 4 口输出与 1 口输入的振幅和相位关系；

(2) 当要求输出波相位较输入波相位滞后 270° 时，短路器至 T 的最小距离。

6.8 如图所示，在 $a \times b$ 矩形波导中放置一组薄金属膜片，并设其厚度为 d，试绘出其简化等效电路。试问这是一组什么性质的膜片？并加以证明。

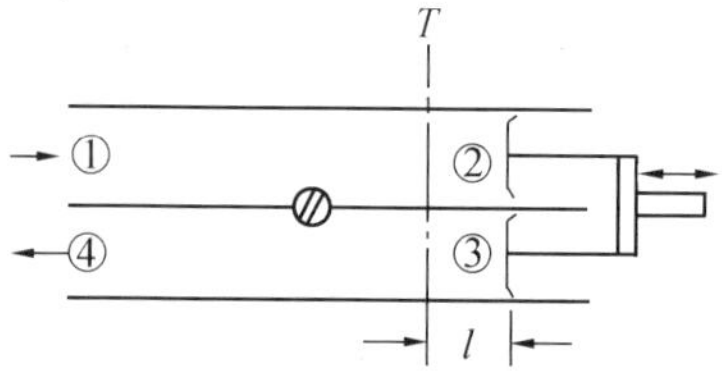

图习题 6.7

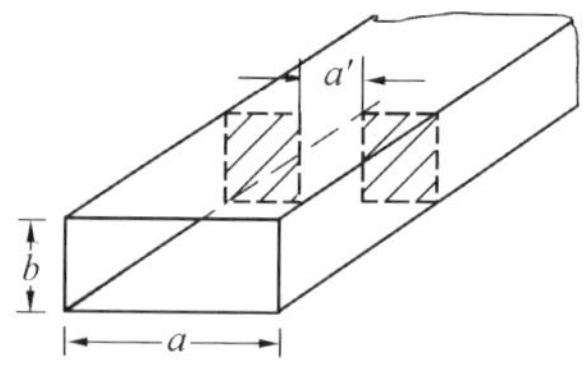

图习题 6.8

6.9 试用 S 参量证明一个理想定向耦合器的两路输出波的相位差 90°。

6.10 如图所示，在均匀波导宽边中央位置上相距 $\lambda_g/4$ 插入两个销钉。已知信号源工作频率为 10 GHz，假定 A 钉插入深度 $l_1 = 4$ mm，B 钉插入深度为 $l_2 = 15$ mm，试问当有 H_{10} 波通过该网络时，其电压传输系数 $T = ?$ 插入相移 $\theta = ?$ 插入衰减 $A = ?$

6.11 如图所示为一双 T 调配器示意图，在③、④两臂中各置一可变短路器，信号自①口输入，试问：

(1) 为使 ② 口有最大输出，l_3、l_4 应取何值？

(2) 结果说明了什么？

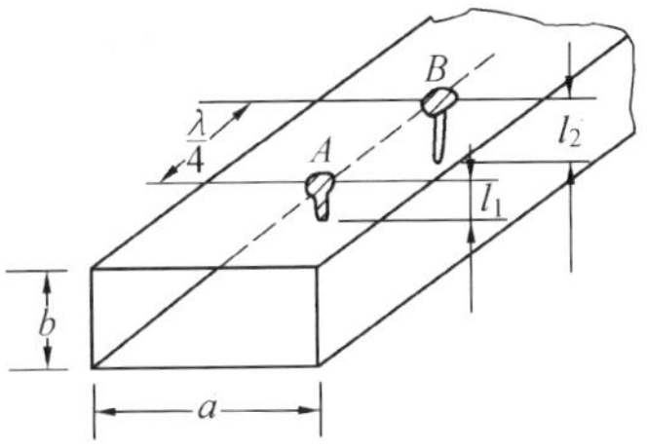

图习题 6.10

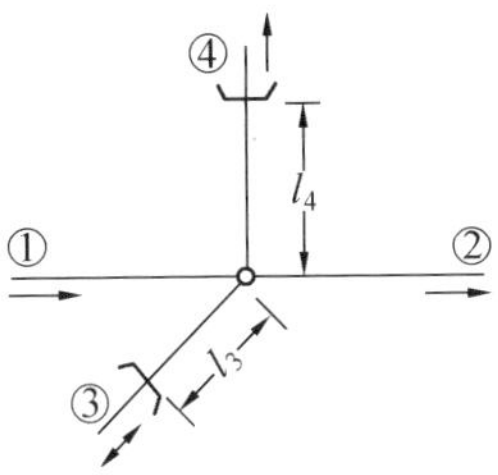

图习题 6.11

6.12 如图所示为一微波部件，已知其散射矩阵为

$$\boldsymbol{S} = \begin{bmatrix} 0 & \alpha & \beta \\ \beta & 0 & \alpha \\ \alpha & \beta & 0 \end{bmatrix}$$

① 口接匹配信号源，② 口接匹配负载；在距 ③ 口参考面 T_3 为 l 处接一可变短路器，试问：

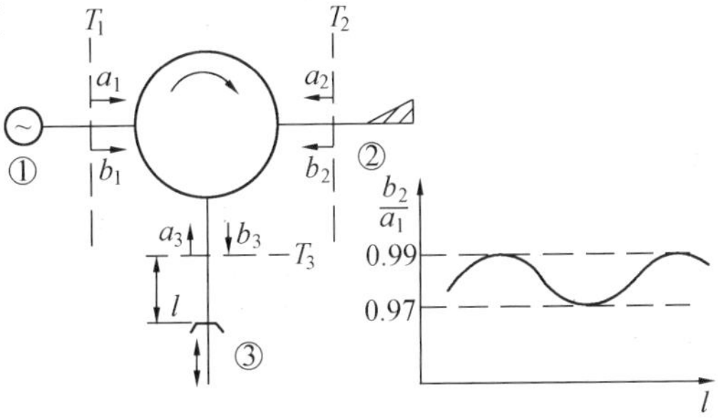

图习题 6.12

(1) a_2 = ?并写出 a_3 与 b_3 间的函数关系；

(2) 根据 $\boldsymbol{b} = \boldsymbol{Sa}$，求出 $b_2/a_1 = f(\alpha、\beta、l)$ 的函数关系式；

(3) 若实验测出 $b_2/a_1 \sim l$ 曲线如图所示，试求出 α、β 之模值。

6.13 如图所示为一魔 T 电桥，③ 口接匹配信号源，④ 接匹配的功率计，①、② 两口各接一负载，它们的反射系数分别为 Γ_1、Γ_2。试求：

(1) 功率计上的功率指示；

(2) 若输入功率为 1 W，$\Gamma_1 = 0.1$，$\Gamma_2 = 0.3$，问此时功率计测得多少？

(3) 若 $\Gamma_1 = \Gamma_2 = 0$，则结果又如何？结果说明了什么？

6.14 如图所示，为一用波导定向耦合器构成的功率计，其过渡衰减 $K_t = 20$ dB。已知源功率 $P_1 = 100$ mW，若现手头只有 10 ~ 100μW 量程的功率探头，为保持功率计正常工作，问在功率计前所加衰减器的量程至少需多大？若 $P_1 = 50$ mW(假定该定向耦合器是理想的，即 $K_D = \infty$)，求 P_2 = ?

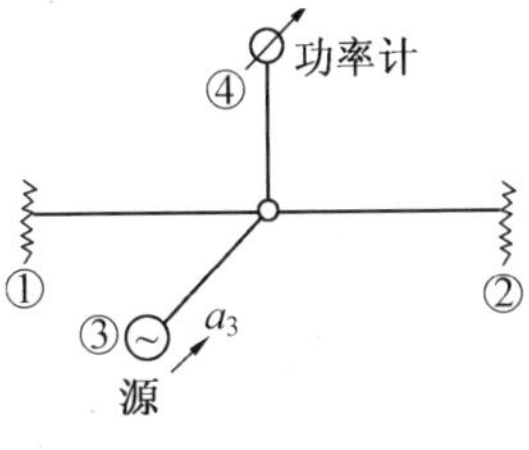

图习题 6.13

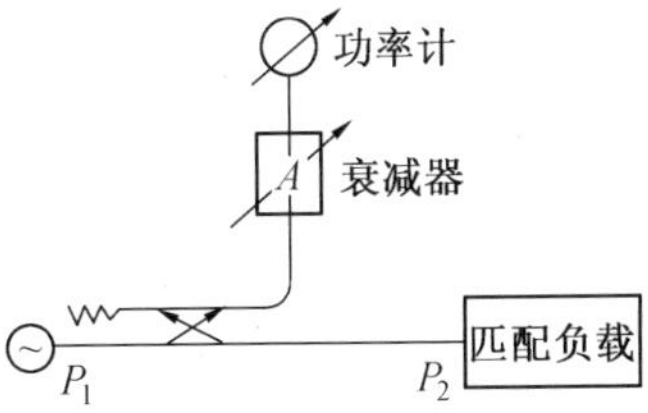

图习题 6.14

第 7 章　微波谐振器

7.1 引　言

在微波领域中,具有储能和选频特性的元件称为微波谐振器,它相当于低频电路中的 LC 振荡回路,它是一种用途广泛的微波元件。低频 LC 振荡回路是一个集总参数系统,随着频率的升高,LC 回路出现一系列缺点,主要是:①损耗增加。这是因为导体损耗、介质损耗及辐射损耗均随频率的升高而增大,从而导致品质因数降低,选频特性变差。②尺寸变小。LC 回路的谐振频率 $\omega_0 = 1/\sqrt{LC}$,可见为了提高 ω_0 必须减少 LC 数值,回路尺寸相应地需要变小,这将导致回路储能减少,功率容量降低,寄生参量影响变大。因为这些缺点,所以到分米波段也就不能再用集总参数的谐振回路了。在分米波段,通常采用双线短截线作谐振回路。当频率高于 1GHz 时,这种谐振元件也不能满意地工作了。为此,在微波波段必须采用空腔谐振器作谐振回路。

空腔谐振器(简称谐振腔)看成是低频 LC 回路随频率升高时的自然过渡。图 7.1.1 表示由 LC 回路到谐振腔的过渡过程。为了提高工作频率,就必须减小 L 和 C,因此就要增加电容器极板间的距离和减少电感线圈的匝数,直至减少到一根直导线。然后数根导线并接,在极限情况下便得到封闭式的空腔谐振器。

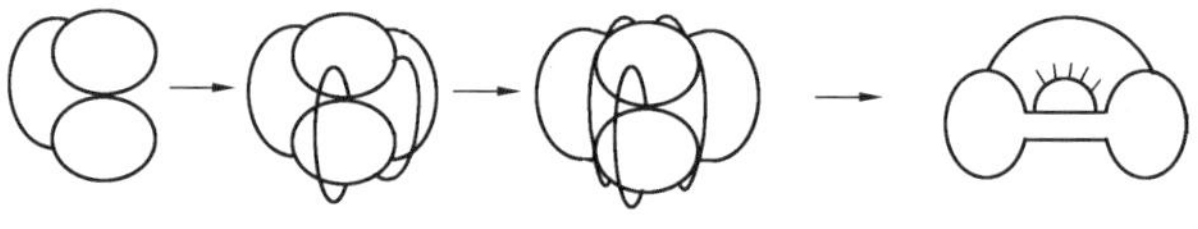

(a) LC 回路向环形腔的过渡

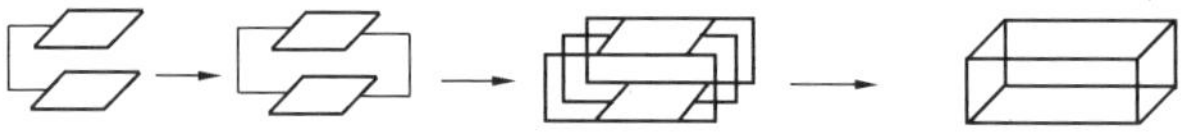

(b) LC 回路向矩形腔的过渡

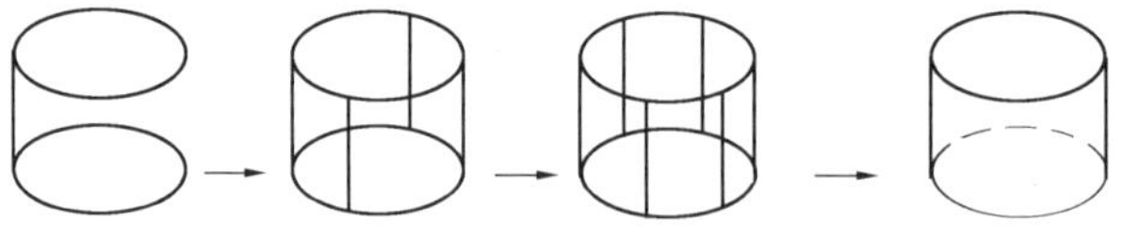

(c) LC 回路向圆形腔的过渡

图 7.1.1　由集总参数 LC 回路向空腔谐振器的过渡

7.2 微波谐振器的基本参量

根据不同用途,微波谐振器的种类也是多种多样的。图 7.2.1 示出了微波谐振器的几种结构。(a)为矩形腔,(b)为圆柱腔,(c)为球形腔,(d)为同轴腔,(e)为一端开路同轴腔,(f)为电容加载同轴腔,(g)为带状腔,(h)为微带腔。在这些图中,省略了谐振器的输入和输出耦合装置,但在实际谐振器中,必须有输入和输出耦合装置。

微波谐振器的主要参量是谐振波长 λ_0(谐振频率 ω_0 或 f_0)、固有品质因数 Q_0 及等效电导 G_0。

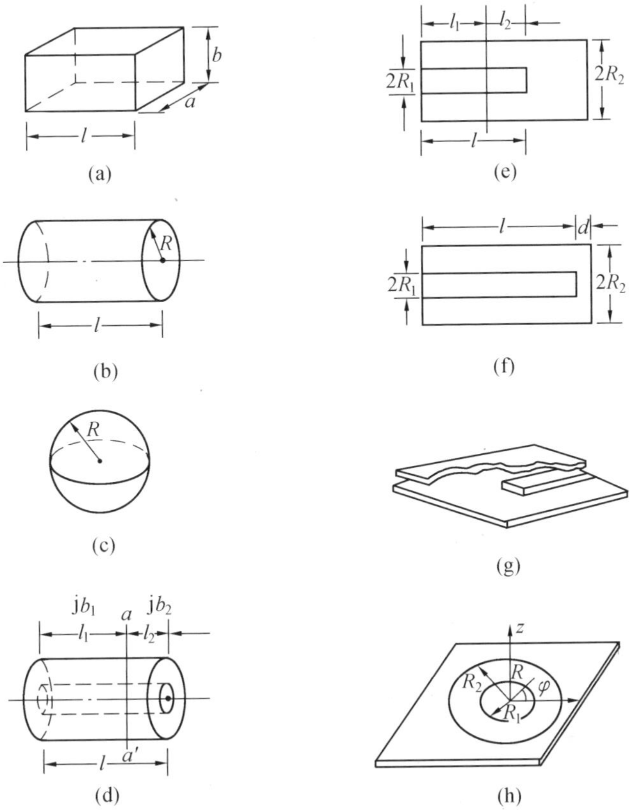

图 7.2.1　几种微波谐振器的几何形状

一、谐振波长 λ_0

与低频时不同,微波谐振器可以在一系列频率下产生电磁振荡。电磁振荡的频率称为谐振频率或固有频率,记以 ω_0。对应的为谐振波长 λ_0。λ_0 是微波腔体的重要参量之一,它表征微波谐振器的振荡规律,即表示在腔体内产生振荡的条件。我们先只研究与外界无联系的孤立腔体,即自由振荡的情况。

随着谐振器的种类不同,产生谐振的条件也不同,因而谐振波长的求解方法也各有所异。

对于波导空腔谐振器,它是微波谐振器的一种最重要的形式。直接利用规则波导理论中的现成结果确定谐振波长。

一般地,规则波导中的电场横向分量可表示为

$$E_t = AE_0 e^{j(\omega t - \beta z)} + BE_0 e^{j(\omega t + \beta z)} \tag{7.2.1}$$

式中，$\beta=(K^2-K_c^2)^{1/2}$为传输常数；$K_c=2\pi/\lambda_c$ 为截止波数；$K=\omega_0\sqrt{\mu_1\varepsilon_1}$为介质波数。我们知道，波导谐振腔可以看成是两端用导体板封闭的规则波导段，如图 7.2.2 所示。这样，腔体就有两个边界条件可供利用：①$z=0$ 时，$E_t=0$；② $z=l$ 时，$E_t=0$。于是根据①，得 $A=-B$，则式(7.2.1)变为

$$E_t=-\mathrm{j}2AE_0\sin\beta z\mathrm{e}^{\mathrm{j}\omega t} \tag{7.2.2}$$

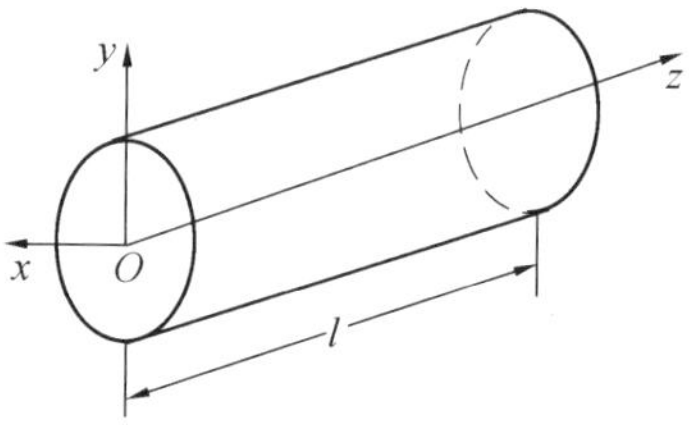

图 7.2.2　波导空腔谐振器

根据②，式(7.2.2)变为

$$\sin\beta l=0$$

故得

$$\beta=\frac{p\pi}{l}\qquad p=\begin{cases}1,2,\cdots 对 \text{ H } 波\\0,1,2,\cdots 对 \text{ E } 波\end{cases} \tag{7.2.3}$$

式中，常数 p 对 H 型波而言不能为零，否则所有场分量均为零，即该波型场均不存在。在波导讨论中我们已经知道，沿横向两坐标(x, y)场呈驻波分布；现在的腔体中由于 z 方向也有导体封闭，故沿纵轴方向波也呈驻波状态。当条件适合时就产生了振荡。

这样，我们将 $K=\omega_0\sqrt{\mu_1\varepsilon_1}$和式(7.2.3)代入 $K_c^2=K^2-\beta^2$ 中，即可求出谐振频率 ω_0 的一般表达式

$$\omega_0=\frac{1}{\sqrt{\mu_1\varepsilon_1}}\sqrt{K_c^2+\left(\frac{p\pi}{l}\right)^2}=v\sqrt{K_c^2+\left(\frac{p\pi}{l}\right)^2} \tag{7.2.4}$$

式中，$v=1/\sqrt{\mu_1\varepsilon_1}$为介质中 TEM 波的相速。于是波导腔的谐振波长 λ_0 的一般表达式，可立即写出

$$\lambda_0=\frac{v}{f_0}=\frac{2\pi v}{\omega_0}=\frac{2}{\sqrt{\left(\frac{2}{\lambda_c}\right)^2+\left(\frac{p}{l}\right)^2}} \tag{7.2.5}$$

由上二式可以看出，波导腔的谐振波长 λ_0 与腔体几何尺寸、工作模式有关，而与填充介质无关；谐振频率不仅与几何尺寸、模式有关，还与填充介质有关。谐振波长 λ_0 就是谐振频率下介质中的 TEM 波的波长。

其次研究同轴腔。图 7.2.1 中的(d)、(e)、(f)都可用平行双线等效，长度为 l，特性阻抗为 Z_0，始端和终端各接导纳 y_1 和 y_2，当终端短路时，导纳趋于∞；当终端开路时，导纳会等于零；如终端为电容加载，则导纳为 ωC。对于图 7.2.3 等效电路，若同轴线无耗，则从任意一个参考面 aa' 向两侧看去的输入导纳分别为 $\mathrm{j}b_1$ 与 $\mathrm{j}b_2$，当谐振腔谐振

$$\mathrm{j}b_1+\mathrm{j}b_2=0，即\ \mathrm{j}b_1=-\mathrm{j}b_2 \tag{7.2.6}$$

相应的腔体长度称为谐振长度，相应的波长称为谐振波长。

谐振条件(7.2.6)可用导纳圆图表示，如图 7.2.4 所示。

由于 $\mathrm{j}b_1$ 和 $\mathrm{j}b_2$ 都是纯电纳，又是异号，故二者对称分布于导纳圆图实轴两侧的 $|\Gamma|=1$(最外圆)的圆上。利用这个原理，可以方便地确定各种同轴腔的谐振长度和谐振波长。同轴腔的谐振波长为

$$\lambda_0=\frac{2}{n}(l_1+l_2)=\frac{2l}{n} \tag{7.2.7}$$

上式指出，当同轴腔谐振长度 l 给定时，其谐振波长 λ_0 有无穷多个。当 λ_0 给定时，对应的谐振长度为

$$l = n\frac{\lambda_0}{2} \tag{7.2.8}$$

可见 l 值也有无穷多个，且相邻两谐振长度之差等于 $\lambda_0/2$。

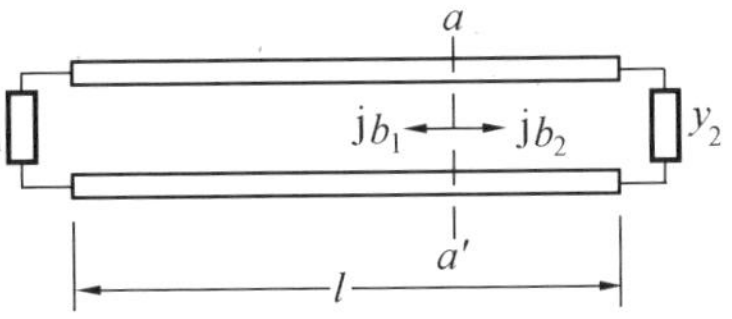

图 7.2.3　同轴腔的等效电路

同理，可以得到图 7.2.1(e)所示的一端开路同轴线的谐振波长 λ_0 与谐振长度 l 之间的关系为

$$\lambda_0 = \frac{4l}{n}\ (n = 1,3,5,\cdots) \tag{7.2.9}$$

$$l = n\frac{\lambda_0}{4} \tag{7.2.10}$$

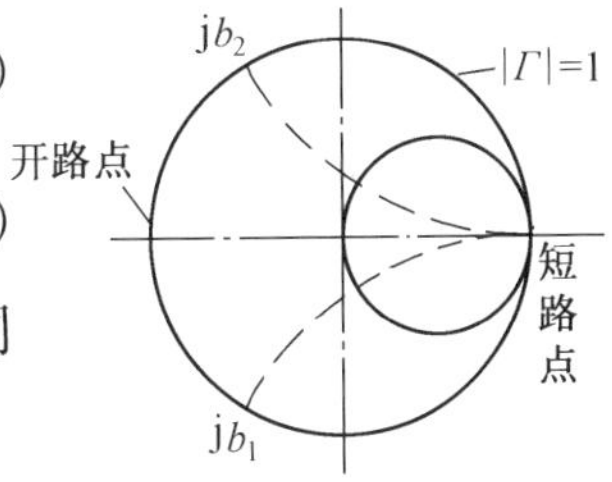

图 7.2.4　谐振条件的圆图表示法

对比式(7.2.8)和式(7.2.10)可知：对给定的 λ_0，一端开路的同轴腔较两端均短路的同轴腔内导体长度缩短一半。

二、品质因数 Q_0

品质因数是微波谐振器的另一个重要参量。它表征谐振器选择性的优劣和能量损耗的程度。腔体损耗主要源于腔壁导体的损耗和腔内介质的损耗。我们用电导 G_0 代表损耗，则腔体任一个参考面上的等效电路如图 7.2.5 所示。这样一个并联谐振电路的品质因数 Q_0 为 $\omega_0 C/G_0$。但对谐振器来说，C、G_0 都是未知值，因而不可能由上式计算 Q_0。为此，将 Q_0 公式作如下变化

$$Q_0 = \frac{\omega_0 C}{G_0} = \omega_0 \frac{\frac{1}{2}CU^2}{\frac{1}{2}G_0 U^2} \tag{7.2.11}$$

式中，U 为并联回路的电压幅值，$(1/2)CU^2$ 为回路中所储能量的时间平均值，$(1/2)G_0U^2$ 为回路损耗功率的时间平均值。对于大多数谐振腔来说，介质损耗可以忽略不计，而腔壁导体损耗则是主要的。因此谐振器的固有品质因数 Q_0 可定义如下：在谐振情况下，谐振器中的储能与一周内腔体损耗能量之比的 2π 倍，即为

$$Q_0 = 2\pi\frac{W}{W_\mathrm{T}} = 2\pi\frac{W}{P_1 T} = \omega_0\frac{W}{P_1} \tag{7.2.12}$$

当腔壁为理想导体时，腔内所储电能的时间平均值 W_e 与磁能时间平均值 W_m 是相等的，因而腔内总储能的时间平均值，为

$$W = W_\mathrm{e} + W_\mathrm{m} = 2W_\mathrm{m} = \frac{\mu}{2}\int_V \boldsymbol{H}\cdot\boldsymbol{H}^*\,\mathrm{d}V \tag{7.2.13}$$

式中，V 为腔体体积，H 为腔内各点的磁场强度。腔壁损耗功率的时间平均值 P_1 为

$$P_1 = \frac{1}{2}R_\mathrm{s}\oint_S \boldsymbol{H}_\mathrm{t}\cdot\boldsymbol{H}_\mathrm{t}^*\,\mathrm{d}S \tag{7.2.14}$$

式中，R_S 为腔壁导体的表面电阻，S 为腔壁内表面面积。故谐振器的固有品质因数 Q_0 的一般公式，为

$$Q_0 = \omega_0 \frac{\mu\int_V \boldsymbol{H} \cdot \boldsymbol{H}^* \mathrm{d}V}{R_S \oint_S \boldsymbol{H}_t \cdot \boldsymbol{H}_t^* \mathrm{d}S} \tag{7.2.15}$$

令 δ 为腔壁导体的集肤深度,其值为

$$\delta = \sqrt{\frac{2}{\omega_0 \mu\sigma}} \tag{7.2.16}$$

表面电阻 R_S 为

$$R_S = 1/\delta\sigma$$

式中,σ 为腔壁导体的电导率,故

$$\omega_0 = \frac{\mu}{R_S} = \frac{2}{\delta}$$

于是谐振器的固有品质因数公式,可化作

$$Q_0 = \frac{2}{\delta} \frac{\int_V \boldsymbol{H} \cdot \boldsymbol{H}^* \mathrm{d}V}{\oint_S \boldsymbol{H}_t \cdot \boldsymbol{H}_t^* \mathrm{d}S} \tag{7.2.17}$$

由此可见,为了计算腔体的品质因数 Q_0,必须给出腔内各点的场强表达式。对不同类型的谐振器只要将其磁场分量与其共轭值点乘再积分,即可逐一算出各自的 Q_0 值。

式中 H_t 为腔壁表面切向磁场。考虑到 $\boldsymbol{H} \cdot \boldsymbol{H}^* = |\boldsymbol{H}|^2, \boldsymbol{H}_t \cdot \boldsymbol{H}_t^* = |\boldsymbol{H}_t|^2$,则式(7.2.17)可写作

$$Q_0 = \frac{2}{\delta} \frac{\int_V |\boldsymbol{H}|^2 \mathrm{d}V}{\oint_S |H_t|^2 \mathrm{d}S} \tag{7.2.18}$$

为了估计空腔谐振器的 Q 值,假定腔内的场无变化,即 $|\boldsymbol{H}| = |\boldsymbol{H}_t| =$ 常数,则由上式可得

$$Q_0 \approx \frac{2}{\delta} \frac{V}{S} \tag{7.2.19}$$

因在一般情况下,空腔的线尺寸与波长 λ_0 成正比,故式(7.2.19)可变为

$$Q_0 \propto \frac{\lambda_0}{\delta} \tag{7.2.20}$$

在厘米波段,腔体的趋肤深度 δ 为几微米,由上式可粗略估计出 Q_0 值约为 $10^4 \sim 10^5$ 数量级。由此可见,空腔谐振器的 Q_0 值远大于 LC 回路的 Q_0 值,这是空腔谐振器的一个重要优点。

三、等效电导 G_0

考虑到腔壁损耗后,谐振器的等效电路可用图 7.2.5 表示。根据式(7.2.11)和式(7.2.12)可知,标志腔体损耗特性的等效电导 G_0 与损耗功率 P_1 的关系为

$$P_1 = \frac{1}{2} G_0 U^2 \tag{7.2.21}$$

于是等效电导可表示为

$$G_0 = \frac{2P_1}{U^2} \tag{7.2.22}$$

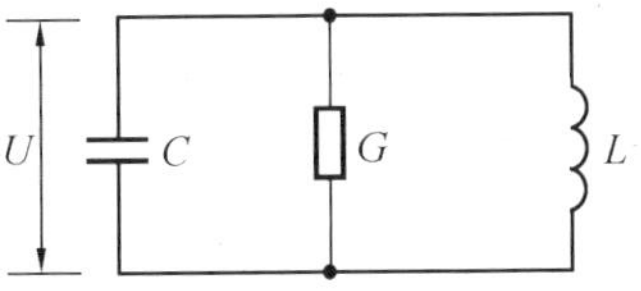

图 7.2.5　微波腔等效电路

与波导一样，空腔中的电压与积分路径有关，因此 G_0 并非单值。若选定积分路径后，则其电场强度的线积分为一定值，并称之为计算点间的等效电压，即

$$U = \int_A^B \boldsymbol{E} \cdot d\boldsymbol{l} \tag{7.2.23}$$

因此得到

$$G_0 = R_S \frac{\oint_S |\boldsymbol{H}_t|^2 dS}{\left(\int_A^B |\boldsymbol{E}| \cdot d\boldsymbol{l}\right)^2} \tag{7.2.24}$$

综上所述，按照式(7.2.5)、式(7.2.18)和式(7.2.24)可以严格计算出一个微波腔的 λ_0、Q_0 和 G_0。但实际上要进行严格的计算往往是很困难的，除了矩形、圆柱形腔之外大多数腔体有复杂的形状，以致不能严格解出电磁场分布。因此常常是在理论指导下粗略估算之后，再通过实验测定出腔体的 Q_0 和 G_0。

需要注意的是，腔的三个主要参量 λ_0、Q_0 和 G_0 都是针对某种谐振腔中的某一种谐振模式而言的，不同模式有不同的 λ_0、Q_0 和 G_0。下面结合不同类型的谐振器分别加以讨论。

7.3　波导矩形谐振腔

波导矩形谐振腔是由一段两端用导体板封闭起来的矩形波导构成的，如图 7.3.1 所示。它是几何形状最简单的一种空腔谐振器。

将 $\beta = 2\pi/\lambda_g$ 代入式(7.2.3)中，可求得矩形腔的谐振长度，为

$$l = p\frac{\lambda_g}{2} \tag{7.3.1}$$

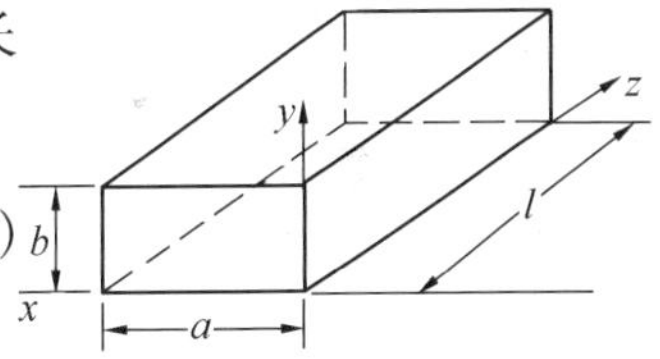

图 7.3.1　矩形空腔谐振器

式中，λ_g 为矩形波导轴向波导波长。

为计算三个基本参量，以及适当选择输入输出耦合装置，确定适当的调谐方式，抑制不需要的振荡模式等等，都必须知道腔内的电磁场分布。由于传输线型谐振器中所发生的电磁振荡，可看成是传输线上沿正反两个方向传输的行波所合成的驻波场，因此，矩形腔中的电磁场可由矩形波导中的场方程利用新的边界条件直接导出。

一、矩形腔中的方程

和矩形波导相对应，矩形腔也存在 H 型和 E 型振荡模式。

1. H 型振荡模式

对于 H 模式，$E_z = 0$。将矩形波导中沿 $+z$ 和 $-z$ 方向传输的 H 模之 H_z 分量叠加，可得

$$H_z = H_0 \cos\left(\frac{m\pi}{a}x\right)\cos\left(\frac{n\pi}{b}y\right)e^{-j\beta z} + H'\cos\left(\frac{m\pi}{a}x\right)\cos\left(\frac{n\pi}{b}y\right)e^{j\beta z}$$

由边界条件 $z=0, H_z=0$，可得 $H_0=-H'_0$。则上式可写成

$$H_z=-\mathrm{j}2H_0\cos\left(\frac{m\pi}{a}x\right)\cos\left(\frac{n\pi}{b}y\right)\sin\beta z \tag{7.3.2}$$

再由另一边界条件 $z=l, H_z=0$ 代入上式，得

$$\sin\beta l=0$$

故

$$\beta=\frac{p\pi}{l}(p=1,2,\cdots) \tag{7.3.3}$$

这和式(7.2.3)完全一致。于是

$$H_z=-\mathrm{j}2H_0\cos\left(\frac{m\pi}{a}x\right)\cos\left(\frac{n\pi}{b}y\right)\sin\left(\frac{p\pi}{l}z\right) \tag{7.3.4}$$

根据麦克斯韦方程，H 模式的其他分量可用 H_z 表示如下

$$\left.\begin{aligned}
H_x&=\frac{1}{K_c^2}\frac{\partial^2 H_z}{\partial x\partial z}\\
H_y&=\frac{1}{K_c^2}\frac{\partial^2 H_z}{\partial y\partial z}\\
E_x&=-\frac{\mathrm{j}\omega\mu}{K_c^2}\frac{\partial H_z}{\partial y}\\
E_y&=\frac{\mathrm{j}\omega\mu}{K_c^2}\frac{\partial H_z}{\partial x}
\end{aligned}\right\} \tag{7.3.5}$$

式中，$K_c^2=K_x^2+K_y^2=\left(\frac{m\pi}{a}\right)^2+\left(\frac{n\pi}{b}\right)^2$。于是可求得矩形腔 H 型振荡模式的场分量表示式为

$$\left.\begin{aligned}
E_x&=\frac{2\omega\mu}{K_c^2}\left(\frac{n\pi}{b}\right)H_0\cos\left(\frac{m\pi}{a}x\right)\sin\left(\frac{n\pi}{b}y\right)\sin\left(\frac{p\pi}{l}z\right)\\
E_y&=-\frac{2\omega\mu}{K_c^2}\left(\frac{m\pi}{a}\right)H_0\sin\left(\frac{m\pi}{a}x\right)\cos\left(\frac{n\pi}{b}y\right)\sin\left(\frac{p\pi}{l}z\right)\\
E_z&=0\\
H_x&=\mathrm{j}\frac{2}{K_c^2}\left(\frac{m\pi}{a}\right)\left(\frac{p\pi}{l}\right)H_0\sin\left(\frac{m\pi}{a}x\right)\cos\left(\frac{n\pi}{b}y\right)\cos\left(\frac{p\pi}{l}z\right)\\
H_y&=\mathrm{j}\frac{2}{K_c^2}\left(\frac{n\pi}{b}\right)\left(\frac{p\pi}{l}\right)H_0\cos\left(\frac{m\pi}{a}x\right)\sin\left(\frac{n\pi}{b}y\right)\cos\left(\frac{p\pi}{l}z\right)\\
H_z&=-\mathrm{j}2H_0\cos\left(\frac{m\pi}{a}x\right)\cos\left(\frac{n\pi}{b}y\right)\sin\left(\frac{p\pi}{l}z\right)
\end{aligned}\right\} \tag{7.3.6}$$

2. E 型振荡模式

对于 E 模式，$H_z=0$。利用同样方法可求得 E 型振荡模式的场方程为

$$\left.\begin{aligned}
E_x &= -\frac{2}{K_c^2}\left(\frac{m\pi}{a}\right)\left(\frac{p\pi}{l}\right)E_0\cos\left(\frac{m\pi}{a}x\right)\sin\left(\frac{n\pi}{b}y\right)\sin\left(\frac{p\pi}{l}z\right)\\
E_y &= -\frac{2}{K_c^2}\left(\frac{n\pi}{b}\right)\left(\frac{p\pi}{l}\right)E_0\sin\left(\frac{m\pi}{a}x\right)\cos\left(\frac{n\pi}{b}y\right)\sin\left(\frac{p\pi}{l}z\right)\\
E_z &= 2E_0\sin\left(\frac{m\pi}{a}x\right)\sin\left(\frac{n\pi}{b}y\right)\cos\left(\frac{p\pi}{l}z\right)\\
H_x &= \mathrm{j}\frac{2\omega\varepsilon}{K_c^2}\left(\frac{n\pi}{b}\right)E_0\sin\left(\frac{m\pi}{a}x\right)\cos\left(\frac{n\pi}{b}y\right)\cos\left(\frac{p\pi}{l}z\right)\\
H_y &= -\mathrm{j}\frac{2\omega\varepsilon}{K_c^2}\left(\frac{m\pi}{a}\right)E_0\cos\left(\frac{m\pi}{a}x\right)\sin\left(\frac{n\pi}{b}y\right)\cos\left(\frac{p\pi}{l}z\right)\\
H_z &= 0
\end{aligned}\right\}\tag{7.3.7}$$

式中

$$\beta = \frac{p\pi}{l}(p = 0,1,2,\cdots)\tag{7.3.8}$$

由式(7.3.6)和式(7.3.7)两式可看出，在矩形腔中可存在无穷多个H型和E型振荡模式。通常用H_{mnp}和E_{mnp}表示，角标m、n、p为正整数，分别表示场沿a、b和l分布的驻波个数。正如上面所述，对于H型，$p \neq 0$，故H_{mn0}是不存在的，而E_{mn0}振荡模式则是可以存在的，因为对E型，$p = 0,1,2,\cdots$。

二、矩形腔的基本参量

1. 谐振波长 λ_0

对于矩形腔，截止波长为

$$\lambda_c = \frac{2\pi}{K_c} = \frac{2}{\sqrt{\left(\frac{m}{a}\right)^2 + \left(\frac{n}{b}\right)^2}}$$

代入式(7.2.5)即得矩形腔的谐振波长为

$$\lambda_0 = \frac{2}{\sqrt{\left(\frac{m}{a}\right)^2 + \left(\frac{n}{b}\right)^2 + \left(\frac{p}{l}\right)^2}}\tag{7.3.9}$$

对于同一腔体(a、b、l一定)，不同模式有不同的谐振波长，只要将其m、n、p代入上式，即可求得所对应的λ_0。

例如，矩形腔中的H_{101}模式，将$m = p = 1, n = 0$，代入式(7.3.9)得

$$(\lambda_0)_{\mathrm{H}_{101}} = \frac{2}{\sqrt{\left(\frac{1}{a}\right)^2 + \left(\frac{1}{l}\right)^2}}\tag{7.3.10}$$

又如对于E_{110}有

$$(\lambda_0)_{\mathrm{E}_{110}} = \frac{2}{\sqrt{\left(\frac{1}{a}\right)^2 + \left(\frac{1}{b}\right)^2}}\tag{7.3.11}$$

2. 品质因数 Q_0

为求得矩形腔中各振荡模式的固有品质因数Q_0，只要将相应的场分量代入式

(7.2.18) 进行计算即可。下面以 H_{101} 的模式为例,介绍计算方法。

将 $m = p = 1, n = 0$ 代入式(7.3.6) 中即得 H_{101} 模式的场方程,为

$$\left.\begin{aligned} E_y &= \frac{2\omega\mu a}{\pi} H_0 \sin\left(\frac{\pi}{a}x\right)\sin\left(\frac{\pi}{l}z\right) \\ H_x &= \mathrm{j}\frac{2a}{l} H_0 \sin\left(\frac{\pi}{a}x\right)\cos\left(\frac{\pi}{l}z\right) \\ H_z &= -\mathrm{j}2H_0 \cos\left(\frac{\pi}{a}x\right)\sin\left(\frac{\pi}{l}z\right) \\ E_x &= E_z = H_y = 0 \end{aligned}\right\} \tag{7.3.12}$$

于是在腔内储能为

$$\int_V |H|^2 \mathrm{d}V = \int_V (|H_x|^2 + |H_z|^2)\mathrm{d}V =$$

$$\int_0^a\int_0^b\int_0^l 4H_0^2\left[\left(\frac{a}{l}\right)^2 \sin^2\left(\frac{\pi}{a}x\right)\cos^2\left(\frac{\pi}{l}z\right) + \cos^2\left(\frac{\pi}{a}x\right)\sin^2\left(\frac{\pi}{l}z\right)\right]\mathrm{d}x\mathrm{d}y\mathrm{d}z =$$

$$\frac{H_0^2(a^2 + l^2)ab}{l} \tag{7.3.13}$$

关于腔壁损耗,需按部位分别求出:

在空腔前后两壁上($z = 0, z = l$)

$$|H_t|^2 = |H_x|^2 = 4H_0^2\left(\frac{a}{l}\right)^2 \sin^2\left(\frac{\pi}{a}x\right)$$

在空腔左右两壁上($x = 0, x = a$)

$$|H_t|^2 = |H_x|^2 = 4H_0^2 \sin^2\left(\frac{\pi}{l}z\right)$$

在空腔上下两壁上($y = 0, y = b$)

$$|H_t|^2 = |H_x|^2 + |H_z|^2 =$$

$$4H_0^2\left[\left(\frac{a}{l}\right)^2 \sin^2\left(\frac{\pi}{l}x\right)\cos^2\left(\frac{\pi}{l}z\right) + \cos^2\left(\frac{\pi}{a}x\right)\sin^2\left(\frac{\pi}{l}z\right)\right]$$

于是腔壁总损耗为

$$\oint_S |H_t|^2 \mathrm{d}S = 2\left[\int_0^a\int_0^b |H_x|^2 \mathrm{d}x\mathrm{d}y + \int_0^b\int_0^l |H_z|^2 \mathrm{d}y\mathrm{d}z + \int_0^a\int_0^l (|H_x|^2 + |H_z|^2)\mathrm{d}x\mathrm{d}z\right] =$$

$$\frac{2H_0^2}{l^2}[2b(a^3 + l^3) + al(a^2 + b^2)] \tag{7.3.14}$$

将式(7.3.13) 和式(7.3.14) 代入式(7.2.18) 中,得

$$Q_0 = \frac{abl}{\delta} \cdot \frac{a^2 + l^2}{2b(a^3 + l^3) + al(a^2 + l^2)} \tag{7.3.15}$$

对于正方形空腔谐振器,因 $a = b = l$,则其固有品质因数为

$$Q_0 = \frac{a}{3\delta} \tag{7.3.16}$$

若正方腔中的工作模式为 H_{101},则由式(7.3.10) 可求得 $\lambda_0 = \sqrt{2}a$。于是式(7.3.16) 变为

$$Q_0 = \frac{1}{3\sqrt{2}}\frac{\lambda_0}{\delta} = 0.236\frac{\lambda_0}{\delta} \tag{7.3.17}$$

3. 等效电导 G_0

等效电导与所选择的等效电压的计算位置有关。作为特例,我们来计算 H_{101} 模式的等效电导。选择上下壁中心处作为等效电压计算点,并以两中心点连线为积分路径,则等效电压振幅的平方为

$$|U|^2 = \left[\int_A^B |\boldsymbol{E}| \cdot \mathrm{d}\boldsymbol{l}\right]^2 = \left[\int_0^b |E_y| \mathrm{d}y\right]^2 = \frac{4\omega^2\mu^2 a^2 b^2}{\pi^2} H_0^2 \tag{7.3.18}$$

因为

$$\omega_0\mu = 2\pi f_0\mu = \frac{2\pi v}{\lambda_0}\mu = \frac{2\pi}{\lambda_0}\sqrt{\frac{\mu}{\varepsilon}} = \frac{2\pi}{\lambda_0}\eta$$

又由式(7.3.10) 得

$$\lambda_0^2 = \frac{4a^2 l^2}{a^2 + l^2}$$

于是式(7.3.18) 可改写为

$$|U|^2 = \frac{4b^2(a^2 + l^2)}{l^2}\eta^2 H_0^2 \tag{7.3.19}$$

将它们代入式(7.2.24) 中,可得

$$G_0 = \frac{1}{\sigma\delta\eta^2} \frac{(a^3 + l^3) + \dfrac{al}{2b}(a^2 + l^2)}{b(a^2 + l^2)} = \frac{al}{2b\sigma\delta^2\eta^2}\frac{1}{Q_0} \tag{7.3.20}$$

例 给定谐振波长 $\lambda_{0(H_{101})} = 25$ mm(12 GHz),腔壁为黄铜,其电导率 $\sigma = 15 \times 10^6$ S/m。试设计一只矩形腔并计算腔的固有品质因数。

解 (1) 腔体尺寸的选择 从式(7.3.10)、式(7.3.15) 中消去 l,将 Q_0 对 a 求导,可得到 Q_0 最大值的条件为

$$a = l = \lambda_0/\sqrt{2} \tag{7.3.21}$$

因此,为保证矩形腔具有最高的 Q_0 值,选用

$$a = l = \lambda_0/\sqrt{2} = \frac{2.5}{\sqrt{2}} = 1.77\ (\text{cm})$$

因 H_{101}、H_{011}、E_{110} 的谐振波长,分别为

$$\lambda_{0(H_{101})} = \frac{2}{\sqrt{\dfrac{1}{a^2} + \dfrac{1}{l_2}}} \qquad \lambda_{0(H_{011})} = \frac{2}{\sqrt{\dfrac{1}{b^2} + \dfrac{1}{l_2}}} \qquad \lambda_{0(E_{110})} = \frac{2}{\sqrt{\dfrac{1}{a^2} + \dfrac{1}{b_2}}}$$

为使 $\lambda_{0(H_{101})} > \lambda_{0(H_{011})}$ 及 $\lambda_{0(H_{011})} > \lambda_{0(E_{110})}$,应取

$$\left.\begin{aligned} b &< a \\ b &< l \end{aligned}\right\} \tag{7.3.22}$$

这就是说,必须使 $b < 1.77$ cm。由式(7.3.15) 可知,若其他条件不变,b 愈大,Q_0 愈高,但 b 又不能过大,否则振荡器不易起振(例如耿氏振荡器等),因此需通过实验选定 b。这里选 $b = 1.4$ cm。

(2) 计算趋肤深度 δ

$$\delta = \sqrt{\frac{1}{\pi f_c \mu\sigma}} = 1.186 \times 10^{-4}(\text{cm})$$

(3) 由式(7.3.15) 计算腔的 Q_0 为

$$Q_0 = \frac{abl}{\delta}\frac{a^2+l^2}{2b(a^3+l^3)+al(a^2+l^2)} = \frac{ab}{\delta(a^2+l^2)} = \frac{ab}{\delta(a+2b)} = \frac{1.77\times 1.4}{1.186\times 10^{-4}\times(1.77+2.8)} = 4\ 572$$

7.4 圆柱谐振腔

圆柱谐振腔也是一种结构简单的波导空腔谐振器。它由在 $z=0$ 和 $z=l$ 两处用导体板短路的一段圆柱波导所构成,如图 7.4.1 所示。它的计算方法与矩形腔类似,可以利用圆形波导中的一些结果直接写出场方程。

一、电磁场分量

1. H 型振荡模式

$$\left.\begin{aligned}
E_r &= \frac{2\omega\mu m}{K_c^2 r}H_0 J_m(K_c r)\sin m\varphi\sin\left(\frac{p\pi}{l}z\right)\\
E_\varphi &= -\frac{2\omega}{K_c}H_0 J'_m(K_c r)\cos m\varphi\sin\left(\frac{p\pi}{l}z\right)\\
E_z &= 0\\
H_r &= -\mathrm{j}\frac{2}{K_c}\left(\frac{p\pi}{l}\right)H_0 J'_m(K_c r)\cos m\varphi\sin\left(\frac{p\pi}{l}z\right)\\
H_\varphi &= \mathrm{j}\frac{2m}{K_c^2 r}\left(\frac{p\pi}{l}\right)H_0 J_m(K_c r)\sin m\varphi\cos\left(\frac{p\pi}{l}z\right)\\
H_z &= -\mathrm{j}2H_0 J_m(K_c r)\cos m\varphi\sin\left(\frac{p\pi}{l}z\right)
\end{aligned}\right\}\quad(7.4.1)$$

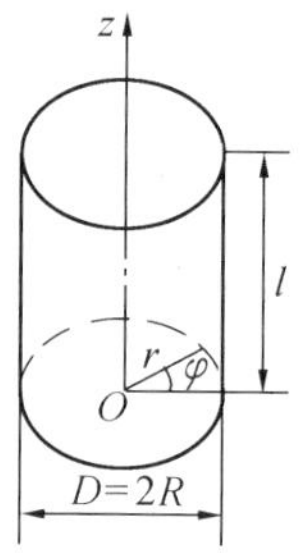

图 7.4.1 圆柱形腔

式中,$K_c=\mu'_{mn}/R$ 为截止波数,μ'_{mn} 为 m 阶第一类贝塞尔函数导数的第 n 个根。实际上还存在极化简并模式"$\sin m\varphi$"或"$\cos m\varphi$",由于导出相似,故这里不再写出。

2. E 型振荡模式

$$\left.\begin{aligned}
E_r &= -\frac{2}{K_c}\left(\frac{p\pi}{l}\right)E_0 J'_m(K_c r)\cos m\varphi\sin\left(\frac{p\pi}{l}z\right)\\
E_\varphi &= -\frac{2m}{K_c^2 r}\left(\frac{p\pi}{l}\right)E_0 J_m(K_c r)\sin m\varphi\sin\left(\frac{p\pi}{l}z\right)\\
E_z &= 2E_0 J_m(K_c r)\cos m\varphi\cos\left(\frac{p\pi}{l}z\right)\\
H_r &= -\mathrm{j}\frac{2m\omega\varepsilon}{K_c^2 r}E_0 J_m(K_c r)\sin m\varphi\cos\left(\frac{p\pi}{l}z\right)\\
H_\varphi &= -\mathrm{j}\frac{2\omega\varepsilon}{K_c}E_0 J'_m(K_c r)\cos m\varphi\cos\left(\frac{p\pi}{l}z\right)\\
H_z &= 0
\end{aligned}\right\}\quad(7.4.2)$$

式中,$K_c=u_{mn}/R$,u_{mn} 为 m 阶第一类贝塞尔函数的第 n 个根。

由上二式可见,圆柱腔中可存在无穷多个 H 型和 E 型振荡模式,通常用 H_{mnp},E_{mnp} 表示。对 H_{mnp}，$m=0,1,2,\cdots$；$n=1,2,3,\cdots$；$p=1,2,3,\cdots$ 的模式存在。对 E_{mnp}，$m=0,1,2,\cdots$；$n=1,2,3,\cdots$；$p=0,1,2,3,\cdots$ 的模式存在。模式指数 m、n、p 分别表示沿圆周（φ 向）、半径（r 向）以及腔长 l（z 向）上场量出现极大值的个数。

二、圆柱腔的基本参量

1. 谐振波长 λ_0

(1) H 型振荡模式

将 $K_c=\mu'_{mn}/R$，$\lambda_c=2\pi/K_c=2\pi R/\mu'_{mn}$ 代入式(7.2.5)得到

$$\lambda_{0(\mathrm{H}mnp)}=\frac{1}{\sqrt{\left(\dfrac{\mu'_{mn}}{2\pi R}\right)^2+\left(\dfrac{p}{2l}\right)^2}} \tag{7.4.3}$$

与圆波导中的最低磁模 H_{11} 相对应，圆柱腔中的最低 H 型振荡模式是 H_{111}，则

$$\lambda_{0(\mathrm{H}_{111})}=\frac{1}{\sqrt{\left(\dfrac{1}{3.41R}\right)^2+\left(\dfrac{1}{2l}\right)^2}} \tag{7.4.4}$$

另一个常用振荡模式是 H_{011}，其谐振波长，为

$$\lambda_{0(\mathrm{H}_{011})}=\frac{1}{\sqrt{\left(\dfrac{1}{1.64R}\right)^2+\left(\dfrac{1}{2l}\right)^2}} \tag{7.4.5}$$

(2) E 型谐振模式

将 $\lambda_c=2\pi/K_c=2\pi R/u_{mn}$ 代入式(7.2.5)中，得到

$$\lambda_{0(\mathrm{E}mnp)}=\frac{1}{\sqrt{\left(\dfrac{u_{mn}}{2\pi R}\right)^2+\left(\dfrac{p}{2l}\right)^2}} \tag{7.4.6}$$

与圆波导中的最低电模 E_{01} 相对应，圆柱腔中最低 E 型振荡模式是 E_{010}，则

$$\lambda_{0(\mathrm{E}_{010})}=2.62R \tag{7.4.7}$$

比较式(7.4.4)和式(7.4.7)可见，当 $l<2.1R$ 时，$\lambda_{0(\mathrm{E}_{010})}>\lambda_{0(\mathrm{H}_{111})}$，而当 $l>2.1R$ 时，$\lambda_{0(\mathrm{H}_{111})}>\lambda_{0(\mathrm{E}_{010})}$。这就是说圆柱腔中的最低振荡模式可能是 H_{111} 也可能是 E_{010}，这要由 l 与 R 的比例关系而定。

2. 品质因数 Q_0 和波形因数 $Q_0\dfrac{\delta}{\lambda_0}$

圆柱腔固有品质因数的计算方法与矩形腔一样，这里不作详细推导，只给出结果。但由于 Q_0 与腔体的形状尺寸、工作模式、腔壁导体材料的特性及工作波长等都有关，所以为了能作普遍性讨论，常用 $Q_0\dfrac{\delta}{\lambda_0}$ 表征谐振腔的性质。$Q_0\dfrac{\delta}{\lambda_0}$ 只与腔体尺寸和工作模式有关，故称之为波形因数。

H_{mnp} 模式的波形因数，可求得为

$$\left(Q_0\frac{\delta}{\lambda_0}\right)_{\mathrm{H}mnp}=\frac{[(\mu'_{mn}R)^2-m^2][(\mu'_{mn}R)^2+(p\pi R/l)^2]^{3/2}}{2\pi[(\mu'_{mn}R)^4+2\pi^2p^2(\mu'_{mn}R)^2(R/l)^3+(\pi mpR/l)^2(1-2R/l)]} \tag{7.4.8}$$

我们还可以求出 H_{11p}、H_{01p} 的波形因数如下

$$\left(Q_0\frac{\delta}{\lambda_0}\right)_{H_{11p}} = \frac{1.03[0.343+(pR/l)^2]^{3/2}}{[1+5.82p^2(R/l)^3+0.86(pR/l)^2(1-2R/l)]} \tag{7.4.9}$$

$$\left(Q_0\frac{\delta}{\lambda_0}\right)_{H_{01p}} = \frac{0.336[1.49+(pR/l)^2]^{3/2}}{1+1.34p^2(R/l)^3} \tag{7.4.10}$$

令 $p=1$,则由上二式可求得

$$\left(Q_0\frac{\delta}{\lambda_0}\right)_{H_{111}} = \frac{1.03[0.343+(R/l)^2]^{3/2}}{[1+5.82(R/l)^3+0.86(R/l)^2(1-2R/l)]} \tag{7.4.11}$$

$$\left(Q_0\frac{\delta}{\lambda_0}\right)_{H_{011}} = \frac{0.336[1.49+(R/l)^2]^{3/2}}{1+1.34(R/l)^3} \tag{7.4.12}$$

图7.4.2给出了 H_{111} 和 H_{011} 的场结构图。

图 7.4.3 为 H_{011}、H_{012}、H_{013} 及 H_{111}、H_{112}、H_{113} 等几种模式的 $Q_0\frac{\delta}{\lambda_0}-\frac{2R}{l}$ 分布曲线。

同样,E 型振荡模式的波形因数可求得,为

$$\left(Q_0\frac{\delta}{\lambda_0}\right)_{Emnp} = \frac{\left[u_{mn}^2+\left(\frac{p\pi}{2}\right)^2\left(\frac{\Delta R}{l}\right)^2\right]^{1/2}}{2\pi\left(1+\frac{\Delta R}{l}\right)} \tag{7.4.13}$$

式中 Δ 是一个常数因子,其值为

$$\Delta = \begin{cases}1 & 当\ p=0\\ 2 & 当\ p\neq 0\end{cases} \tag{7.4.14}$$

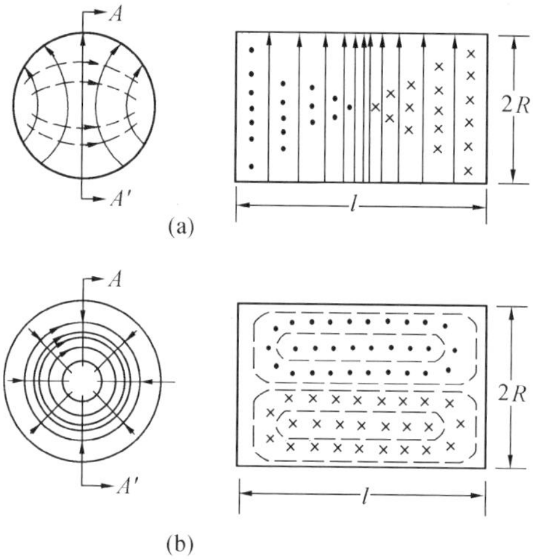

图 7.4.2　圆柱腔中的场结构

于是 E_{01p} 的波形因数为

$$\left(Q_0\frac{\delta}{\lambda_0}\right)_{E_{01p}} = \frac{\left[u_{01}^2+\left(\frac{p\pi}{2}\right)^2\left(\frac{\Delta R}{l}\right)^2\right]^{1/2}}{2\pi\left(1+\frac{\Delta R}{l}\right)} \tag{7.4.15}$$

最低电振荡模式 E_{010} 的波形因数和固有品质因数为

$$\left(Q_0\frac{\delta}{\lambda_0}\right)_{E_{010}} = \frac{2.405}{2\pi\left(1+\frac{\Delta R}{l}\right)} \tag{7.4.16}$$

$$(Q_0)_{E_{010}} = \frac{R}{\delta}\frac{1}{1+\frac{R}{l}} \tag{7.4.17}$$

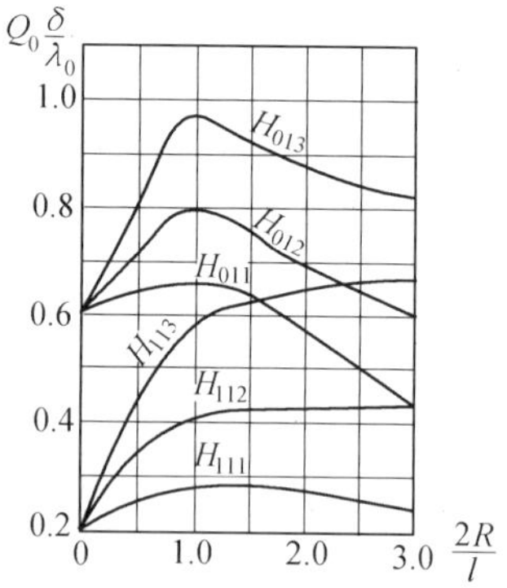

图 7.4.3　圆柱腔几种 H 模的 $Q_0\frac{\delta}{\lambda_0}$ 曲线

图 7.4.4 为 E_{010} 模式的电场分布图。

图 7.4.5 为圆柱腔中几种 E 型模的 $Q_0\frac{\delta}{\lambda_0}-\frac{2R}{l}$ 的关系曲线。

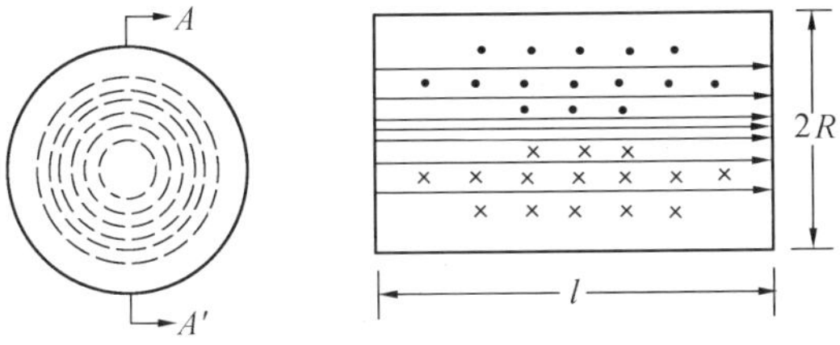

图 7.4.4 圆柱腔中 E_{010} 模场结构

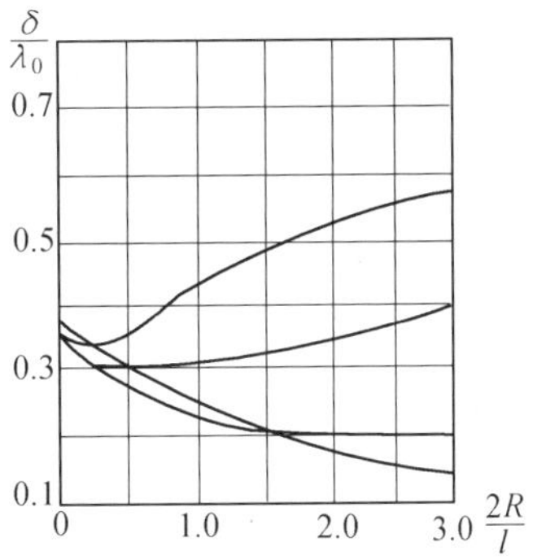

图 7.4.5 圆柱腔中几种 E 模的 $Q_0\frac{\delta}{\lambda_0}$ 曲线

本章小结

1. 波导腔的谐振频率与几何尺寸、模式和所填充的介质有关。谐振波长 λ_0 就是谐振频率下介质中的 TEM 波的波长。

2. 腔的三个主要参量 λ_0、Q_0 和 G_0 都是针对腔中的某一种谐振模式而言的，不同模式有不同的 λ_0、Q_0 和 G_0。

3. 矩形腔存在 H 型和 E 型振荡模式，但其谐振波长的计算公式是一样的，即

$$\lambda_0 = \frac{2}{\sqrt{\left(\frac{m}{a}\right)^2 + \left(\frac{n}{b}\right)^2 + \left(\frac{p}{l}\right)^2}}$$

矩形腔中主振荡模式是 H_{101}。

4. 圆柱谐振腔存在 H 型和 E 型振荡模式：

(1)H 型振荡模式谐振波长

$$\lambda_{0(\mathrm{H}mnp)} = \frac{1}{\sqrt{\left(\frac{\mu'_{mn}}{2\pi R}\right)^2 + \left(\frac{p}{2l}\right)^2}}$$

(2)E 型谐振模式谐振波长

$$\lambda_{0(\mathrm{E}mnp)} = \frac{1}{\sqrt{\left(\frac{u_{mn}}{2\pi R}\right)^2 + \left(\frac{p}{2l}\right)^2}}$$

圆柱腔中最低电振荡模式可能是 E_{010}，也可能是 H_{111}。

思考题

7.1 试说明空腔谐振器具有多谐性；采用哪些措施可以使腔体工作于一种模式？

7.2 谐振腔固有品质因数与哪些因素有关？什么叫有载品质因数？

7.3 什么叫耦合品质因数，它与固有品质因数的关系是什么？

7.4 一个空气填充的振荡模式为 TM_{010} 的圆柱形谐振腔，应采取什么调谐机构？

7.5 欲用空腔谐振器测介质材料的相对介电常数，试简述其基本原理和方法。

7.6 简述介质谐振器与金属波导构成的空腔谐振器的异同点。

7.7 在制作介质谐振器时，为什么通常都是采用高介电常数的材料？

7.8 在微波波段为什么不能用普通集总参数元件做谐振腔？

习　题

7.1 在一矩形谐振腔中激励起 H_{101} 模式，空腔尺寸 $a \times b \times l = 5 \times 3 \times 5(\text{cm}^3)$ 求谐振波长 λ_0。如果腔体是紫铜制成的，其中充以空气，求其固有品质因数 Q_0（铜的趋肤深度 $\delta = 1.5 \times 10^{-4}$ cm）。

7.2 如图所示在截面尺寸为 $a \times b = 22.86 \times 10.16(\text{mm}^2)$ 的矩形波导中，传输频率为 10GHz 的 H_{10} 波，先在某横截面处放一导体薄板 1，试问：

(1) 导体薄板 2 应放在何处才能构成振荡模式为 H_{101} 的矩形谐振腔？

(2) 若其他条件不变(包括 l 不变)，只是改变工作频率，则上面所构成的腔体中可能有哪些振荡模式？

(3) 若将 l 加大 1 倍，工作频率保持不变，此时腔中的振荡模式是什么？谐振波长有无变化？

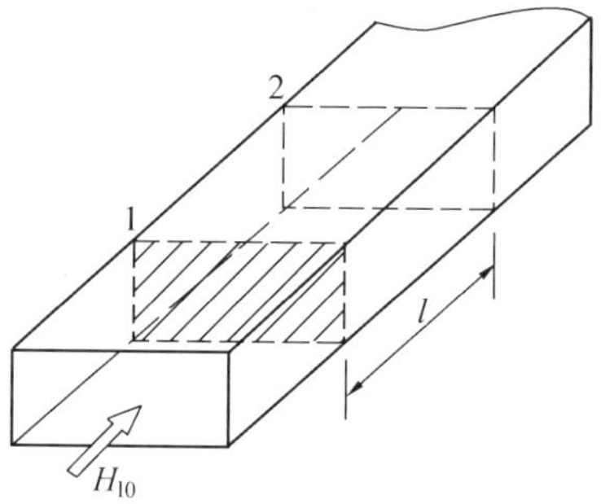

图习题 7.2

7.3 有两个矩形腔，工作模式均是 H_{101}，谐振波长分别是 $\lambda_0 = 3$ cm 和 10 cm，试问哪一个空腔尺寸大？为什么？

7.4 欲用矩形波导制成一矩形腔，要求当 $\lambda_0 = 10$ cm 时，H_{101} 模发生谐振，当 $\lambda_0 = 5$ cm 时对 H_{103} 模式发生谐振，求其腔体的尺寸。

7.5 有一圆柱腔，其半径 $R = 5$ cm，腔长为 10 cm，试求其最低振荡模式的谐振频率和固有品质因数 Q_0 值（铜制腔体，$\delta = 1.5 \times 10^{-4}$ cm）。

7.6 见上题，若腔长为 15 cm，试求其最低振荡模式的谐振频率和 Q_0 值。

7.7 有一铜制的短路双线传输线，导线直径为 1 cm，两线间距为 3 cm，长度为 40 cm。求谐振时的并联谐振频率和 Q_0 值。

7.8 有一电容负载式同轴腔，已知内导体直径为 0.5 cm，外导线直径为 1.5 cm，终端电容量为 1pF，要求该腔谐振在 3GHz，试确定该腔最短的两个长度。

7.9 有一空气同轴线，其内外导体直径分别为 1 cm 和 3.49 cm，把它做成终端带有电容 $10^{-11}/2\pi$F 的同轴腔，用短路活塞调谐，调至 $l = 0.22\lambda_0$ 时达到谐振，问此时腔的谐振频率为多少？

7.10 有一圆柱腔波长计，工作模式为 H_{011}，空腔直径 $D = 3$ cm，直径与长度之比的可变范围为 2 ~ 4，试求此波长计的调谐范围。

7.11 如图所示，为一矩形波导与圆柱形波长计的耦合机构。矩形波导传输 H_{10} 模，尺寸 $a \times b = 2.3 \times 1.0\ \text{cm}^2$，圆柱腔半径 $R = 2.28$ cm。当活塞调至“Ⅰ”、“Ⅱ”时分别对 H_{011} 和 H_{012} 发生谐振，测得 $l = 2.5$ cm，试求：

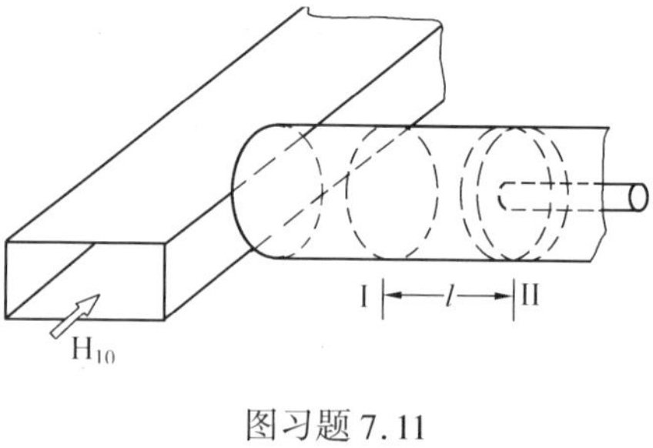

图习题 7.11

(1) 空腔中 $\lambda_0 = ?$，$\lambda_g = ?$ 波导中 $\lambda_0 = ?$ $\lambda_g = ?$

(2) 若传输信号波长改为 2.08 cm，问在“Ⅰ”处是否能发生谐振，是什么振荡模式？在“Ⅱ”处又将如何？

7.12 已知一圆柱腔的直径 $D = 3$ cm，若对同一频率，振荡模式为 E_{012} 时的空腔长度较 E_{011} 时的长 2.32 cm，求此腔体的谐振频率。

习题答案

第2章

2.1 $Z_1 = 81.82(\Omega)$

2.2 (a)$Z_{ab} = \frac{1}{2}Z_0$;(b)$Z_{ab} = Z_0$;(c)$Z_{ab} = Z_0$;(d)$Z_{ab} = \frac{2}{5}Z_0$

2.3 $\Gamma_1 = \frac{1}{\sqrt{2}}e^{j\frac{\pi}{4}}$

2.4 (1)$\rho = 5.83$;(2)$\Gamma = \frac{\sqrt{2}}{2}e^{j\frac{\pi}{4}}$

2.5 $Z_{in} = 8.73 + j6.39(\Omega)$

$Z_{0.1} = 22.09 + j60.24(\Omega)$

$Z_{0.3} = 50 + j100(\Omega)$

2.8 $Z_{01} = 747(\Omega)$, $d_{min} = 0.46\ m$

2.9 (a)$\Gamma_c = 0, \Gamma_b = -\frac{1}{3}, \Gamma_a = \frac{1}{3}$

(b)$\Gamma_d = -\frac{1}{5}, \Gamma_c = \frac{1}{3}, \Gamma_e = -\frac{1}{3}, \Gamma_a = 0$

(c)$\Gamma_c = 0, \Gamma_d = 0, \Gamma_b = -\frac{1}{3}, \Gamma_a = -\frac{1}{3}$

(d)$\Gamma_c = -1, \Gamma_d = 0, \Gamma_b = 0, \Gamma_a = 0$

2.10 a 处是电压波腹点,电流波节点。

$|I_a| = \frac{4}{9}(A)$, $|U_a| = \frac{200}{3}(V)$

b 处是电压波节点,电流波腹点。

$|I_b| = |I|_{max} = \frac{8}{9}(A)$

$|U_b| = |U|_{min} = \frac{100}{3}(V)$

$|I_b|_{\overline{bc}} = \frac{1}{2}|I_b| = \frac{4}{9}(A)$

bc 段载行波

$|U_c| = \frac{100}{3}(V)$, $|I_c| = \frac{4}{9}(A)$

2.11 $Z_{in} = 384.04 - j546.4(\Omega), \rho = 3.35, \Gamma_1 = 0.54e^{j\frac{\pi}{6}}$

2.12 $\Gamma_d = \frac{1}{3}$，dc 段呈行驻波状态

$\Gamma_c = -\frac{1}{3}$，bc 段呈行驻波状态 $\rho_{bd} = 2$

be 段呈行波状态 $\Gamma_e = 0$

$\Gamma_b = -0.2$，ab 段呈行驻波状态，a 点为电压腹点、电流节点。

根据输入端等效电路可求得：$|I_a| = |I|_{min} = \frac{2}{15}(A)$

$|U_a| = |U|_{max} = 60(V), \rho_{ab} = 1.5$

$|U_b| = |U|_{min} = 40(V), |I_b| = |I|_{max} = \frac{1}{5}(A), |U_b| = |U_e| = 40(V)$

$|I_c| = \frac{2}{15}(A), |U_c| = 20(V)$

$|U_d| = 40(V), |I_d| = 0.067(A)$

$|I_e| = 0.14(A)$

2.13 (1) 分析工作状态

de 段　$K_{de} = 0$，线上载驻波

cd 段　线上载行驻波，$K_{cd} = 0.5$

bc 段　线上载行波，$K_{bc} = 1$

bf 段　线上载行波，$K_{bf} = 1$

bg 段　线上载驻波，$K_{bg} = 0$

ab 段　线上载行驻波，$K_{ab} = 0.5$

(2) 求 $|U|$、$|I|$ 沿线分布

$|I_a| = \frac{1}{6}(A), |U_a| = \frac{100}{3}(V)$

(3) 负载吸收功率

$P_1 = 1.39(W), P_2 = 1.39(W)$

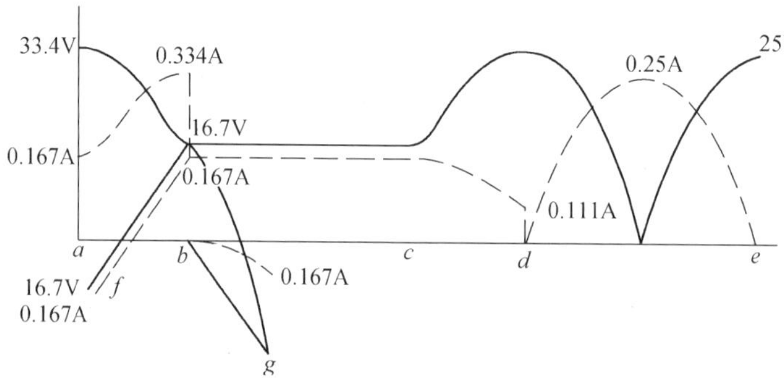

图解习题 2.13　沿线 $|U|$、$|I|$ 分布

2.14 (1) $R_1 = 100(\Omega)$, $R_2 = 100(\Omega)$

(2) 分析工作状态。求 ρ

ab 段呈行波状态，$\rho_{ab} = 1$

cd 段呈驻波状态，$\rho_{cd} = \infty$

d 端为电压节点 $|U|_{\min} = 0$，电流腹点 $|I|_{\max}$

c 端为电压腹点 $|U_c|_{\max}$，电流节点 $|I'_c|_{\min} = 0$

bc 段为行驻波，$|\Gamma_c| = \dfrac{1}{3}$，$\rho_{bc} = 2$

c 端为电压节点 $|U'_c|_{\min}$，电流腹点 $|I'_c|_{\max}$

b 端为电压腹点 $|U_b|_{\max}$，电流节点 $|I'_b|_{\min}$

be 段为行驻波，$|\Gamma_e| = \dfrac{1}{3}$，$\rho_{be} = 2$

e 端为电压节点 $|U_e|_{\min}$，电流腹点 $|I_e|_{\max}$

b 端为电压腹点 $|U''_b|_{\max}$，电流节点 $|I''_b|_{\min}$

(3) 求 $|U|$、$|I|$

$|I_a| = 0.2(\text{A})$，$|U_a| = 40(\text{V})$

① 因为 b 点的两段分支全相同

故有 $|I''_b|_{\min} = 0.1(\text{A}) = |I'_b|_{\min}$

$|U'_b| =_{\max} = |U''_b|_{\max} = |U_a| = 40(\text{A})$

$|I'_c| =_{\max} = 0.2(\text{A})$，$|U'_c|_{\min} = 20(\text{V}) = |U''_c|_{\max}$

$|I_e|_{\max} = 0.2(\text{A})$，$|U_c|_{\min} = 20(\text{V})$

$|I_d| = |I|_{\max} = 0.1(\text{A})$，$|U_d| = 0$

(4) 检测电流 $I = |I_d| = 0.1(\text{A})$

2.15 (1) $\rho_{ab'} = 13.2$；(2) $P_l = 1.654(\text{W})$

2.16 $l = 0.152\lambda$；$Z_{01} = 141.4(\Omega)$

2.17 $Z_1 = 35.7 + \text{j}74(\Omega)$

2.18 $\dfrac{P_r}{P_1} = 4.17\%$

2.19 $Z = 122 - \text{j}38(\Omega)$

2.21 $Z_2 = 20(\Omega)$，$Z_1 = 64(\Omega)$，$P_1 = 0.216(\text{W})$

2.22 $u_C(t) = 10\cos(\omega t - 70°)$，$u_A(t) = 10\cos(\omega t + 65°)$，$u_B(t) = 10\cos(\omega t + 20°)$

2.23 $l_{oc} = 8.2(\text{cm})$

2.24 $Z_1 = 21.77 + \text{j}22.15(\Omega)$

2.25 (1) $Z_{in} = 16.5 - \text{j}90(\Omega)$；(2) $Y_1 = 0.0048 - \text{j}0.0018(\text{S})$；(3) $Y_{in} = 0.01 + \text{j}0.0023(\text{S})$；

(4) $Z_1 = 82 - \text{j}1.5(\Omega)$；(5) $\Gamma_1 = 0.862\text{e}^{-\text{j}52°}$；(6) $\Gamma_1 = 0.862\text{e}^{-\text{j}128°}$

2.26 (1) $\dfrac{l}{\lambda} = 0.219$；(2) $\dfrac{l}{\lambda} = 0.242$；

(3) $l/\lambda = 0.312 - 0.202 = 0.11$;(4) $\overline{Y}_{in} = j1.07, \overline{Y}_{in} = -j0.93$

2.27 (1) $l_{max1} = 0.16\lambda, l_{min1} = 0.41$

(2) $l_{max1} = (0.25 - 0.154)\lambda = 0.096\lambda, \rho = 3.52$

$l_{min1} = 0.346\lambda, K = 0.284$

(3) $Z_{in} = 28.5 - j16.5(\Omega)$

(4) $\overline{Y}_{in} = 0.0124 + j0.0053(S)$

(5) $Z_1 = 120 + j90(\Omega)$

$Z_{in} = 14.25 + j11.25(\Omega)$

2.28 $Z_{in} = 127.5 - j33.75$

2.29 (1) $l = 0.073\lambda$;(2) $l = 0.427\lambda$

2.30 $Z_1 = 105 + j87(\Omega)$

2.31 (1) $Z_{01} = 200(\Omega)$;(2) $l_{sc} \approx 139(cm)$;(3) $l_{sc} \approx 22.8(cm)$

2.32 (1) $\rho = 2, K = 0.5, |\Gamma| = 0.33$

(2) $l = (0.25 - 0.15)\lambda = 10(cm)$

(3) $Z_{in} = 49 - j36(\Omega)$

第 3 章

3.1 (1) $\varepsilon_r = 1 \quad Z_0 = 276(\Omega)$

(2) $\varepsilon_r = 2.25 \quad Z_0 = 184(\Omega)$

3.2 当 d 不变时 $D_1 = 2.83(cm)$

当 D 不变时 $Z_{01} = 352.3(\Omega), d_1 = 4.25(mm)$

3.3 (1) $\varepsilon_r = 1 \quad Z_0 = 75.2(\Omega)$

(2) $\varepsilon_r = 2.5 \quad Z_0 = 47.9(\Omega)$

3.4 (1) $\varepsilon_r = 1 \quad a/b = 0.435$

(2) $\varepsilon_r = 2 \quad a/b = 0.307$

3.5 (1) $a = 0.96(cm), b = 2.22(cm)$

(2) $a = 0.7(cm), b = 2.48(cm)$

3.6 $d = 2.18(cm), D = 7.82(cm)$

3.7 (1) $\rho_1 = 4, \rho_2 = 2, \rho_3 = 2.77$

(2) $l_1 = 4.8(cm)$ 时 ρ_3 最大;$l_1 = 3.2(cm)$ 时 ρ_3 最小

3.8 (1) $Z_0 \approx 72(\Omega)$;(2) $\lambda = 9.53(cm)$

3.9 (1) 为使同轴线只传输 TEM 波,工作波长至少需大于 18.84cm

(2) TEM 波的相速度 $v_p = 3 \times 10^8(m/s)$

H_{11} 波的相速度 $v_p = 3.54 \times 10^8(m/s)$

3.11 (1) $Z_{01} < Z_{02}$;(2) $Z_{01} > Z_{02}$

3.12 (1) 采用公式求解 $Z_0 = 69.1(\Omega)$

(2) 采用图解法　　　$Z_0 = 69.7(\Omega)$

(3) 相对误差　　　$\Delta = 0.87\%$

3.13 $W = 0.896$

3.14 (1) $Z_0 = 34.5(\Omega)$；(2) $\lambda_g = 4.14(\text{cm})$

(3) 总衰减为 13.6×10^{-3}dB

3.15 $q = 0.704, \varepsilon_e = 6.633, Z_0 = 34.3(\Omega)$

3.16 $W = 1.43h = 2.86(\text{mm})$

3.17 (1) 介质衰减 $\alpha_d = 0.254(\text{dB/m})$

(2) 导体衰减 $\alpha_c = 2.75(\text{dB/m})$

(3) 线上一个波长长度内的总损耗为 0.06(dB)

3.18 $W_0 = 0.97(\text{mm})$

3.19 $Z_{0e} \approx 69.4(\Omega), Z_{0o} \approx 36.4(\Omega)$

3.20 $S = 0.36(\text{mm}), W = 1.28(\text{mm})$

第 4 章

4.1 当 f 为 5GHz 时能传输 H_{10}、H_{20}、H_{01}、H_{11}、E_{11}；当 f 为 3GHz 时能传输 TE_{10}

4.2 (1) $(K_c)_{H_{10}} = 0.13(\text{rad/mm})$；(2) $\Delta f = 6.48(\text{GHz})$

(3) $(\alpha)H_{10} = 1.5 \times 10^{-2}(\text{N/m}) = 0.13(\text{dB/m})$

4.3 (1) $\alpha = 2.256 \times 10^{-3}(\text{N/m})$；(2) $\delta = 0.013 \times 10^{-4}(\text{m})$

(3) 当传输 1m 后的功率为　　$P = P_0 e^{-4.5\times10^{-3}}$

当传输 1km 后的功率为　　$P = P_0 e^{-4.5}$

4.4 (1) $\lambda_c = 45.72 \times 10^{-3}(\text{m}), \lambda_g = 3.97 \times 10^{-2}(\text{m}), \beta = 1.58 \times 10^2(\text{rad/m}), Z_{WH_{10}} = 499.6(\Omega)$

(2) 当波导宽边增加一倍时，

$\lambda_c = 91.44 \times 10^{-3}(\text{m}), \lambda_g = 3.18 \times 10^{-2}(\text{m}), \beta = 1.98 \times 10^2(\text{rad/m})$,

$Z'_{WH_{10}} = 399.36(\Omega)$

(3) 所求各参量与 b 无关，故各参量同(1)

(4) 当波导尺寸不变，而 $f = 15 \times 10^9$Hz 时

$\lambda = 0.02(\text{m})$

$\lambda_c = 45.72 \times 10^{-3}(\text{m})$

$\lambda_g = 2.23 \times 10^{-2}(\text{m})$

$\beta = 2.82 \times 10^2(\text{rad/m})$

$Z_{WH_{10}} = 419.8(\Omega)$

除主模 H_{10} 外，还能传输 H_{20} 模和 H_{01} 模。

4.5 $t = 2.67 \times 10^{-7}(\text{S})$

4.6 最大传输功率降低了 $\Delta P = P_{br} - P = 0.63 \times 10^6(\text{W})$

4.7 (1) $(\lambda_c)_{H_{11}} = 3.41R = 8.53(\mathrm{cm})$

$(\lambda_c)_{H_{01}} = 1.64R = 4.1(\mathrm{cm})$

$(\lambda_c)_{E_{01}} = 2.62R = 6.55(\mathrm{cm})$

$(\lambda_c)_{E_{11}} = 1.64R = 4.1(\mathrm{cm})$

(2) 当 $\lambda = 3\mathrm{cm}$ 时

$(\lambda_c)_{H_{31}} = 1.5R = 3.75(\mathrm{cm})$

$(\lambda_c)_{E_{21}} = 1.22R = 3.05(\mathrm{cm})$

故波导中可能出现 H_{11},H_{01},E_{01},E_{01},H_{11},H_{31},E_{21},H_{21} 型波。

当 $\lambda = 6\mathrm{cm}$ 时波导中可能出现 H_{11},E_{01} 型波。

当 $\lambda = 7\mathrm{cm}$ 时波导中只能出现 H_{11} 型波。

(3) 当 $\lambda = 7\mathrm{cm}$ 时

$\lambda_c = 8.53(\mathrm{cm})$

$\lambda_g = 12.25(\mathrm{cm})$

$v_p = 5.25 \times 10^8(\mathrm{m/s})$

$Z_{W_{H_{11}}} = 376.7(\Omega)$

4.8 (1) $\lambda_g = 6.88(\mathrm{cm})$,$\beta = 0.91(\mathrm{rad/cm})$

(2) 若波导半径扩大一倍,λ_g、β 都不变,此时并不能保证 H_{11} 模单模传输,因为随着半径的增大,波导各模式的截止波长都在增大,故会出现高次模。

4.9 (1)$R = 8.67(\mathrm{mm})$;(2)$R = 4.17(\mathrm{mm})$

第5章

5.1 $$\boldsymbol{T} = \begin{bmatrix} \dfrac{1}{S_{12}} & -\dfrac{S_{22}}{S_{12}} \\ \dfrac{S_{11}}{S_{12}} & S_{12} - \dfrac{S_{11}S_{22}}{S_{12}} \end{bmatrix}$$

5.4 (1)$\boldsymbol{a} = \begin{bmatrix} 1 & z \\ 0 & 1 \end{bmatrix}$;(2)$\boldsymbol{a} = \begin{bmatrix} 1 & 0 \\ y & 1 \end{bmatrix}$;(3)$\boldsymbol{a} = \begin{bmatrix} \cos\theta & \mathrm{j}\sin\theta \\ \mathrm{j}\sin\theta & \cos\theta \end{bmatrix}$;(4)$\boldsymbol{a} = \begin{bmatrix} n & 0 \\ 0 & 1/n \end{bmatrix}$

5.5 (a)$z = \begin{bmatrix} -\mathrm{j}\cot\theta & \mathrm{j}\csc\theta \\ -\mathrm{j}\csc\theta & -\mathrm{j}\cot\theta \end{bmatrix}$

(b)$$z = \begin{bmatrix} -\mathrm{j}\dfrac{Z_0}{Z_{01}}\cot\theta & -\mathrm{j}\dfrac{Z_0}{Z_{01}}\csc\theta \\ -\mathrm{j}\dfrac{Z_0}{Z_{01}}\csc\theta & -\mathrm{j}\dfrac{Z_0}{Z_{01}}\cot\theta \end{bmatrix}$$

(c)$$z = \begin{bmatrix} -\mathrm{j}\dfrac{Z_0}{Z_{01}}\cot\theta & -\mathrm{j}\dfrac{Z_0}{\sqrt{Z_{01}Z_{02}}}\csc\theta \\ -\mathrm{j}\dfrac{Z_0}{\sqrt{Z_{01}Z_{02}}}\csc\theta & -\mathrm{j}\dfrac{Z_0}{Z_{02}}\cot\theta \end{bmatrix}$$

5.6 $z = \dfrac{1}{1 - S_{11} - S_{22} + S_{11}S_{22} - S_{12}S_{21}} \times$

$$\begin{bmatrix} -1 - S_{11} + S_{22} + S_{11}S_{22} + S_{12}S_{21} & -2S_{12} \\ -2S_{21} & -S_{12}S_{21} - 1 + S_{11} - S_{22} + S_{11}S_{22} \end{bmatrix}$$

5.10 等效电路图(略)

$$A = (1-b)^2\cos^2\theta + \left(1 - b + \frac{1}{2}b^2\right)^2\sin^2\theta$$

$$\theta = -\arctan\frac{\left(1 - b + \dfrac{b^2}{2}\right)}{1-b}$$

5.11 该网络是互易的三端口网络,1、2 两口的反射系数是相等的,3 端口是匹配的。

5.13 $S = \begin{bmatrix} \dfrac{1-n^2}{1+n^2} & \dfrac{2n}{1+n^2} \\ \dfrac{2n}{1+n^2} & \dfrac{n^2-1}{1+n^2} \end{bmatrix}$

该网络不是对称的,是互易的。

5.14 图(略)

$T'_{11} = T_{11}e^{j(\theta_1+\theta_2)}$

$T'_{12} = T_{12}e^{j(\theta_1-\theta_2)}$

$T'_{21} = T_{21}e^{-j(\theta_1-\theta_2)}$

$T'_{22} = T_{22}e^{-j(\theta_1+\theta_2)}$

5.15 (1) $S_{11} = S_{22} = 0.8e^{j\frac{\pi}{2}}$

$S_{12} = S_{21} = 0.6e^{j\pi}$

(2) 插入衰减为 $A = 2.778$

$L = 0.44(\text{dB})$

插入相移为 $\theta = \pi$

插入驻波比为 $\rho = 9$

5.16 $S_{11} = 0.8e^{j\frac{\pi}{2}} = S_{22}, S_{12} = S_{21} = 0.6e^{j\pi}$

5.17 $L = 4.44\text{dB}, \theta = \pi$

5.18 (1) $S_{22} = -0.27 - j0.04$

$S_{11} = 0.24 + j0.454$

$S_{12} = 0.265 - j0.012$

$S'_{12} = -(0.265 - j0.012)$

(2) $T_{11} = \dfrac{1}{S_{21}} = 0.376 + j0.017$

$T'_{11} = \dfrac{1}{S'_{21}} = -(0.376 + j0.017)$

$T_{12} = -\dfrac{S_{22}}{S_{21}} = 0.272 - j0.028$

$T'_{12} = -(0.272 - j0.028)$

$T_{21} = \dfrac{S_{11}}{S_{21}} = 0.832 + j1.752$

$T'_{21} = -(0.832 + j1.752)$

$T_{22} = S_{12} - \dfrac{S_{11}S_{22}}{S_{21}} = 0.104 - j0.519$

$T'_{22} = S'_{12} - \dfrac{S_{11}S_{22}}{S'_{21}} = -(0.104 - j0.519)$

(3) $L = 10\lg\left|\dfrac{1}{S_{21}}\right|^2 = 20\lg|S_{21}| = 11.5(\text{dB})$

5.20 (1) 2 口的输出功率为 $P_2 = \dfrac{1}{2}P_1$

3 口的输出功率为 $P_3 = 0$

4 口的输出功率为 $P_4 = \dfrac{1}{2}P_1$

(2) $\theta_{21} = \arg S_{21} = 0$

$\theta_{41} = \arg S_{41} = \dfrac{\pi}{2}$

3 口无输出,无相位而言。

5.21 (1) 各口匹配;

(2) 它是互易网络;

(3) 是无耗的;

(4) 对口是隔离的,由(3)(2) 口等幅同相输出。

5.22 $$\boldsymbol{S} = \frac{1}{(z_{11}+1)(z_{22}+1) - z_{12}z_{21}} \times \begin{bmatrix} (z_{11}-1)(z_{22}+1) - z_{12}z_{21} & 2z_{12} \\ 2z_{21} & (z_{22}-1)(z_{11}+1) - z_{12}z_{21} \end{bmatrix}$$

$$z = \frac{1}{(1-S_{11})(S_{22}-1) + S_{12}S_{21}} \times \begin{bmatrix} (1+S_{11})(S_{22}-1) - S_{12}S_{21} & -2S_{12} \\ -2S_{21} & (1+S_{22})(S_{11}-1) - S_{12}S_{21} \end{bmatrix}$$

5.23 $\rho_{\min} = 2$

第 6 章

6.1 $b = j0.57$

6.2 $a = 72.14(\text{mm})$ $b = 50.73(\text{mm})$

6.3 $A = 1 + b^2 + \dfrac{1}{4}b^4, \theta = -\dfrac{\pi}{2}$

6.4 (1) $\Gamma_{1c} = S_{11} = \dfrac{b}{\sqrt{1+b^2}} e^{j(-\frac{\pi}{2} - \arctan b)}$

$$\theta = \arg S_{21} = -\arctan b$$

$$\rho = \frac{1 + |S_{11}|}{1 - |S_{11}|} = 1 + 2b^2 + 2b\sqrt{1 + b^2}$$

$$A = \frac{(\rho + 1)^2}{4\rho} = \frac{(1 + b\sqrt{1 + b^2} + b^2)^2}{(1 + 2b\sqrt{1 + b^2} + 2b^2)}$$

$$T = S_{21} = \frac{1}{1 + \mathrm{j}b}$$

(2) 当 $b = 1$ 时，$T_{1c} = \frac{\sqrt{2}}{2}\mathrm{e}^{-\mathrm{j}\frac{3}{4}\pi}, \theta = \frac{\pi}{4}, A = 2$ $\qquad T = \frac{1}{\sqrt{2}}\mathrm{e}^{-\mathrm{j}\frac{\pi}{4}}$

6.5 $|\Gamma| = \frac{|\sin\theta + 2\cos\theta|}{\sqrt{5 + 4\sin\theta\cos\theta + 3\cos^2\theta}}$

6.6 $b_3 = 0, b_4 = a_3\mathrm{e}^{\mathrm{j}(2\beta l + \pi)}$，4 口输出电压波与 3 口输入电压波等幅，相位滞后了 $(2\beta l + \pi)$。

6.8 这是一组感性膜片。

6.10 $T = -\mathrm{j}\frac{2}{2 + b^2}, A = 1 + b^2 + \frac{1}{4}b^2, \theta = -\frac{\pi}{2}$

6.11 $l_3 = 0, \frac{\lambda_g}{2}, \lambda_g, \cdots, n\lambda_g/2$

$l_4 = \lambda_g/4, 3\lambda_g/4, 5\lambda_g/4, \cdots, (2n + 1)\lambda_g/4$

6.12 (1) $a_2 = 0, a_3 = -b_3\mathrm{e}^{-\mathrm{j}2\beta l}$

(2) $b_2/b_1 = \beta - a^2\mathrm{e}^{-\mathrm{j}2\beta l}$

(3) $\beta = 0.98 \quad a = 0.1$

6.13 (1) $P_4 = \frac{1}{2}|b_4|^2$；(2) $P_4 = 5$ mW

(3) $P_4 = 0$，1 口和 2 口接匹配负载，3 口和 4 口隔离。

6.14 $P_2 = P_1 - P_3 = 50 - 0.5 = 49.5$ mW

第 7 章

7.2 (1) $l = \lambda_g/2$；(2) 多模振荡；(3) H_{102}，谐振波长不变

7.3 $\lambda_0 = 10$cm 的尺寸较大。

7.4 $a = 6.325$(cm)

$b = (0.4 \sim 0.5)a$，取 $b = 3.160$(cm)

$l = 8.165$(cm)

$f_0 = \frac{c}{\lambda_0} = 2.29$(GHz)

7.5 最低模式为 E_{010}，$f_0 = 2.2$ GHz，$Q = \frac{1}{\delta}\frac{R}{1 + \frac{R}{l}} = 2.2 \times 10^4$

7.6 $f_0 = 2.02$(GHz)，$Q_0 = 3.575 \times 10^4$

7.7 $f_0 = 1.875 \times 10^8$(Hz)，$Q_0 = 16.542 \times 10^4$

7.8 $l_0 = 1.08(\text{cm}), l_1 = 6.08(\text{cm})$

7.9 $f_0 = 2.54(\text{GHz})$

7.10 $15.8 \sim 23.4(\text{GHz})$

7.11 (1) $\lambda_0 = 2.99(\text{cm})$

波导中 $\lambda_g = 5.18(\text{cm})$

$\lambda_0 = 2.99(\text{cm})$

(2) 在“Ⅰ”点仍发生谐振，但模式变为 TE_{012}，在“Ⅱ”点仍发生谐振，但模式为 TE_{014}。

7.12 $R = 2(\text{cm}), l = 4(\text{cm})$

7.13 $f_1 = 10.02(\text{GHz})$

主要参考文献

1　孙道礼.微波技术.哈尔滨:哈尔滨工业大学出版社,1989

2　王玉仑,郭文彦.电磁场与电磁波基础.哈尔滨:哈尔滨工业大学出版社,1985

3　廖承恩,陈达章.微波技术基础.上册.北京:国防工业出版社,1981

4　盛振华.电磁场微波技术与天线.西安:西安电子科技大学出版社,2001

5　顾瑞龙等.微波技术与天线.北京:国防工业出版社,1980

6　沈志远.微波技术.北京:国防工业出版社,1980

7　梁联倬.微波网络.北京:电子工业出版社,1990

8　闫润卿,李英惠.微波技术基础.第二版.北京:北京理工大学出版社,1997

9　Kai Chang. RF and microwave wireless systems. John Wiley & Sons. Inc.2000

10　David M.Pozar. Microwave engineering(second edition). John Wiley & Sons,Inc, 1998

11　Cam Nguyen. Analysis methods for RF, microwave, and millimeter-wave planar transmission line structures. John Wiley & Sons,Inc,2000

12　Rajesh Mongia. RF and microwave coupled-line circuits. Artech House,Inc.,1999

13　Golio, Mike.The RF and microwave handbook.CRC Press LLC, Boca Raton, Florida,2001

14　郭辉萍,刘学观.微波技术与天线学习指导.西安:西安电子科技大学出版社,2002

15　赵春晖,杨莘元.现代微波技术基础.哈尔滨:哈尔滨工程大学出版社,2000

16　赵姚同,周希朗.微波技术与天线.修订版.南京:东南大学出版社,2003

17　王新稳,李萍.微波技术与天线.北京:电子工业出版社,2003

18　高建平,张芝贤.电波传播.西安:西北工业大学出版社,2002

19　杨铨让.毫米波传输线.北京:电子工业出版社,1986

20　王家礼,吴万春.毫米波集成电路的设计及其应用.西安:西安电子科技大学出版社,1989

21　王子宇,张肇仪,徐承和等译.射频电路设计——理论与应用.北京:电子工业出版社,2002

22　赵家升,杨显清.电磁场与电磁波解题指导.成都:电子科技大学出版社,2000

23　王家礼,朱满座,路宏敏,王新稳.电磁场与电磁波学习指导.西安:西安电子科技大学出版社,2002